機械学習エンジニアのための実践解説

Python 定番 セレクション

［Python］
統計分析&
機械学習
マスタリング
ハンドブック

［著］ チーム・カルポ

秀和システム

はじめに

　本書は、プログラミング言語のPythonでデータ分析と機械学習を実践するための本です。データ分析の分野のプログラミング言語としてはRが有名ですが、Pythonにもデータ分析のためのライブラリが用意されており、統計学に基づくデータ分析（統計分析）が行えます。Pythonに親しんでいる人であれば、データ分析も機械学習もPythonで学んでしまうのが効率的だと考えます。

　また、Pythonにはデータ分析に適した「Jupyter Notebook」という開発ツールが用意されています。本書では、今日、多くの開発現場で利用されている多言語対応の開発ツール「Visual Studio Code」からJupyter Notebookを使います。そのほかに、Google ColabのColab Notebookについても紹介し、できるだけ多くの人の開発環境に対応できるようにしました。

　データ分析も機械学習も、数学の考え方が根底にあるため、本書の中には少々複雑な数式が幾度となく出てきます。分析を行うプログラムのコードは数式を落とし込んだものなので、ポイントとなる部分ではその説明に数式を用いています。ただし、細部を理解しなくても、概念的なところさえ大まかにつかめれば、ソースコードを入力して分析することができます。

　Pythonを用いたデータ分析、機械学習を学び、実践するために、本書がお役に立てることを願っております。

2023年5月　チーム・カルポ

●本書でできること
●データ分析

　Pythonを使って、実世界のデータを統計学の手法で分析できるようになります。統計学の世界は奥が深いですが、数学の確率論から始めて、本格的かつ実用的な分析へと進みます。

●機械学習

　AIの研究分野である機械学習を、Pythonを用いて実践できるようになります。機械学習には、予測を行うものや分類を行うもの、そして教師データを必要とするものや必要としないものなど様々なパターンがありますが、それらのすべてを解説しています。注目のディープラーニングについては、応用的な手法まで紹介しています。

●本書の対象読者
- ●統計学を用いたデータ分析やAI関連の技術に興味のある方、または実践してみたい方
- ●Pythonまたはオブジェクト指向言語の知識があり、応用的なステップに進みたいと考えている方

　この本にも、Pythonの文法を解説している箇所はあるのですが、数値計算に必要な事項のみに絞っています。Pythonをはじめとするオブジェクト指向言語の根幹となる概念や言語の全体像については、入門書等をお読みください。

●対応OSとPythonの使用バージョン

　WindowsとmacOSに対応しています。どちらの環境でもPython 3.10を使用します。2023年3月現在、Pythonの最新バージョンは3.11ですが、TensorFlowが未対応のため使用していません。

●開発環境

　Visual Studio Code 1.76を使用します。
　Jupyter Notebookを利用するので、拡張機能「Japanese Language Pack for VS Code」、「Python」のインストールが必要です。なお、インストールしておくと便利なそのほかの拡張機能については、本文をご参照ください。

●評価条件

　本書掲載のプログラムでは、次のPython外部ライブラリをインストールのうえ、動作を確認しています。

- ・NumPy
- ・Pandas
- ・Matplotlib
- ・Seaborn
- ・SciPy
- ・scikit-learn
- ・TensorFlow
- ・opencv-python
- ・opencv-contrib-python

　これらのライブラリは不定期にアップデートが行われており、予告なく仕様が変更される場合もあります。本書では2023年3月時点の最新版を使用していますが、将来の仕様変更には対応できないことをご了承ください。

●本書で提供するサンプルプログラムについて

　本書で紹介したプログラムは下記URLからダウンロードできます。章ごとのフォルダーの下に節番号のフォルダーがあり、サンプルプログラムが内容に関連したファイル名で保存されています。ご利用の際は、ダウンロードしたフォルダーをVSCodeで開いてお使いください。

●本書で提供するサンプルコードなどの入手方法

　秀和システムのWebサイトにおいて、本書の書籍情報が掲載されているページの「サポート」からダウンロードすることが可能です。

https://www.shuwasystem.co.jp/support/7980html/6805.html

目次

第2章　Pythonによる数値演算の基本

目次

第3章　Matplotlibによるデータの可視化

第4章　データ分析の実践（記述統計と推計統計）

第5章　統計分析の実践 (仮説検定と分散分析)

第6章　予測問題におけるモデリング

第7章　分類問題におけるモデリング

第8章　教師なし学習におけるモデリング

第9章　ディープラーニング

第1章

データサイエンスを
はじめよう

本書で扱うデータ分析と機械学習の概要、および開発環
境を用意する手順について解説します。

この章でできること

データ分析と機械学習を行う手順について理解し、
Jupyter Notebook を用いた開発環境について知ることが
できます。

1 データサイエンスの世界

近年、「データ分析」や「データマイニング」などと並んでよく耳にするのが「データサイエンス」という用語です。サイエンス（科学）と付いているので学問の一領域と見なすこともでき、実際、データサイエンスを名前にした学部を併設する大学も続々と登場しています。

実は、データサイエンスという用語自体は20年以上前から使われていて、上述のデータ分析やデータマイニングもデータサイエンスに含まれる分野です。ウィキペディアでは「データを用いて新たな科学的および社会に有益な知見を引き出そうとするアプローチのことであり、その中でデータを扱う手法である情報科学、統計学、アルゴリズムなどを横断的に扱う」[1] と紹介されています。

データサイエンスって何？

データサイエンスは扱う分野が広いことから、人によって様々な解釈がなされますが、言葉自体の意味は「データを扱うことの科学」です。ウィキペディアによる定義を著者なりに言い換えれば、「データサイエンスとは、データを分析（解析）して人の役に立つ結果を導くための概念、または研究領域」となります。一方、データサイエンスに用いられる手法については、具体的に挙げることができます。数学、統計学、情報工学、機械学習、データマイニングなどの分野で用いられる手法です。

時代とともに新しい用語が登場し、「統計学」の考え方や手法を用いて人の役に立つ情報を発見する行為のことを「統計分析」あるいは「統計解析」と呼ぶようになりました。さらに、統計分析において大量のデータを扱うようになると、「データマイニング」や「ビッグデータ」のように呼ばれるようになりました。

データサイエンスは、機械学習を含むデータ分析全般を広く表す用語です。データサイエンスという言葉は古くから使われていましたが、1990年代後半、日本の統計学者[2]によってその概念と目的が定義されました。今日では、ビジネスの分野やIT業界でも盛んに「データサイエンス」という用語が使われるようになっています。

---

[1] 　…アルゴリズムなどを横断的に扱う　ウィキペディア日本語版「データサイエンス」のページより抜粋。
[2] 　**日本の統計学者**　林 知己夫（はやし ちきお、1918年6月7日〜2002年8月6日）。数量化理論の開発とその応用で知られる。

●統計学

　統計に関する研究を行う学問として、現実世界の様々な事象から得られたデータから、数学の応用的な手法を用いて、データの性質や規則性、または不規則性を見いだすことを目的とします。ビジネスや医療をはじめとする様々な分野で、統計学の手法を用いた**統計分析**が盛んに行われています。なお、**統計解析**という用語もありますが、データの性質や規則性の探求という点は同じであり、どちらもほぼ同じ意味の用語と考えて差し支えないでしょう。

●データ分析／データ解析

　データ分析または**データ解析**（英語ではいずれもdata analysis）とは、統計学の考え方や手法を用いてデータから有益な情報を発見し、それを意思決定の機会などに役立たせるまでの一連のプロセスのことを指します。

　その「プロセス」とは、

- データの収集
- データの加工（検査、クリーニング、変換処理）
- データの可視化
- モデリング
- 検証と評価

となります。データの可視化とは、「データをグラフにするなど、データを見える形にして、データが持つ性質や傾向などを読み取れるようにすること」を指します。

●データマイニング

　データマイニングは、1990年代から使われるようになった用語で、「大量に集められたデータを解析して得られた知見を、ビジネスや医療などの様々な分野で活用すること」を目的とします。データマイニングには、統計学の手法、あるいはそれを応用・発展させた手法が使われているので、そのプロセス自体は先に紹介したデータ分析と変わりありません。ただ、データマイニングと同じような意味で使われてきた「統計」という言葉には、国勢調査をはじめとする統計資料というイメージが強かったので、これと区別するために使われてきた側面もあります。

さらに、2010年代に入ると、データマイニングに代わって、**ビッグデータ**という用語が新聞・雑誌などで広く取り上げられるようになりました。時代のトレンドを表すキーワードとして登場した用語ですが、データマイニングで扱うデータの範囲が、分析されることを前提として集められたデータ（販売記録など）だけでなく、インターネット上に蓄積された巨大なデータ（分析を前提にしていないデータ）にまで広がったことを反映した呼び方です。近年のAIブームの到来後はあまり使われなくなり、今日ではデータマイニングが一般的な呼び方になっているようです。

●機械学習

機械学習とは、コンピュータープログラムが「学習」と呼ばれる処理を実行することで、数値予測や画像などの分類・検出を行うこと、またはその研究領域を指す用語です。学習結果を使って予測や分類などのタスクをこなすことから、AIの主要な分野の1つとして盛んに研究が行われています。

大量のデータを分析するという点ではデータマイニングと同じであり、分析に使われる手法にもデータ分析と共通のものが多くあります。そのため、データマイニングとの境界はやや曖昧であり、特に予測タスクはどちらにも属する課題なので、明確な線引きは難しいです。

ただし、それぞれが目的とするところは異なります。データマイニングの目的は「データを分析して人に役立つ発見をする」ことですが、機械学習は「機械に判断させる」ことを目的とします。具体的には、既存のデータを学習することで、「答えを教えられていない問題について、既知の情報をもとに答えを言い当てられる」ようにするのが目的です。AI技術を用いた「自動運転」において、機械学習の「物体認識」や「物体検出」が使われている例を見れば、イメージしやすいと思います。

●ディープラーニング

機械学習に含まれる研究分野の1つに**ディープラーニング**（**深層学習**）があります。

用語の意味としては「深い（多層化された）機械学習アルゴリズム」であり、具体的には「多層パーセプトロン（MLP）*」、あるいはそれを応用した「畳み込みニューラルネットワーク（CNN）」や「再帰型ニューラルネットワーク（RNN）」などの手法を用いる学習プロセスを指します。

＊**多層パーセプトロン（MLP）** 「ニューラルネットワーク」とも呼ばれます。

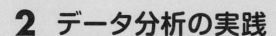

2 データ分析の実践

データ分析（またはデータ解析）は、データサイエンスにおける分析行為（データの検査、クリーニング、変換、モデル化）そのものを指す用語です。本書では機械学習と区別できるように、データマイニングの分野に含まれるものについては、データ分析と表記することにします。

🐍 データ分析の5つのフェーズ

データ分析は、大きく分けて次の5つのフェーズ（段階）で進められます。

🐍 図1.1　データ分析の5つのフェーズ

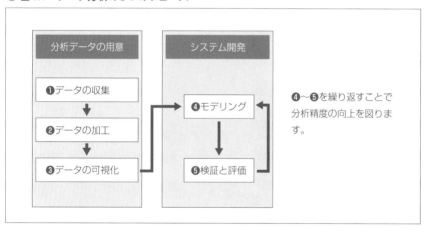

🐍 表1.1　各フェーズの説明

❶データの収集	・分析の目的・目標の決定 ・データの収集 ・分析可能なデータ形式への変換
❷データの加工	・欠損値 (データの中で欠けている値) の処理 ・データの整形 (標準化や正規化など) ・検証用データの抽出
❸データの可視化	・グラフを作成してデータの傾向などを見る ・必要であればデータの分布状況を確認する
❹モデリング	・モデルに用いる分析手法 (アルゴリズム) の選択 ・作成したモデルによる分析の実施
❺検証と評価	・モデルの精度を検証する ・予測の場合は、予測値と実測値との誤差を測定する

❶データの収集

　データ分析では、その目的を明確にしておく必要があります。例えば、「住宅の適正な販売価格を予測する」のと、「住宅価格から部屋の数を予測する」のとでは、このあとの作業内容が異なるためです。

🐍 図1.2　目的の明確化の例

　目的が定まったら、分析に必要なデータを用意します。用意したデータは、必要に応じてプログラムで扱えるデータ形式に変換します。

❷データの加工

　用意したデータの中にデータの抜け (これを**欠損値**と呼びます) がある場合は、必要であればダミーの値を補うなど、欠損値をなくす作業をします。また、データが非常に大きな値をとる (桁数が多い) 場合などは、標準化や正規化といった処理を行って、データのスケールを調整します。分析前のこのような調整作業は、**前処理**と呼ばれることがあります。

なお、分析結果を評価する際に、評価用のデータが必要になるので、必要に応じてデータを分析用と検証用に分割する作業もこの段階で行います。

❸データの可視化

データをグラフにして、データの傾向などを読み取ります。データについてある程度の知識があり、詳細を把握していれば、省略して次のフェーズに進むこともあります。ただし、扱うデータが初めて接する類いのものだったり、❷において加工処理（前処理）を行った場合は、ぜひともやっておきたい作業です。

また、データの分布状況も必要に応じて確認します。データをヒストグラム（分布状況を示す棒グラフ）にして、偏った分布になっていないかチェックします。分布に極端な偏りがあったり、分布が1か所に集中している場合は、分布の形を変える処理（対数変換など）を行ったり、対象のデータそのものを除外する（データに複数の項目がある場合）ことがあります。

❹モデリング（モデルの作成と分析の実施）

用意したデータを分析して、分析結果を保持するプログラムを作成します。このプログラムのことを**モデル**と呼び、その実体は計算式および計算結果を保持するパラメーター（変数）の塊です。計算を実行する手順（アルゴリズム）を手動で入力することもありますが、多くの場合、データ分析用のライブラリ（scikit-learnやSciPyなど）を使うことになります。これらのライブラリでは、分析用のアルゴリズムが関数などにまとめられているので、複雑なコードを書かなくても手軽にモデルを作成することができます。

モデルを作成したら、用意したデータを入力して分析を実施します。分析が終わると、分析した結果がモデル内部に記録されます。

❺検証と評価

分析実施後のモデルに検証用のデータを入力し、出力された値が期待どおりのものなのかを調べます。価格などの数値予測を行うモデルの場合は、分析実施後、価格を除いたデータを入力すると価格の予測値を出力するようになっています。出力値と実際の値との誤差を測定するなどして、モデルの性能を評価します。

その結果、モデルの性能が期待どおりのものであれば分析を終了し、実務での運用など次の段階へ進むことができます。一方、満足な結果を得られなかった場合は、データの加工方法やモデルに用いたアルゴリズムを見直し、再度、検証と評価を行います。

データ分析に必要なソフトウェア

データ分析をコンピューター上で行うためには、ソースコードを書くためのテキストエディターと、ソースコードを実行するための環境（コンパイラーやデバッガーなどのソフトウェア）が必要になります。Pythonを使ってデータ分析を行う場合は、

- Jupyter Notebook（ジュピターノートブック）
- JupyterLab（ジュピターラボ）

が多く使われています。JupyterLabはJupyter Notebookの改良版で、将来的にはJupyter Notebookの後継となる予定です。

本書では、Jupyter Notebookの搭載が可能な高機能のテキストエディター**Visual Studio Code**（以下「VSCode」とも表記）を用いることにします。

VSCodeは、Microsoft社が開発するテキストエディターで、その使いやすさから「世界中で最も使われているエディター」だといわれています。豊富に用意されている「拡張機能」を追加インストールすることで、様々なプログラミング言語の開発環境を構築することができ、またカスタマイズ性も高いことが人気の理由です。拡張機能「Python」を追加インストールすることで、Python用の開発環境とJupyter Notebookの実行環境を同時に用意することができます。

🐍 図1.3　VSCode上でJupyter Notebookを実行したところ

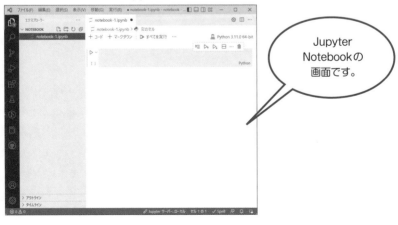

Jupyter Notebookの画面です。

●データ分析に用いるPythonのライブラリ

データ分析に使われるPython用のライブラリには、以下のようなものがあります。ライブラリは、Pythonプログラムの集合体であり、ソースコードでクラス名や関数名を記述することで、目的の機能を呼び出すことができます。

● NumPy (ナンパイ)

数値計算用のライブラリで、配列や行列を快適に操作する機能が搭載されています。

● Pandas (パンダス)

「**データフレーム**」という表形式のデータ構造を提供します。大量のデータの取り扱いを得意とし、データの変換や加工などの処理も行えます。

● scikit-learn (サイキットラーン)

データ分析のためのアルゴリズムや評価用の機能が数多く搭載されていて、データ分析の定番ともいえるライブラリです。

● SciPy (サイパイ)

科学技術計算用のライブラリで、scikit-learnの内部処理にも使われています。

● Matplotlib (マットプロットリブ)

データの可視化に特化したライブラリです。折れ線などの一般的なグラフから統計で用いられるグラフまで、様々な形態のグラフを描画できます。

3 機械学習の実践

　機械学習では、データ分析の手法を応用または発展させた手法を用いて、「予測」や「分類」、「グループ化」などのタスク（課題）に取り組みます。データ分析で定番のアルゴリズムが使われる場面もありますが、AI研究の一環として「機械（コンピューター）が学習して既知の情報を正確に言い当てる」ことを目的に、機械学習独自のアルゴリズムが多くの場面で使われます。

機械学習の形態

　機械学習の「学習」の部分に着目した場合、その実施方法は次のカテゴリに分けられます。

・教師あり学習
・教師なし学習
・強化学習

　以下、それぞれについて説明します。

●教師あり学習

　教師あり学習とは、教師データとなるデータ（これを**正解ラベル**と呼びます）を用いる学習方法のことです。「モデルが出力する値と正解ラベルとの誤差ができるだけ小さくなる」ように学習を進めます。

　教師あり学習では**予測タスク**と**分類タスク**を実施できますが、それぞれの正解ラベルの形状が異なります。予測タスクの場合は、例えば商品価格の予測であれば「○○～○○円」といったように、「連続する値」（連続値）が正解ラベルになります。

　一方、分類タスクでは「カテゴリ分けされたデータ」（カテゴリデータまたはカテゴリカルデータ）が正解ラベルになります。例えば、インフルエンザの陽性と陰性の2値に分類するタスクでは、陽性のとき「0」、陰性のとき「1」をそれぞれの正解ラベルとします（逆に陽性「1」、陰性「0」でもかまいません）。

さらに、画像を分類するタスクでは多値分類（多クラス分類）となるので、例えば5種類の動物の画像を分類する場合ならば、イヌ（0）、ネコ（1）、サル（2）、ウマ（3）、ウシ（4）のように、正解ラベルは5個の値をとるようになります。カテゴリデータは0、1、2、…のような離散した値（離散値）ですが、モデルが出力する値は0.111、1.002、…のような、値と値の間に無限に数値をとり得る連続値です。この出力値と正解ラベルの差（誤差）が最小になるように、学習が進められます。

データ分析と機械学習の両方で使われる「回帰（回帰分析）」は、正解ラベルをもとに分析するので、教師あり学習です。

●教師なし学習

教師なし学習とは、教師データを用いない学習方法のことです。教師データがないので、モデルに入力されたデータのみを使って、「データの特徴を捉える」ことを目的に学習を行います。教師なし学習で用いられる代表的な手法には、次の2つがあります。

●クラスタリング（クラスター分析）

データ同士の似ているところ（類似性）を距離に置き換え、その情報をもとにいくつかのグループに分けることで、データ全体の特徴を捉えます。

●「主成分分析」による次元削減

主成分分析は、データの特徴を最大限に表す「主成分」を計算し、主成分を用いてデータを変換します。主成分分析は統計学の手法ですが、機械学習では分析結果をもとにデータの項目の数を減らす（**次元削減**）目的で使用されます。

●強化学習

ある環境内において、現在の状態を観測し、とるべき行動を学習します。強化学習が用いられる分野には、ロボット制御や、将棋・囲碁のようなボードゲームがあります。

🐍 機械学習の6つのフェーズ

機械学習の実施手順もデータ分析とほぼ同じですが、モデルの作成と学習が別々に行われることが多いので、6つのフェーズ（段階）に分けました。

図1.4　機械学習の6つのフェーズ

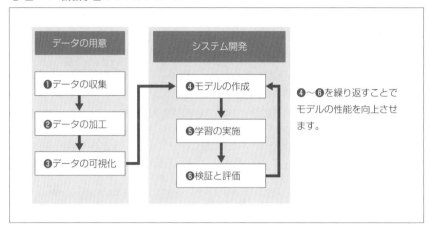

表1.2　各フェーズの説明

❶データの収集	・データの収集 ・必要に応じてデータ形式を変換
❷データの加工	・データの連結や分割 ・データのクリーニング（欠損値などの処理） ・データの整形（標準化や正規化など） ・学習データと検証データへの分割
❸データの可視化	・データをグラフにして分布状況などを調べる
❹モデルの作成	・モデルに用いる手法（アルゴリズム）の決定 ・モデルの作成
❺学習の実施	・作成したモデルにデータを入力して学習を実施する ・学習は状況に応じて繰り返し行う
❻検証と評価	・モデルの評価 ・必要に応じて学習の進捗状況をグラフにする

❶データの収集

　使用するデータを用意します。機械学習の研究・学習用として、様々なデータセットが公開されているので、実験目的であればこれらのデータセットを利用します。

❷データの加工

　欠損値の処理などのデータのクリーニング、データの整形といった作業は、データ分析と同じです。データを学習用と検証用に分割する作業も行います。

❸データの可視化

　データをグラフにしてデータの傾向などを読み取ることは、データ分析のときと同じです。同じく、データの分布状況の確認も重要なので、データをヒストグラムにして、偏った分布になっていないかどうかチェックします。

❹モデルの作成

　状況に応じてアルゴリズムを選択し、モデルを作成します。予測を行うモデルのことを**予測モデル**、分類を行うモデルのことを**分類器**と呼ぶことがあります。

❺学習の実施

　作成したモデルに学習用のデータ（訓練データ）を入力して学習を実施します。

❻検証と評価

　作成したモデルに検証用のデータを入力し、出力された値がどの程度まで正しく予測または分類されているのか検証します。価格などの数値の予測であれば「モデルが出力した値と実際の値との誤差」を測定し、分類であれば「正しく分類されている比率（正解率）」を求めます。

　期待していた結果が得られなければ、モデルに用いたアルゴリズムを見直し、再度、検証と評価を行います（以後、良好な結果が得られるまで繰り返します）。

🐍 機械学習に必要なソフトウェア

　機械学習では、データ分析で使用するソフトウェアのほかに、機械学習専用のPythonライブラリ「**TensorFlow**（テンソルフロー）」を利用します。TensorFlowには、機械学習用ライブラリの「**Keras**（ケラス）」が同梱されており、簡潔なソースコードで機械学習を行うことができます。

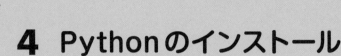

4 Pythonのインストール

データ分析や機械学習のプログラミングはPython言語で行うので、Python本体をインストールします。Pythonは、python.orgのサイトからダウンロードできます。

インストールするPythonのバージョンを確認する

　Pythonは、最新バージョンだけでなく過去のバージョンも公開されています。本書の後半で紹介する機械学習では、Pythonの外部ライブラリ「**TensorFlow**」を使いますが、TensorFlowは対応するPythonのバージョンが決められているので、事前に確認しておくことにしましょう。Pythonのバージョンが合わないと、TensorFlowそのものがインストールできないためです。

　最新バージョンのTensorFlowがどのバージョンのPythonに対応するのかは、PyPIのサイト（https://pypi.org/）で確認できます。PyPIのトップページの検索欄に「TensorFlow」と入力して検索します。

図1.5　PyPIのトップページ（https://pypi.org/）

「TensorFlow」と入力する

　検索結果から最新バージョンのTensorFlow（「tensorflow 2.xx.x」のように表示され、だいたい候補のトップに表示されます）をクリックします。

🐍 **図1.6　検索結果**

「tensorflow 2.xx.x」をクリック

　詳細画面が表示されるので、「ファイルをダウンロード」のリンクをクリックします。

🐍 **図1.7　TensorFlowの詳細画面**

「ファイルをダウンロード」を
クリック

　ダウンロードのリンクが一覧で表示されるので、Windowsの場合は「tensorflow-2.11.0-cp310-cp310-win_amd64.whl」のように表示されているリンクテキストの下にある「cpxxx」の表示を確認します。

「cp310」と表示されている場合は、「Python3バージョン10」に対応していることを示します。ここでの例では、Windows、macOSともに「cp310」と表示されています。

📕 図1.8　最新のTensorFlowが対応するPythonのバージョンを確認

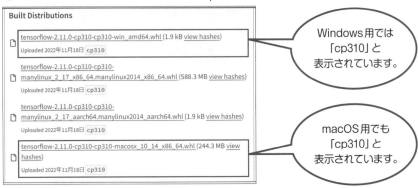

📕 TensorFlowが対応するバージョンのPythonをダウンロードする

確認したバージョンのPythonを「https://www.python.org/downloads/」からダウンロードします。画面の下のほうにスクロールすると旧バージョンのダウンロードページへのリンクがありますので、該当するバージョンの最新リリースを選択してください。「cp310」の場合、図1.9の状態ならば [**Python 3.10.9**] をクリックします。

📕 図1.9　Pythonの各バージョンのインストールページへのリンク

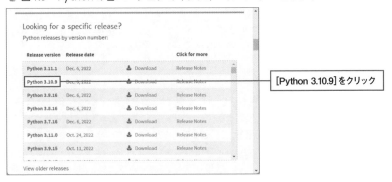

　表示されたページの下のほうに「Files」という項目があるので、Windowsの場合は「Windows installer (64-bit)」、macOSの場合は「macOS 64-bit universal2 installer」をクリックすると、ダウンロードが開始されます。

🐍 図1.10　Pythonのダウンロード

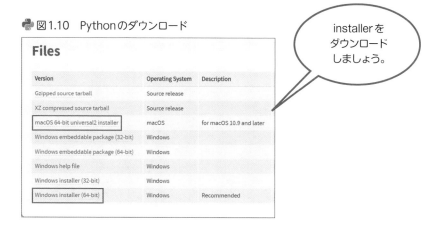

🐍 Pythonをインストールする

　ダウンロード後にインストーラーを起動し、画面の指示に従って操作を進めてインストールします。

　Windowsの場合、ダウンロードされた「python-3.xx.x-amd64.exe」をダブルクリックして起動します。[**Add python.exe to PATH**] にチェックを入れ、[**Install Now**] をクリックします。

🐍 図1.11　インストーラーの最初の画面

　インストールが完了したら、[Close]ボタンをクリックしてインストーラーを終了します。

🐍 図1.12　インストールの完了

　macOSの場合は、ダウンロードされたpkgファイルをダブルクリックするとインストーラーが起動するので、画面の指示に従ってインストールを行ってください。

[Add python.exe to PATH]

ワンポイント

　[Add python.exe to PATH]にチェックを入れておくと、Windowsの環境変数にPythonの実行ファイルへのパスが登録されます。パスを登録しておくと、ターミナル(Windows Power Shellなど)を使用してPythonを実行する場合に、インストールフォルダーへのパスを省略できるようになります。

5 Visual Studio Codeを インストールして初期設定を行う

> データサイエンスでは、開発環境として「Jupyter Notebook」を用いるのが主流です。後継となる「JupyterLab」も登場しており、どちらも無償で公開されています。
> ここでは、Microsoft社が開発したソースコードエディター「Visual Studio Code」(以下「VSCode」とも表記)をインストールし、VSCode上でJupyter Notebookを実行するための手順を紹介します。

VSCodeのダウンロードとインストール (Windows版)

VSCodeのサイトにアクセスして、インストーラーをダウンロードします。ブラウザーを起動して「https://code.visualstudio.com/」にアクセスしましょう。ダウンロード用ボタンの▼をクリックして、[Windows x64 User Installer] の [Stable] のダウンロード用アイコンをクリックします。

図1.13　VSCodeのインストーラーをダウンロードする

Stableのダウンロード用アイコンをクリックする

　インストーラーを起動して、VSCodeのインストールを行います。ダウンロードした「VSCodeUserSetup-x64-x.xx.x.exe」（x.xx.xはバージョン番号）をダブルクリックしてインストーラーを起動すると、「使用許諾契約書の同意」の画面が表示されます。内容を確認して［**同意する**］をオンにし、［**次へ**］ボタンをクリックします。

図1.14　VSCodeのインストーラー

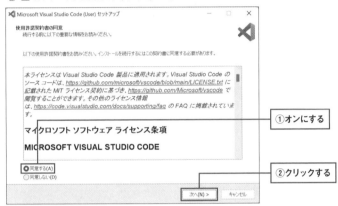

　インストール先のフォルダーが表示されるので、これでよければ［**次へ**］ボタンをクリックします。変更する場合は［**参照**］ボタンをクリックし、インストール先を指定してから［**次へ**］ボタンをクリックします。

図1.15　VSCodeのインストーラー

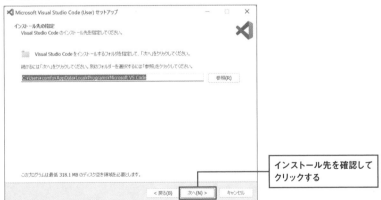

　ショートカットを保存するフォルダー名が表示されるので、このまま [**次へ**] ボタンをクリックします。

🐍図1.16　VSCodeのインストーラー

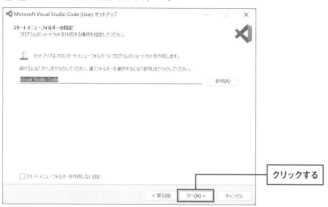

　VSCodeを実行する際のオプションを選択する画面が表示されます。[**サポートされているファイルの種類のエディターとして、Codeを登録する**] と [**PATHへの追加 (再起動後に使用可能)**] がチェックされた状態にしておき、必要に応じて他の項目もチェックして、[**次へ**] ボタンをクリックします。

🐍図1.17　VSCodeのインストーラー

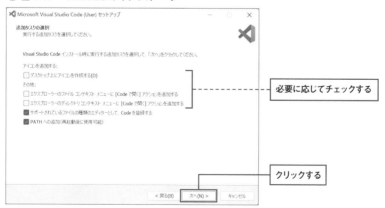

［**インストール**］ボタンをクリックして、インストールを開始します。

🐍 図1.18　VSCodeのインストーラー

インストールが完了したら、［**完了**］ボタンをクリックしてインストーラーを終了しましょう。

🐍 図1.19　VSCodeのインストーラー

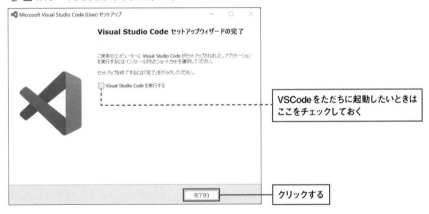

🐍 macOS版VSCodeのダウンロード

macOSの場合は、「https://code.visualstudio.com/」のページでダウンロード用ボタンの▼をクリックして、[**macOS Universal**]の[**Stable**]のダウンロード用アイコンをクリックします。

ダウンロードしたZIP形式ファイルをダブルクリックして解凍すると、アプリケーションファイル「VSCode.app」が作成されるので、これを「アプリケーション」フォルダーに移動します。以降は、「VSCode.app」をダブルクリックすれば、VSCodeが起動します。

🐍 VSCodeの日本語化

VSCodeは、初期状態ではメニューなどすべての項目が英語表記になっていますが、**日本語化パック**（Japanese Language Pack for VSCode）をインストールすることで、日本語表記にすることができます。

日本語化パックは、次の2つの方法のいずれかを利用してインストールすることができます。

・VSCodeの初回起動時のメッセージを利用する
・Extensions Marketplaceタブを利用する

●初回起動時のメッセージを利用してインストールする

VSCodeを初めて起動したときに、日本語化パック（Japanese Language Pack for VSCode）のインストールを促すメッセージが表示されます。この場合、[**インストールして再起動 (Install and Restart)**]をクリックすると、日本語化パックがインストールされます。

🐍 図1.20　初回起動時のメッセージから日本語化パックをインストールする

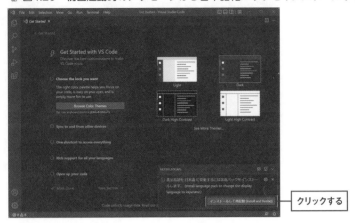

クリックする

●「Extensions Marketplace」からインストールする

　VSCodeには、拡張機能をインストールするための[**Extensions Marketplace**]ビューがあるので、これを使って日本語化パックをインストールする方法を紹介します。

　VSCodeを起動し、画面左側のボタンが並んでいる領域（アクティビティバー）の[**Extension**]ボタンをクリックします。

🐍 図1.21　VSCodeのアクティビティバー

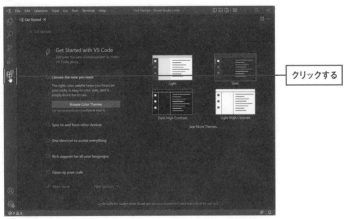

クリックする

[Extensions Marketplace]ビューが開くので、検索欄に「Japanese」と入力します。「Japanese Language Pack for VSCode」が検索されるので、[Install]ボタンをクリックします。

🐍 図1.22　「Japanese Language Pack for VSCode」のインストール

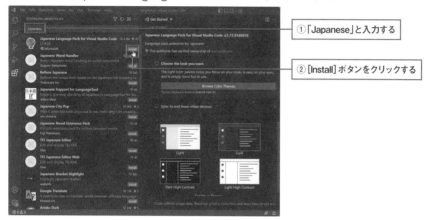

① 「Japanese」と入力する

② [Install]ボタンをクリックする

インストールが完了すると、VSCodeの再起動を促すメッセージが表示されるので、[Restart]ボタンをクリックします。

🐍 図1.23　VSCodeの再起動

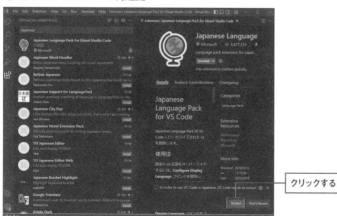

クリックする

VSCodeが再起動すると、メニューをはじめ、すべての表記が日本語に切り替わったことが確認できます。

📛 図1.24 再起動後のVSCode

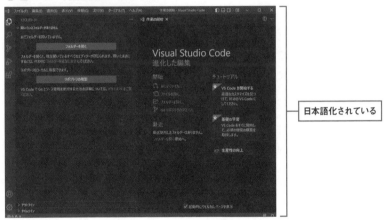

日本語化されている

Visual Studio Code

コラム

Visual Studio Codeは、数多くのプログラミング言語に対応し、各言語に対応したシンタックスハイライト (構文強調) やインテリセンス (コード補完) をサポートしています。デバッグ機能やGitのサポート、タスク (頻繁に行う作業の自動化) が組み込まれているので、

- ソースコードの編集
- コンパイルやビルド
- デバッグ実行
- Gitリポジトリへのコミット／プッシュ

といった、プログラミングに必要な作業のすべてを完結させることができます。
拡張機能「Python」を追加インストールすることで、Pythonのプログラミングに対応できるようになるほか、Jupyter Notebookでの開発も行えるようになります。

初期設定を行う

VSCodeを起動すると、よく使う機能へのリンクが設定された「**ウェルカムページ**」が表示されます。また、VSCodeの画面全体の配色については、初期状態で特定の配色テーマが設定されています。

●ウェルカムページを非表示にする

ウェルカムページには、[**起動時にウェルカムページを表示**] というチェックボックスがあります。このチェックを外すと、次回の起動時からウェルカムページは表示されないようになります。

🐍 図1.25 ウェルカムページを非表示にする

[起動時にウェルカムページを表示]のチェックを外す

非表示にしたウェルカムページは、必要に応じて [**ヘルプ**] メニューの [**作業の開始**] を選択して表示することができます。

🐍 画面全体の配色を設定する

　VSCodeの画面には「**配色テーマ**」が適用されていて、暗い色調や淡い色調で表示されるようになっています。ここでは、[**Dark+ (既定のDark)**] が適用されている状態から [**Light+ (既定のLight)**] に切り替えて、白を基調にした淡い色調にしてみます。

　[**ファイル**] メニューをクリックして、[**ユーザー設定**] ➡ [**配色テーマ**] を選択します。

🐍 図1.26　ファイルメニュー

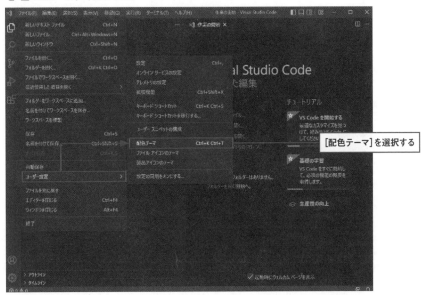

　設定したい配色テーマを選択します。ここでは [**Light+ (既定のLight)**] を選択します。

🐍 図1.27　配色テーマの選択

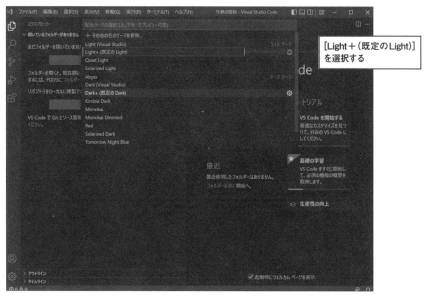

［Light＋（既定のLight）］
を選択する

選択した配色テーマが適用されます。

🐍 図1.28　配色テーマ適用後の画面

選択した配色テーマが
適用される

6 VSCodeでJupyter Notebookを使う

拡張機能「Python」は、Microsoft社が提供しているPython用の拡張機能です。VSCodeにインストールすることで、インテリセンスによる入力候補の表示が有効になるほか、デバッグ機能など、Pythonでの開発に必要な機能が使えるようになります。また、拡張機能「Jupyter」も同時にインストールされるので、VSCode上でJupyter Notebookを実行できるようになります。

拡張機能「Python」をインストールする

拡張機能「Python」をインストールしましょう。

❶[アクティビティバー]（画面右端の縦長の領域）の[拡張機能]ボタンをクリックします。
❷[拡張機能]ビューが表示されるので、入力欄に「Python」と入力します。
❸関連する拡張機能が一覧表示されるので、候補の一覧から「Python」を選択します。
❹[インストール]ボタンをクリックします。

📄 図1.29　Pythonのインストール

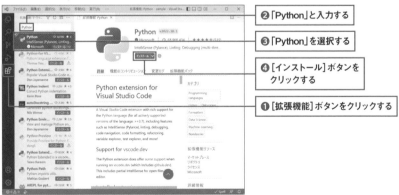

拡張機能「Python」をインストールすると、関連する以下の拡張機能も一緒にインストールされます。

●Pylance

Python専用のインテリセンスによる入力補完をはじめ、次の機能を提供します。

- 関数やクラスに対する説明文（Docstring）の表示
- パラメーターの提案
- インテリセンスによる入力補完、およびIntelliCodeとの互換性の確保
- 自動インポート（不足しているライブラリのインポート）
- ソースコードのエラーチェック
- コードナビゲーション
- Jupyter Notebookとの連携

●isort

Pythonでimport文を記述した際に、インポートするライブラリを

- 標準ライブラリ
- サードパーティー製ライブラリ
- ユーザー開発のライブラリ

の順に並べ替え、さらに各セクションごとにアルファベット順で並べ替えます。

●Jupyter

Jupyter NotebookをVSCodeで利用するための拡張機能です。これに関連した「Jupyter Cell Tags」、「Jupyter Keymap」、「Jupyter Slide Show」、「Jupyter Notebook Renderers」も一緒にインストールされます。

🐍 図1.30　Jupyterと関連する拡張機能

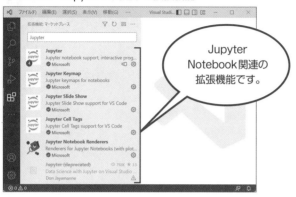

🐍 Pythonの外部ライブラリ「IPyKernel」のインストール

　もう1つ、事前にインストールが必要なものに、Pythonの外部ライブラリ「**IPyKernel**」があります。「IPyKernel」は拡張機能ではなく、Pythonの外部ライブラリなので、ターミナル（Windowsの場合は「PowerShell」など）を起動して、Pythonのpipコマンドでインストールを行います。ターミナルを起動して、

```
pip install ipykernel
```

と入力して [**Enter**] キーを押すと、インストール済みのPythonのpip（pip.exe）が実行され、「IPyKernel」がインストールされます。コマンドを入力する際はipykernelのように小文字になるので注意してください。

🐍 図1.31　IPyKernelのインストール

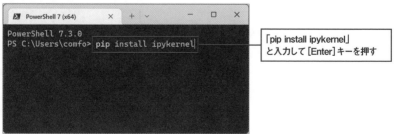

　補足ですが、IPyKernelがインストールされていない状態で、VSCodeからJupyter Notebookを起動し、ソースコードを入力してプログラムを実行しようとすると、次のようなダイアログが表示されます。

🐍 **図1.32　IPyKernelのインストールを促すダイアログ**

　この場合、[**インストール**]ボタンをクリックすると自動的にIPyKernelのインストールが行われます。コマンドの入力が面倒な場合は、この方法を試すとよいでしょう。

IPyKernel

ワンポイント

　IPyKernelは、Pythonのプログラムを対話形式で実行する機能を搭載したライブラリです。Jupyter Notebookでは、プログラムの実行にIPyKernelを使用します。

🐍 Notebookの作成と保存

　Jupyter Notebookでは、ソースコードをはじめ、プログラムの実行結果などプログラミングに関するすべての情報を、**Notebook**と呼ばれる画面で管理します。Notebookの画面はとてもシンプルで、コマンドを実行するためのツールバーと、ソースコードを入力する**セル**と呼ばれる部分、その実行結果をセル単位で表示する部分で構成されます。

　セルは必要な数だけ追加できるので、「ソースコードを1つの処理ごとに複数のセルに小分けにして入力し、それぞれのセルで実行結果を確認しながら作業を進めていく」というのが基本的な使い方です。そのため、試行錯誤を繰り返すことが多いデータ分析や機械学習の分野ではJupyter Notebookが広く使われています。また、セル単位でプログラムを実行できることから、Pythonの学習用途にも適しています。

●Notebook を作成する

Notebook の作成は、VSCode の [**コマンドパレット**] から行います。VSCode を起動し、[**Ctrl**] + [**Shift**] + [**P**]（macOS は [**command**] + [**shift**] + [**P**]）を押すと、画面上部に [**コマンドパレット**] が開きます。

コマンドの入力欄のプロンプト文字「>」に続けて、

```
Create New Jupyter Notebook
```

と入力して [**Enter**] キーを押します。

🐍 図 1.33　コマンドパレット

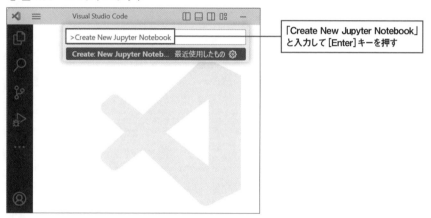

なお、Notebook を作成するコマンドを初めて実行する場合、先ほどのコマンド文ではエラーになることがあります。エラーになった場合は、

```
Jupyter: Create New Jupyter Notebook
```

のように、先頭に「Jupyter:」を付けて入力してみてください。

コマンドが成功すると、次回からは「Create New Jupyter Notebook」のみで実行できるようになります。

一度使ったコマンドは記録される

ワンポイント

　Notebookを作成するコマンド「Create New Jupyter Notebook」を一度実行すると、次回から [コマンドパレット] の入力候補として上位に表示されるようになります。その場合は、表示されているコマンドを選択するだけで実行できます。

●Notebookを保存する

　Notebookが作成されたら、まずは保存しましょう。[**ファイル**] メニューの [**保存**] を選択します。

📗 図1.34　Notebookを保存する

[ファイル]メニューの
[保存]を選択する

　[**名前を付けて保存**] ダイアログが表示されるので、保存先のフォルダーを選択し、ファイル名を入力して [**保存**] ボタンをクリックします。

🐍 図1.35　Notebookの保存

① 保存先のフォルダーを選択する

② ファイル名を入力して
[保存] ボタンをクリックする

🐍 保存したNotebookを開く

　Notebookを閉じたあと、再度開く方法を紹介します。[**ファイル**] メニューの [**ファイルを開く**] を選択して開くこともできますが、VSCodeにはフォルダーやファイルを管理する [**エクスプローラー**] ビューがあるので、これを使って開く方法を紹介します。

　VSCodeの [**ファイル**] メニューをクリックして [**フォルダーを開く**] を選択します。

🐍 図1.36　[ファイル] メニュー

[**フォルダーを開く**] を選択する

　[**フォルダーを開く**] ダイアログが表示されるので、Notebookを保存したフォルダーを選択して [**フォルダーの選択**] ボタンをクリックします。

🐍 図1.37 ［フォルダーを開く］ダイアログ

①保存先のフォルダーを選択する

②クリック

　［**エクスプローラー**］が開いて、選択したフォルダーと、内部に保存したNotebookが表示されます。Notebookのファイル名をダブルクリックします。

🐍 図1.38 ［エクスプローラー］

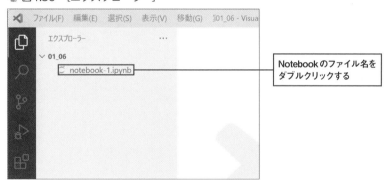

Notebookのファイル名を
ダブルクリックする

画面右側の大きな領域にNotebookが開きます。

［エクスプローラー］の表示と非表示

ワンポイント

　［エクスプローラー］は、画面左端の［アクティビティバー］の［エクスプローラー］ボタンをクリックすることで、表示と非表示の切り替えができます。

🐍図1.39 Notebookが開いたところ

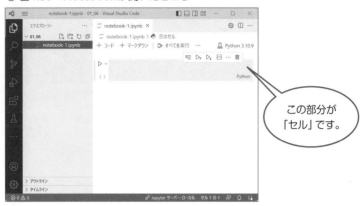

この部分が
「セル」です。

編集モードとプレビューモード

ワンポイント

Notebookを開くときにファイル名をダブルクリックしたのは、「編集モード」で開くためです。シングルクリックした場合は「プレビュー」モードで画面が開き、続けて他のファイルを開くと画面がそのファイルのものに切り替わります。これに対し、「編集モード」で開いた場合は他のファイルを開くとタブ表示に変わり、画面上から消えずに残り続けます。

🐍図1.40 編集モードで開いたファイルがタブ表示になったところ

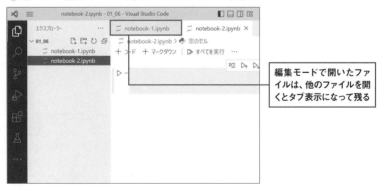

編集モードで開いたファイルは、他のファイルを開くとタブ表示になって残る

🐍 新しいNotebookを追加する

　[**エクスプローラー**]でフォルダーを開いている場合、新しいNotebookを簡単な方法で追加できます。

　[**エクスプローラー**]の[**新しいファイル**]ボタンをクリックします。

🐍図1.41　[エクスプローラー]

拡張子「.ipynb」を付けてファイル名を入力し、[**Enter**]キーを押します。

🐍図1.42　ファイル名の入力

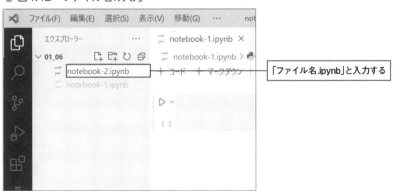

新しいNotebookが作成され、編集モードで開きます。

🐍 図1.43　新しいNotebook

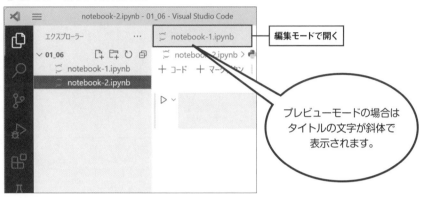

編集モードで開く

プレビューモードの場合は
タイトルの文字が斜体で
表示されます。

ファイル名に「.ipynb」を付けると、
Notebookを直接作成できる

ワンポイント

　[エクスプローラー]でフォルダーを開いている場合は、[新しいファイル]ボタンを
クリックして「ファイル名.ipynb」と入力するだけで、Notebookを作成することがで
きます。

🐍 VSCodeの画面を確認する

Notebookの画面には、ソースコードを入力して実行するための機能がコンパクトにまとめられています。

🐍 図1.44　作成直後のNotebookの画面

● コマンドバー

コマンドバーには、セルを追加する [**＋コード**] ボタン、Markdownのドキュメントを記述するためのセルを追加する [**＋マークダウン**] ボタン、Notebookのすべてのセルのコードを実行する [**すべてを実行**] ボタンが表示されています。展開ボタン [**…**] をクリックすると、その他のコマンドを実行するためのメニューが表示されます。

🐍 図1.45　コマンドバー

ここをクリックすると、その他のコマンドを実行するためのメニューが表示される

[**再起動**] という項目は、実行中のカーネル（Pythonのシステム）を再起動するためのものです。その上に表示されている [**すべてのセルの出力をクリアする**] は、セルを実行して出力された結果をすべてクリアします。

●コマンドパレット

セルの上部の**コマンドパレット**には、セルの操作に関連するボタンが配置されています。

❶［行単位で実行］

セル内部のソースコードを1行ずつ実行します。

❷［上部のセルで実行］

現在のセルの上部にあるセルを実行します。

❸［セルと以下の実行］

現在のセルと下部にあるセルを実行します。

❹［セルを分割］

セルを分割して下部に新しいセルを追加します。

🐍 **図1.46　コマンドパレット**

　コマンドパレットの［…］ボタンをクリックすると、セルの操作に関するその他のコマンドがメニューとして表示されます。セルのコピー、切り取りや貼り付け、セルの挿入や結合などの操作が行えます。

ソースコードを入力して実行する

セルにソースコードを入力して、実行してみましょう。

●Pythonの選択

コンピューターに複数のPythonがインストールされている場合は、どのPython（Pythonインタープリター）を使うのかを選択することができます。コマンドバーの右端に[**カーネルの選択**]と表示されている箇所があるので、これをクリックします。

図1.47　Notebookで使用するPythonの選択

画面上部にパレットが開くので[Python環境]を選択します。すると、インストールされているPythonのリストが表示されるので、使用するPythonを選択します。

図1.48　Notebookで使用するPythonの選択

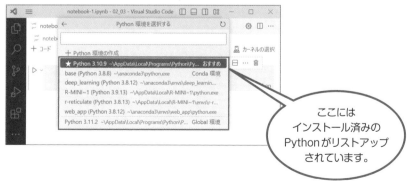

　選択したPythonに「IPyKernel」がインストールされていない場合は、インストールを促すダイアログが表示されるので、[**インストール**]ボタンをクリックしてインストールしてください。

🐍図1.49　「IPyKernel」のインストールを促すダイアログ

● **ソースコードを入力して実行する**
　次のように入力して、[**セルの実行**]ボタンをクリックします。

🐍図1.50　セルのソースコードを実行する

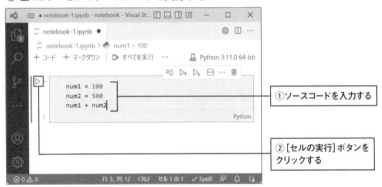

　セルの下に実行結果が出力されます。Notebookはインタラクティブシェル（対話型シェル）として動作するので、変数名を入力した場合はその値が出力され、計算式を入力すると計算結果が出力されます。

【ショートカットキー】セルの実行
　Windows　[**Ctrl**] + [**Alt**] + [**Enter**]
　macOS　　[**control**] + [**option**] + [**return**]

📌図1.51 セルの実行結果

●セルを追加して実行する

コマンドバーの[**+コード**]ボタンをクリックすると、新しいセルが追加されます。ソースコードを入力して[**セルの実行**]ボタンをクリックすると、セルの実行結果が出力されます。

📌図1.52 セルを追加して実行

🐍 変数の値を確認する

　Notebookのセルで宣言した変数は、[JUPYTER:VARIABLES]パネルで、値を確認することができます。

　Notebookのコマンドバーのメニューを表示し、[**変数**]を選択します。

🐍 図1.53　[JUPYTER:VARIABLES]パネルの表示

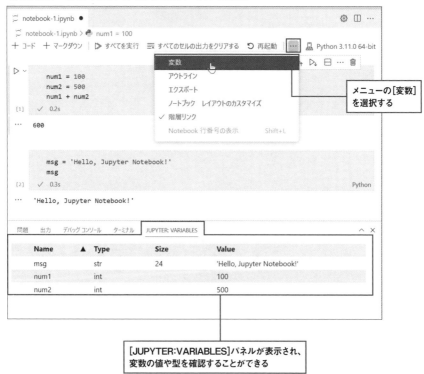

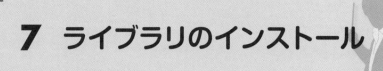

7 ライブラリのインストール

本書では、Pythonの外部ライブラリを用いたプログラミングを行います。ここでは、本書で使用する外部ライブラリのインストールについて解説します。

外部ライブラリ (パッケージ) のインストール

Pythonの外部ライブラリは、ターミナルを起動して「pip」ツールでインストールします。

●NumPyのインストール

数値計算用のライブラリ「NumPy」は、ターミナルに次のように入力してインストールします。

NumPyのインストール

```
pip install numpy
```

●Pandasのインストール

データ分析用のライブラリ「Pandas」は、ターミナルに次のように入力してインストールします。

Pandasのインストール

```
pip install pandas
```

●MatplotlibとSeabornのインストール

グラフ描画用のライブラリ「Matplotlib」、「Seaborn」は、ターミナルに次のように入力してインストールします。

Matplotlibのインストール

```
pip install matplotlib
```

🐍「Seaborn」のインストール

```
pip install seaborn
```

●SciPyのインストール

数値解析用のライブラリ「SciPy」は、ターミナルに次のように入力してインストールします。

🐍 SciPyのインストール

```
pip install scipy
```

●scikit-learnのインストール

データ分析用のライブラリ「scikit-learn」は、ターミナルに次のように入力します。

🐍 scikit-learnのインストール

```
pip install scikit-learn
```

●TensorFlowのインストール

ディープラーニング用のライブラリ「TensorFlow」は、ターミナルに次のように入力してインストールします。

🐍 TensorFlowのインストール

```
pip install tensorflow
```

●OpenCVのインストール

動画を含む画像処理用のライブラリ「OpenCV」のインストールにあたっては、ターミナルに次のように入力して、「opencv-python」と「opencv-contrib-python」をインストールします。

🐍 opencv-pythonのインストール

```
pip install opencv-python
```

🐍 opencv-contrib-pythonのインストール

```
pip install opencv-contrib-python
```

8 Google Colabを使う

Google Colaboratory（略称：Google Colab〈グーグル・コラボ〉）は、教育・研究機関への機械学習の普及を目的としたGoogleの研究プロジェクトです。現在、ブラウザーからPythonを記述・実行できるサービス（誰でも無料で利用できる）が、研究プロジェクトと同名で公開されています。サービス名は単にColaboratory（略称：Colab）とも呼ばれています。

 Colabの特徴

Colabは、次の特長を備えています。

●開発環境の構築が不要

Python本体はもちろん、NumPyやscikit-learn、TensorFlow、PyTorchをはじめとする機械学習用の最新バージョンのライブラリが多数、すぐに使える状態で用意されています。

●GPU／TPUが無料で利用できる

開発環境から無料でGPUやTPUを利用できます。

Google Colabでは、「**Colab Notebook**」で開発を行います。Jupyter NotebookをColab用に移植したものなので、Jupyter Notebookとほとんど同じように操作できます。Colabのサイトにログインすれば、Notebookの作成、ソースコードの入力、プログラムの実行が行えます。

Colabは大人気のサービスとなっていますが、その理由としては、**GPU**（Tesla K80 GPU）が無料で使えることが大きいです。Google社が開発したプロセッサ、**TPU**（Tensor Processing Unit）も使えます。GPU／TPUの利用可能時間には制限があるものの、通常の使用では問題のない範囲です。

● 利用可能なのはNotebookの起動から12時間

Notebookを起動してから12時間が経過すると、実行中の**ランタイム**がシャットダウンされます。「ランタイム」とは、Notebookの実行環境のことで、バックグラウンドでPython仮想マシンが稼働し、メモリやストレージ、CPU／GPU／TPUのいずれかが割り当てられます。

● Notebookとのセッションが切れると90分後にランタイムがシャットダウン

「Notebookを開いていたブラウザーを閉じる」、「PCがスリープ状態になる」などでNotebookとのセッションが切れると、そこから90分後にランタイムがシャットダウンされます。ただし、90分以内にブラウザーでNotebookを開き、セッションを回復すれば、そのまま12時間が経過するまで利用できます。

GPUを使用すれば、12時間という制限はほとんど問題ないと思います。なお、Notebookを開いたあとで閉じた場合、セッションは切れますが、カーネルは90分間は実行中のままですので、12時間タイマーはリセットされません。あくまで、「一度カーネルが起動されたら、そこから12時間」という制限ですので、タイマーをリセットしたい場合は、いったんカーネルをシャットダウンし、再度起動することになります。カーネルのシャットダウン／再起動は、Notebookのメニューから簡単に行えます。

Colab Notebookで利用できるストレージ（記憶装置）やメモリの容量は次のとおりです。

- ストレージは「GPUなし」「TPU利用」の場合は40GB、「GPUあり」の場合は360GB。
- メインメモリは13GB。
- GPUメモリは12GB。

🐍 Googleドライブ上のColab専用のフォルダーに Notebookを作成する

Colab Notebookは、Google社が提供しているオンラインストレージサービス[*]「**Googleドライブ**」上に作成／保存されます。Googleドライブは、Googleアカウントを取得すれば、無料で15GBまでのディスクスペースを利用することができます。

Colabのトップページ (https://colab.research.google.com/notebooks/intro.ipynb) からNotebookを作成することもできますが、この場合、デフォルトでGoogleドライブ上の「Colab NoteBooks」フォルダー内に作成／保存されます。ここでは、あとあとの管理のことを考えて、以下の手順でGoogleドライブ上に任意のフォルダーを作成し、これをColab Notebookの保存先として利用できるようにします。

●マイドライブにNotebook用のフォルダーを作成

ブラウザーを起動して「https://drive.google.com」にアクセスし、アカウントの情報を入力してログインします。

🐍 図1.54　Googleドライブへのログイン

> 登録済みの
> アカウントが表示
> されています。

---

[*] **オンラインストレージサービス**　ドキュメントファイルや画像、動画などのファイルを、ネット回線を通じてサーバー（クラウド）にアップロードして保存するサービスのこと。Googleドライブは15GBまでを無料で利用でき、さらに容量を増やしたい場合は有料での利用となる。

Googleアカウントの作成

ワンポイント

　Googleのアカウントを持っていない場合は、前ページの画面の［別のアカウントを使用］をクリックし、［アカウントを作成］のリンクをクリックすると、アカウントの作成画面に進むので、必要事項を入力してアカウントを作成してください。

🐍図1.55　ログイン後のGoogleドライブ（マイドライブ）の画面

　ログインすると、「マイドライブ」の画面が表示されます。図1.55の画面はすでに使用中のものなので、作成済みのファイルやフォルダーが表示されています。

　Notebookを保存する専用のフォルダーを作成しましょう。［**マイドライブ▼**］の箇所をクリックするとメニューが表示されるので、［**新しいフォルダ**］を選択します。

図1.56 Googleドライブにフォルダーを作成する

[新しいフォルダ]を選択する

フォルダー名を入力して[**作成**]ボタンをクリックします。

図1.57 フォルダー名の作成

フォルダー名を入力して[作成]
ボタンをクリックする

Colab Notebookを作成します。まず、作成したフォルダーをダブルクリックして開きます。

📛 図1.58　作成したフォルダーを開く

画面を右クリックして[**その他**]➡[**Google Colaboratory**]を選択します。

📛 図1.59　Notebookの作成

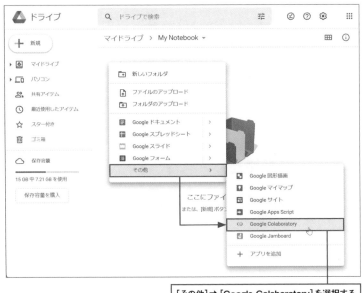

作成直後のNotebookは「UntitledO.ipynb」というタイトルなので、タイトル部分をクリックして任意の名前に変更します。

🐍 図1.60　任意のタイトルに変更する

タイトル部分をク
リックして任意の
名前に変更する

🐍 セルにコードを入力して実行する

セルにコードを入力して実行する手順は、Jupyter Notebookと同じです。セルにソースコードを入力して、セルの左横にある[**実行**]ボタンをクリック、または[**Ctrl**] + [**Enter**]キーを押します。

🐍 図1.61　ソースコードを入力して実行する

ソースコードを入力して、
[**実行**]ボタンをクリックする

セルの下に実行結果が出力されます。続いて新規のセルを追加するには、[**+コード**]をクリックします。

🐍 図1.62　セルのコードを実行した結果

[+コード]をクリック
するとセルの下に新し
いセルが追加される

実行結果が出力される

[🐍 Colab Notebook の機能]

Colab Notebook のメニュー構成は、VSCode上で実行するJupyter Notebookとはかなり異なるので、ひととおり確認しておきましょう。

●[ファイル]メニュー

Notebookの新規作成、保存などの操作が行えます。なお、Jupyter Notebookの[**ファイル**]メニューの[**終了**]に相当する項目はないので、Notebookを閉じる操作は、ブラウザーの[**閉じる**]ボタンで行います。

🐍 図1.63　[ファイル]メニュー

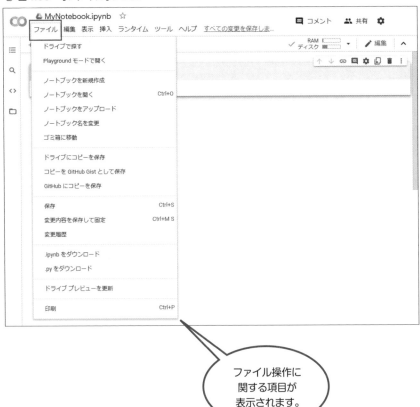

> ファイル操作に
> 関する項目が
> 表示されます。

●[編集] メニュー

[**編集**] メニューでは、セルのコピー/貼り付け、セル内のコードの検索/置換、出力結果の消去などが行えます。また、[**ノートブックの設定**] を選択することで、GPU/TPUの設定が行えます。

🐍 図1.64 ［編集］メニュー

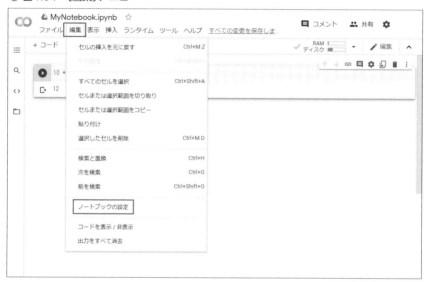

●[表示] メニュー

Notebookのサイズ (MB) などの情報や実行履歴を確認できます。

🐍 図1.65 ［表示］メニュー

●[挿入]メニュー

コードセルやテキスト専用のセル（テキストセル）などの挿入が行えます。[**スクラッチコードセル**]は、セルとして保存する必要のないコードを簡易的に実行するためのセルです。

🐍 図1.66 ［挿入］メニュー

●[ランタイム]メニュー

コードセルの実行や中断などの処理が行えます。また、ランタイムの再起動やランタイムで使用するアクセラレーター（GPUまたはTPU）の設定が行えます。

🐍 図1.67 ［ランタイム］メニュー

●[ツール] メニュー

Notebookで使用できるコマンドの表示、ショートカットキーの一覧の表示および
キーの設定が行えます。また、Notebookのテーマ（ライトまたはダーク）の設定やソー
スコードエディターの設定など、全般的な環境設定が行えます。

🐍 図1.68　[ツール] メニュー

🐍 GPU を有効にする

GPUまたはTPUの有効化は、[**編集**] メニューの [**ノートブックの設定**]、または [**ラ
ンタイム**]メニューの[**ランタイムのタイプを変更**]を選択すると表示される[**ノートブッ
クの設定**] ダイアログで行います。

🐍 図1.69　[ノートブックの設定] ダイアログ

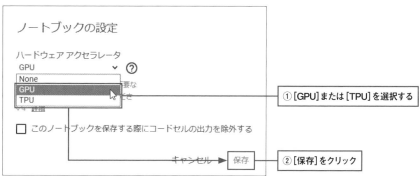

VSCodeの[ターミナル]で ライブラリをインストールする

コラム

　VSCodeには[ターミナル]が搭載されているので、VSCode上の[ターミナル]を利用してPythonのライブラリをインストールすることができます。

❶VSCodeでNotebookを開いた状態で、「ソースコードを入力して実行する」(本文57ページ)で紹介した方法によりPythonインタープリターを選択しておきます。
❷[ターミナル]メニューの[新しいターミナル]を選択します。
❸Notebookの下部に[ターミナル]パネルが表示されます。
❹「pip install <ライブラリ名>」と入力してインストールを行います。それぞれのライブラリのインストール方法については1-7節「ライブラリのインストール」(本文61ページ)をご参照ください。

　選択中のPythonインタープリターの環境に、指定したライブラリがインストールされます。なお、Pythonの仮想環境を用意する方法については、2章末のコラムで紹介しています。

第2章

Pythonによる数値演算の基本

Pythonでの数値演算と、データ分析や機械学習で必須の行列を用いた演算について紹介します。

この章でできること

Pythonを用いた基本的な演算とNumPyを用いた行列演算ができるようになります。

1 Pythonの基本

Pythonの基本的な文法についてひととおり見ていきましょう。

🐍 Pythonの演算処理

Pythonでは、＋や－などの計算に使う記号を使って、足し算や引き算などの算術演算を行うことができます。Pythonでは、次の演算子を使うことができます。

🐍 表2.1　算術演算子の種類

演算子	機能	使用例	説明
＋（単項プラス演算子）	正の整数	＋a	正の整数を指定する。数字の前に＋を追加しても符号は変わらない。
－（単項マイナス演算子）	符号反転	－a	aの値の符号を反転する。
＋	足し算（加算）	a ＋ b	aにbを加える。
－	引き算（減算）	a － b	aからbを引く。
＊	掛け算（乗算）	a ＊ b	aにbを掛ける。
/	割り算（除算）	a / b	aをbで割る。
//	整数の割り算（除算）	a // b	aをbで割った結果から小数を切り捨てる。
％	剰余	a ％ b	aをbで割った余りを求める。
＊＊	べき乗（指数）	a ＊＊ b	aのb乗を求める。

●変数を使って演算する

変数には、アルファベット、またはアルファベットと数字を組み合わせて、名前（変数名）を付けることができます。変数には任意の値を格納（代入）できるので、整数値をセットし、これを使って演算してみましょう。以降、セルに入力するソースコードについては「セル1」「セル2」のようにセルの番号を記載し、実行後に出力されたものについては「出力」と記載しています。ソースコードにはコメントを入れています。

🐍 セル1 (Calculation.ipynb)

```
# 変数aに10を代入
a = 10
# 変数bに5を代入
b = 4
# aの値からbの値を減算
a - b
```

　セルに入力したら、セルの左横の [実行] ボタンをクリックするか、[Ctrl] + [Enter]（macOSは [command] + [return]）キーを押すと、結果が出力されます。

🐍 出力
```
6
```

　セルを追加して、変数a、bの値を出力してみましょう。

🐍 セル2
```
# aの値を表示する
a
```

🐍 出力
```
10
```

🐍 セル3
```
# bの値を表示する
b
```

🐍 出力
```
4
```

　演算結果を、「=」を使って変数に代入することができます。「n = 100」とすればnに「100」が代入されます。次のようにすると、変数に代入されている値そのものを変えることができます。

🐍 セル4

```
# 変数nに100を代入
n = 100
# n - 25の結果をnに代入する
n = n - 25
# nの値を出力
n
```

🐍 出力

```
75
```

🐍 Python が扱うデータの種類

　プログラミングにおいて「値」（データ）を扱う場合に、それが「どのような種類の値なのか」が重要になってきます。Pythonでは、データの種類を**データ型**（またはたんに**型**）という枠によって区別し、それぞれのデータ型に対して「プログラミングで行えることを限定」します。

　数値を大きく分けると、整数リテラルと浮動小数点数（実数）リテラルがあり、int型とfloat型がこれに対応します。**リテラル**というのは100や0.01のような「生のデータ」のことを指します。int型もfloat型も数値なので、足し算や引き算など、演算を行う機能が適用されます。一方、str型は文字列リテラルを扱うので、文字列同士を結合したり切り離したりする文字列操作特有の機能が適用され、数値型のような演算を行う機能は適用されません。

🐍 表2.2　Pythonで扱うデータ型

データの種類	リテラルの種類	データ型	値の例
数値	整数リテラル	int	100
	浮動小数点数リテラル	float	3.14159
文字列	文字列リテラル	str	'こんにちは、Program'
論理値	真偽リテラル	bool	真を表す「True」と偽を表す「False」の2つの値を扱います。

🐍 ソースコードに説明文を埋め込む（コメント）

文字列は、データとしてではなく、ソースコード内にメモを残すためにも使われます。データ分析や機械学習では、「なぜこのような処理をしているのか」、「この部分は何のためのものなのか」を書き残しておくことが大事です。「#」を行のはじめに書くことで、その行はプログラムの動作とは無関係の**コメント**として扱われるようになります。

さらに、ダブルクォート（"）3個で囲むと、複数行をまとめてコメント化できます。シングルクォート（'）3個で囲んでも同じようにコメント化できます。

🐍 コメントを書く

```
#  コメントです


"""
複数行の
コメントです
"""

'''
シングルクォート3個でも
複数行コメントが書けます
'''
```

🐍 リスト

複数のデータを1つのまとまりとして扱いたい場合は、**リスト**を使います。リストは、「ブラケット演算子[ ]で囲んだ内部に、データをカンマ（,）で区切って書く」ことで作成できます。

リストの中身を**要素**と呼びます。要素のデータ型は何でもよく、複数の型を混在させてもかまいません。要素はカンマで区切って書きますが、最後の要素のあとのカンマは付けても付けなくても大丈夫です。

🐍 リストを作る

```
変数 = [要素1, 要素2, 要素3, … ]
```

新しいNotebookを作成し、リストを作ってみましょう。

🐍 セル1 (list.ipynb)

```python
# すべての要素がint型のリスト
number = [1, 2, 3, 4, 5]
# 出力
number
```

🐍 出力

```
[1, 2, 3, 4, 5]
```

🐍 セル2

```python
# str型、int型、float型が混在したリスト
data = ['身長', 160, '体重', 50.5]
# 出力
data
```

🐍 出力

```
['身長', 160, '体重', 50.5]
```

　リストの要素の並びは追加した順番のまま維持されるので、ブラケット演算子でインデックスを指定して、特定の要素を取り出せます。これを**インデックシング**と呼びます。インデックスは0から始まるので、1番目の要素のインデックスは0、2番目の要素は1、…と続きます。

🐍 リスト要素のインデックシング

```
リスト[ インデックス ]
```

🐍 セル3

```python
x = [1, 2, 3, 4, 5]
x
```

🐍出力

```
[1, 2, 3, 4, 5]
```

🐍セル4

```
# リストの長さ（要素の数）をlen()関数で取得
len(x)
```

🐍出力

```
5
```

🐍セル5

```
# 先頭要素にアクセス
x[0]
```

🐍出力

```
1
```

コロン「:」を使うことで、指定した範囲の要素をまとめて取り出すことができます。

🐍指定した範囲の要素を取り出す

リスト名[開始インデックス:終了位置の直後のインデックス]

🐍セル6

```
# インデックス1からインデックス2までの要素を抽出
x[1:3]
```

🐍出力

```
[2, 3]
```

代入演算子を使って、要素の値を変更することができます。

🐍要素の値を変更する

リスト名[インデックス] = 値

🐍 セル7

```
# 5番目の要素を変更する
x[4] = 100
x
```

🐍 出力

```
[1, 2, 3, 4, 100]
```

🐍 if文

if文は、「条件式が真（True）ならブロックのコードを実行する」フロー制御文です。
if文は、条件式が成立した場合に次行以下のコードを実行します。

🐍 if文

> if 条件式:
> ［インデント］条件式がTrueの場合の処理

Pythonでは、**インデント**（行頭の空白文字）が重要な意味を持ちます。インデントを
入れることで、そのコードはif文の制御下にあるコードだということを示します。イン
デントにはタブ文字を使うこともできますが、Pythonでは「半角スペース4文字」を使
うことが推奨されています。

データ型のboolはTrueとFalseのどちらかの値をとります。ifの条件式が成立する
と、bool型のTrueがプログラムの内部で返され、ブロック（ifの次行以下）のコードが
実行されます。一方、条件式が成立しなければFalseが返され、ブロックのコードは実
行されません。

🐍 セル1 (if.ipynb)

```
# if文
money = 220
if(money >= 220):
    print('バスに乗れます')
```

🐍出力

バスに乗れます

●条件式を作るための「比較演算子」

if文でポイントになるのは条件式です。条件式には次表の**比較演算子**を使います。これらの比較演算子は、「式が成り立つときはTrue、成り立たないときはFalse」を返します。

🐍表2.3　Pythonの比較演算子

比較演算子	内容	例	内容
==	等しい	a == b	aとbの値が等しければTrue、そうでなければFalse。
!=	異なる	a != b	aとbの値が等しくなければTrue、そうでなければFalse。
>	大きい	a > b	aがbの値より大きければTrue、そうでなければFalse。
<	小さい	a < b	aがbの値より小さければTrue、そうでなければFalse。
>=	以上	a >= b	aがbの値以上であればTrue、そうでなければFalse。
<=	以下	a <= b	aがbの値以下であればTrue、そうでなければFalse。
is	同じオブジェクト	a is b	aとbが同じオブジェクトであればTrue、そうでなければFalse。
is not	異なるオブジェクト	a is not b	aとbが異なるオブジェクトであればTrue、そうでなければFalse。
in	要素である	a in b	aがbの要素であればTrue、そうでなければFalse。
not in	要素ではない	a not in b	aがbの要素でなければTrue、そうでなければFalse。

●「=」と「==」の違い

「=」は代入演算子です。これに対し、2つつなげた「==」は「左の値と右の値が等しい」ことを判定するための比較演算子です。次の例では、比較演算子を用いた結果をprint()関数で出力しています。

🐍 セル2

```
# aに5を代入
a = 5
# aの値は5と等しいか
print(a == 5)
```

🐍 出力

```
True
```

🐍 セル3

```
# aの値は10と等しいか
print(a == 10)
```

🐍 出力

```
False
```

● if…else で処理を分ける

else文を追加すると、ifの条件が成立しない場合に別の処理を行うことができます。

🐍 if…else文

```
if 条件式:
[インデント]条件式がTrueの場合の処理
else:
[インデント]条件式がFalseの場合の処理
```

🐍 セル4

```
m = 150
# if…elseで処理を分ける
if(m >= 210):
    print('バスに乗れます')
else:
    print('バスに乗れません…')
```

🐍 出力

> バスに乗れません…

🐍 for文

一定の回数だけ同じ処理を繰り返すには、**for文**（forループ）を使います。for文は、イテレート可能なオブジェクト（リストなどの複数の要素を持つデータのこと）に対して、同じ処理を繰り返します。**イテレート**（iterate）とは、「繰り返し処理する」という意味です。「イテレートが可能」というのは、「そのオブジェクトの中から順に値を取り出せる」ことを意味します。

🐍 for文

> for 変数 in イテレート可能なオブジェクト:
> ［インデント］繰り返す処理

for文を使って、リストの要素を1つずつ取り出してみます。

🐍 セル1 (for.ipynb)

```python
# forで繰り返す
for i in [1, 2, 3]:
    print(i)
```

🐍 出力

> 1
> 2
> 3

[🐍 関数]

　ソースコードは、上の行から下の行に向かって実行されます。そのため、様々な処理をそのまま書いていったのでは、とても読みづらいプログラムになってしまい、どこかに間違いがあっても修正が容易ではありません。

　そこで、処理ごとにコードをまとめ、名前を付けて呼び出せるようにします。これが**関数**です。処理ごとに関数としてまとめておけば、コード全体がスッキリして見やすくなり、メンテナンスも楽です。さらに、何度も同じ処理を行う場合も、毎回、関数名だけを書いて呼び出せばよいので、その都度、同一の処理コードを書くという手間が省けるメリットもあります。

　関数に似た仕組みとして**メソッド**がありますが、構造自体はどちらも同じで、書き方のルールもほとんど同じです。Pythonでは、モジュール（ソースファイル）上で直接定義されたものを関数、クラスの内部で定義されたものをメソッドと呼んで区別しています。

●処理だけを行う関数
　関数を作ることを「**関数の定義**」と呼びます。

🐍 関数の定義（処理だけを行うタイプ）

```
def 関数名():
[インデント] 処理
```

　関数名の先頭はアルファベットの小文字かアンダースコア（_）で始めて、以降はアルファベットの小文字または数字で記述します。名前付けのルールとして、複数の単語を組み合わせる場合に、単語と単語の間を「_」でつなぐ形式（**スネークケース**と呼ばれる）を用います。

🐍 スネークケースの例

```
get_current_data
```

　では、Notebook（function.ipynb）を作成し、関数を定義してみましょう。

🐍 セル1

```
#  文字列を出力する関数の定義
def hello():
    print('こんにちは')
```

🐍 セル2

```
# hello() 関数を呼び出す
hello()
```

🐍 出力

```
こんにちは
```

文字列は「'」か「"」で囲む

ワンポイント

　Pythonでは、文字列を指定 (記述) する場合は、シングルクォート (') またはダブルクォート (") で囲みます (例：'Python')。

●引数を受け取る関数

　print()関数は、カッコの中に書かれている文字列を画面に出力します。カッコの中に書いて関数に渡す値のことを**引数**と呼びます。関数側では、引数として渡されたデータを、**パラメーター**を使って受け取ります。

🐍 関数の定義 (引数を受け取るタイプ)

```
def 関数名(パラメーター1, パラメーター2, …):
[インデント] 処理
```

　パラメーター名は、変数と同じようにアルファベット、またはアルファベットと数字の組み合わせで指定します。パラメーター名をカンマ (,) で区切ることで、必要な数だけパラメーターを設定できます。関数を呼び出すときに ( ) の中に書いた引数は、「書いた順番」でパラメーターの並びに渡されます。

次は、2個のパラメーターが設定された関数を定義し、それを呼び出す例です。

🐍 セル3

```
# 2つのパラメーターを持つ関数
def show_hello(name1, name2):
    print(name1 + 'さん、こんにちは！')
    print(name2 + 'さん、こんにちは！')
```

🐍 セル4

```
# 引数を2つ設定して関数を呼び出す
show_hello('山田', '鈴木')
```

🐍 出力

```
山田さん、こんにちは！
鈴木さん、こんにちは！
```

● 処理結果を返す関数

関数の処理結果を**戻り値**として、呼び出し元に返すことができます。

🐍 関数の定義（処理結果を戻り値として返すタイプ）

```
def 関数名(パラメーターの並び):
[インデント] 処理
[インデント] return 戻り値
```

関数の処理の最後の「return 戻り値」の部分で、処理した結果を呼び出し元に返します。戻り値には、関数内で使われている変数を設定するのが一般的ですが、

```
return 計算式
```

のように書いて、計算結果を戻り値として返すこともあります。

セル5

```python
#  2つのパラメーターを持ち、戻り値を返す関数
def return_hello(name1, name2):
    result = name1+ 'さん、' + name2 + 'さん、こんにちは！'
    # resultの値を戻り値として返す
    return result
```

セル6

```python
#  引数を設定して関数を呼び出し、戻り値を変数strに代入する
str = return_hello('山田', '鈴木')
#  関数の戻り値が格納されたstrの値を出力
print(str)
```

出力

```
山田さん、鈴木さん、こんにちは！
```

クラス

Pythonは「オブジェクト指向」のプログラミング言語なので、プログラムで扱うすべてのデータを**オブジェクト**として扱います。オブジェクトは、クラスによって定義され、クラスにはオブジェクトを操作するためのメソッドが備わっています。

Pythonのint型はintクラス、str型はstrクラスで定義されています。「age = 28」と書いた場合、Pythonの内部処理によって「この値はint型である」という制約がかけられると同時に、ageは「int型のオブジェクト」になります。

「age = 28」では、コンピューターのメモリ上に28という値が読み込まれ、「この値はint型である」という制約が適用される（int型のオブジェクトにする）わけですが、このような制約をかける（適用する）のが**クラス**です。クラスには専用のメソッドが定義されているので、制約をかけることによって、クラスで定義されているメソッドが使えるようになります。

クラスは、次のようにclassキーワードを使って定義します。

🐍 クラスの定義

```
class クラス名:
[インデント]メソッドなどの定義
```

●メソッド

クラスの内部にはメソッドを定義するコードを書きます。メソッドと関数の構造は同じですが、クラスの内部で定義されているものをメソッドと呼んで区別します。

🐍 メソッドの定義

```
def メソッド名(self, パラメーターの並び)
    処理
```

メソッドを定義するときのルールとして、第1パラメーターには、呼び出し元で生成されたオブジェクト（メソッドが属するクラスから生成されたオブジェクト）を受け取るためのパラメーターを用意します。名前は何でもよいのですが、慣例として「self」とするのが一般的です。

メソッドを実行するときは、メソッドが属するクラスのオブジェクトの生成（クラスの**インスタンス化**と呼ぶこともあります）を

オブジェクトを格納する変数 ＝ クラス名 (必要ならば引数の並び)

のように記述して行い、そのあとで

オブジェクトを格納した変数 . メソッド名 ( )

のように書くことで呼び出しを行います。この書き方は、「指定したオブジェクトに対してメソッドを実行する」ことを示しています。一方、呼び出される側のメソッドは、呼び出しに使われたオブジェクトをパラメーターで「明示的に」受け取るように決められています。先ほどのselfパラメーターがこれに当たります。

🐍 メソッドを呼び出すと実行元のオブジェクトの情報がselfに渡される

┌───┐
│ オブジェクト.メソッド() ──────────── メソッドの呼び出し   │
│   │
│ メソッド(self): ──────────────── メソッドの本体   │
│   処理を行う部分   │
└───┘

　このような仕組みになっているので、パラメーターが不要なメソッドであっても、オブジェクトを受け取るパラメーターすなわちselfだけは必要です。これを書かないと、どのオブジェクトから呼び出されたのかわからないため、エラーになります。

●オリジナルのクラスを作る

　メソッドを1つだけ持つシンプルなクラスを定義してみましょう。

🐍 セル1 (class.ipynb)

```python
# Test クラスを定義する
class Test:
    def show(self, val):
        print(self, val)    # self と val を出力
```

●オブジェクトを作成する (クラスのインスタンス化)

　クラスからオブジェクトを生成するには、次のように書きます。これを「**クラスのインスタンス化**」と呼びます。**インスタンス**とは、オブジェクトと同じ意味を持つプログラミング用語です。

🐍 クラスのインスタンス化

┌───┐
│ 変数 = クラス名(引数)   │
└───┘

　クラス名(引数)と書けば、クラスがインスタンス化されてオブジェクトが生成されます。とはいえ、str型やint型のオブジェクトではこのような書き方はしませんでした。intやfloat、str、さらにはリスト、ディクショナリ(dict)などの基本的なデータ型(Pythonで定義済みのデータ型)の場合は、直接、値を書くだけで、内部処理によってオブジェクトが生成されるようになっています。

🐍 明示的にオブジェクトを作成してみる (セル2)

```
# このようにも書けるが「s = 'Python'」と同じこと
s = str('Python')
print(s)
```

🐍 出力

```
Python
```

●クラスで定義したメソッドを実行する

先ほど定義したTestクラスをインスタンス化して、show()メソッドを呼び出してみます。

🐍 セル3

```
# Testクラスをインスタンス化してオブジェクトの参照を代入
test = Test()
# Testオブジェクトからshow()メソッドを実行
test.show('こんにちは')
```

🐍 出力

```
<__main__.Test object at 0x0000016C272EA5C0> こんにちは
```

show()メソッドには、必須のselfパラメーターとは別にvalパラメーターがあります。

🐍 メソッド呼び出しにおける引数の受け渡し

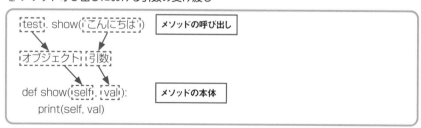

show()メソッドでは、これら2つのパラメーターの値を出力します。このうちself
パラメーターの値として、

```
<__main__.Test object at 0x0000016C272EA5C0>
```

のように出力されています。「0x0000016C272EA5C0」の部分が、Testクラスの
オブジェクトの参照情報（メモリアドレス）です。

●オブジェクトの初期化を行う__init__()

　クラス定義において、__init__()というメソッドは特別な意味を持ちます。クラスか
らオブジェクトが作られた直後、初期化のための処理が必要になることがあります。例
えば、「回数を数えるカウンター変数の値を0にセットする」、「必要な情報をファイルか
ら読み込む」などです。「初期化」を意味するinitializeを略したinitの4文字を2つずつ
のアンダースコアで囲んだ__init__()というメソッドは、オブジェクトの初期化処理を
担当し、オブジェクト作成直後に自動的に呼び出されます。

🐍 __init__()メソッドの書式

```
def __init__(self, パラメーターの並び)
    初期化のための処理
```

●インスタンスごとの情報を保持するインスタンス変数

　インスタンス変数とは、オブジェクト（インスタンス）が独自に保持する情報を格納
するための変数です。1つのクラスからオブジェクトはいくつでも作れますが、インス
タンス変数を定義しておくことで、それぞれのインスタンスは独自の情報を保持できる
ようになります。

🐍 インスタンス変数の定義

```
self.インスタンス変数名 = 値
```

　このとき、どのインスタンスかを示すのが**self**の役割です。例として、Test2クラス
を作成し、インスタンス変数への代入を行う__init__()メソッド、インスタンス変数の
値を出力するshow()メソッドを定義してみます。

🐍 セル4

```
class Test2:
```

```
    def __init__(self, val):
        """初期化を行うメソッド

        Args:
            val (str): 引数として渡される文字列
        """
        # インスタンス変数valにパラメーターvalの値を代入
        self.val = val

    def show(self):
        """self.valを出力するメソッド
        """
        print(self.val)
```

🐍 セル5

```
# Test2クラスをインスタンス化してtest2に代入
test2 = Test2('こんにちは')
# Test2オブジェクトを格納したtest2からshow()メソッドを実行
test2.show()
```

🐍 出力

```
こんにちは
```

__init__()の宣言部である

```
def __init__(self, val):
```

において、パラメーターselfには、呼び出し元、つまりクラスのインスタンス（の参照情報）が渡されてくるので、メソッド内部の

```
self.val = val
```

における「self.val」は「インスタンスの参照.val」という意味になり、そのインスタンスが保持しているインスタンス変数valを指すようになります。

　インスタンス変数は、__init__()メソッドのほかに、クラスに属するメソッドの内部で定義することもできます。

2 NumPy配列を用いた ベクトル、行列の表現

> データ分析や機械学習の処理には、ベクトルや行列の計算が不可欠です。
> PythonのNumPy（ナンパイ）は、計算に便利な関数やメソッドを数多く含む、
> 分析処理の定番ともいえるライブラリです。NumPyの配列は、別名「テンソル」
> とも呼ばれます。

NumPyのインストール

NumPyは、ターミナルからpipコマンドを実行してインストールを行います。ターミナル（Windowsの場合は「PowerShell」）を起動し、

```
pip install numpy
```

と入力して[**Enter**]キーを押すと、インストールが行われます。

図2.1　NumPyのインストール

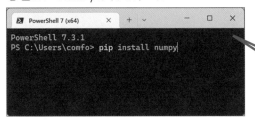

現在インストールされているPythonの環境へのインストールが行われます。

テンソル

テンソルは、NumPy配列（NDArray）で表現される、データのコンテナー（入れ物）です。格納されるのは数値データで、それ以外のデータが格納されることはめったにありません。

テンソルは、行列を任意の数の次元に対して一般化したものであり、ベクトル（1次元配列）は**1階テンソル**、行列（2次元配列）は**2階テンソル**になります。2階テンソルを**2次元テンソル**と呼ぶこともあります。

NumPyは、import文を使って読み込むことで使えるようになります。

🐍 NumPyのインポート

```
import numpy as np
```

これは、「NumPyを読み込んで、npという名前で使う」ことを意味します。以降は「np.関数名()」のように書けば、NumPyに収録されている関数やメソッドが使えます。NumPy配列の生成は、array()関数で行います。

🐍 NumPyのスカラー（0階テンソル）

数値を1つしか格納していないテンソルは、**スカラー**と呼ばれますが、**0階テンソル**や**スカラーテンソル**と呼ばれることもあります。ここでは、「15」という数値を格納したスカラーを作成し、その構造とデータ型、次元数を調べてみます。

🐍 セル1 (make_tensor.ipynb)

```python
# NumPyを読み込んでnpという名前で使えるようにする
import numpy as np

# 0階テンソルを生成
x = np.array(15)
# xを出力
x
```

🐍 出力

```
array(15)
```

🐍 セル2

```
# dtype属性でデータ型を調べる
x.dtype
```

🐍 出力

```
dtype('int32')
```

🐍 セル3

```
# ndim属性で次元数を調べる
x.ndim
```

🐍 出力

```
0
```

🐍 NumPyのベクトル（1階テンソル）

　線形代数では、「要素を縦または横に一列に並べたもの」を**ベクトル**と呼びます。これは、NumPyの1次元配列ですので、**1階テンソル**になります。

🐍 セル4 (make_tensor.ipynb)

```
# ベクトル（1階テンソル）を作成
x1 = np.array([1, 2, 3])
# x1を出力
x1
```

🐍 出力

```
array([1, 2, 3])
```

🐍 セル5

```
# ndim属性で次元数を調べる
x1.ndim
```

🐍 出力

```
1
```

ベクトル（1階テンソル）の要素を参照するには

ベクトル名 [インデックス]

とします。

🐍 セル6
```
# 1番目の要素を参照
x[0]
```

🐍 出力
```
1
```

🐍 セル7
```
# 3番目の要素を100に変更する
x1[2] = 100
# x1を出力
x1
```

🐍 出力
```
array([  1,   2, 100])
```

🐍 NumPyの行列（2階テンソル）

NumPyの2次元配列は行列です。すなわち**2階テンソル**です。

🐍 セル8 (make_tensor.ipynb)
```
# 行列（2階テンソル）を作成
x2 = np.array([
    [10, 15, 20, 25, 30],
    [20, 30, 40, 50, 60],
    [50, 53, 56, 59, 62]
    ])
```

```
# x2 を出力
x2
```

🐍 出力
```
array([[10, 15, 20, 25, 30],
       [20, 30, 40, 50, 60],
       [50, 53, 56, 59, 62]])
```

🐍 セル9
```
# ndim属性で次元数を調べる
x.ndim
```

🐍 出力
```
2
```

shape属性を使って、行列の形状を調べることができます。

🐍 セル10
```
# shape属性で行列の形状を調べる
x2.shape
```

🐍 出力
```
(3, 5)
```

行列x2の形状は、(3, 5)と出力されました。shapeは(1次元の要素数，2次元の要素数，…)のように、1次元の要素数から順番に出力します。ここで作成した行列は、1次元の要素数が3、2次元の要素数が5です。行列としては、1次元の要素が「行」、2次元の要素が「列」になるので、

第1行は[10, 15, 20, 25, 30]
第1列は[10, 20, 50]

となります。

🐍 3階テンソルとより高階数のテンソル

複数の行列を格納したものは、**3階テンソル**（3次元配列）になります。視覚的には、行列が立体的に並んだものとしてイメージできます。

🐍 セル11 (make_tensor.ipynb)

```python
# 3階テンソルを作成
x3 = np.array([[
        [10, 15, 20, 25, 30],
        [20, 30, 40, 50, 60],
        [50, 53, 56, 59, 62]
    ],[
        [10, 15, 20, 25, 30],
        [20, 30, 40, 50, 60],
        [50, 53, 56, 59, 62]
    ],[
        [10, 15, 20, 25, 30],
        [20, 30, 40, 50, 60],
        [50, 53, 56, 59, 62]
    ]])
# x3 を出力
x3
```

🐍 出力

```
array([[[10, 15, 20, 25, 30],
        [20, 30, 40, 50, 60],
        [50, 53, 56, 59, 62]],

       [[10, 15, 20, 25, 30],
        [20, 30, 40, 50, 60],
        [50, 53, 56, 59, 62]],

       [[10, 15, 20, 25, 30],
        [20, 30, 40, 50, 60],
        [50, 53, 56, 59, 62]]])
```

🐍 セル12

```
# ndim属性で次元数を調べる
x3.ndim
```

🐍 出力

```
3
```

🐍 セル13

```
# shape属性で形状を調べる
x3.shape
```

🐍 出力

```
(3, 3, 5)
```

(3行, 5列)の行列を3つ格納した(3, 3, 5)の形状です。

テンソルの階数

ワンポイント

　3階テンソルをまとめて4階テンソルを作ることもできますが、一般的にデータ分析や機械学習で扱うのは3階テンソルまでのことが多いです。ただし、機械学習でカラー画像を扱う場合は4階テンソル、動画データを扱う場合は5階テンソルを使うことがあります。

3　ベクトルの演算

NumPyの1次元配列は、すなわちベクトル（1階テンソル）です。ここでは、新しいNotebookを作成して、ベクトルの演算について見ていきましょう。

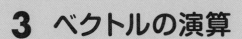 ベクトルの算術演算

ベクトルx、yの要素数が同じであれば、それぞれの要素同士の演算ができます。

🐍 セル1（vector.ipynb）

```python
# NumPyのインポート
import numpy as np


# 要素数3のベクトルx、yを作成
x = np.array([1, 2, 3])
y = np.array([4, 5, 6])
# ベクトルの要素同士の足し算
x + y
```

🐍 出力

```
array([5, 7, 9])
```

🐍 セル2

```python
# ベクトルの要素同士の引き算
x - y
```

🐍 出力

```
array([-3, -3, -3])
```

🐍 セル3

```
# ベクトルの要素同士の掛け算
x * y
```

🐍 出力

```
array([ 4, 10, 18])
```

🐍 セル4

```
# ベクトルの要素同士の割り算
x / y
```

🐍 出力

```
array([0.25, 0.4 , 0.5 ])
```

🐍 ベクトルのスカラー演算

数値を1つしか含んでいない0階テンソルは、スカラーと呼ばれるのでした。これとは別に、線形代数では、「大きさのみで表され、方向を持たない量」のことを**スカラー**と呼びます。すなわち、0や1、2などの独立した単一の値がスカラーです。0階テンソルのスカラーも、単一の数値のスカラーも、プログラム上では同じです。

Pythonのリストは1次元配列ですが、すべての要素に同じ数を加えたり、あるいは2倍にするような場合は、forループなどで処理を繰り返す必要があります。それに対し、NumPyの1次元配列（ベクトル）は、forループを使わずに一括処理が行えます。これは、NumPyの**ブロードキャスト**と呼ばれる仕組みによって実現されます。

ベクトルに対して四則演算子でスカラー演算を行うと、すべての成分（要素）に対して演算が行われます。

🐍 セル5 (vector.ipynb)

```
# dtypeオプションでfloat型を指定してベクトルを作成
x = np.array([1, 2, 3, 4, 5], dtype = float)
# 0階テンソル (スカラーテンソル) を生成
y = np.array(10)
# ベクトルxの各要素にスカラーテンソルの値を加算
```

```
x + y
```

🐍 出力

```
array([11., 12., 13., 14., 15.])
```

🐍 セル6

```
# ベクトルxの各要素からスカラーテンソルの値を減算
x - 1
```

🐍 出力

```
array([0., 1., 2., 3., 4.])
```

🐍 セル7

```
# ベクトルxの各要素にスカラーテンソルの値を掛ける
x * 10
```

🐍 出力

```
array([10., 20., 30., 40., 50.])
```

🐍 セル8

```
# ベクトルxの各要素をスカラーテンソルの値で割る
x / 2
```

🐍 出力

```
array([0.5, 1. , 1.5, 2. , 2.5])
```

🐍 ベクトル同士の四則演算

　ベクトル同士を四則演算子で演算すると、同じ次元の成分同士の演算が行われます。NumPyの配列で表現するベクトルは1次元配列なので、

```
array([1., 3., 5.])
```

は、ベクトルの記法で表すと

　(1 3 5)

となります。このように横方向に並んだものを、特に**行ベクトル**と呼びます。上記の例だと、成分（要素）が3つあるので「3次元の行ベクトル」になります。1が「第1成分」、3が「第2成分」、5が「第3成分」です。

　さて、ベクトル同士の演算は、「次元数が同じである」ことが条件です。次元数が異なるベクトル同士を演算すると、どちらかの成分が余ってしまうのでエラーになります。

　ベクトル同士の演算は、次のように行われます。

$$(a_1 \quad a_2 \quad a_3) + (b_1 \quad b_2 \quad b_3) = (a_1+b_1 \quad a_2+b_2 \quad a_3+b_3)$$

　NumPyでは、ブロードキャストの仕組みによって、同じ次元の成分同士が計算されます。

●ベクトル同士の加算と減算、定数倍

　ベクトル同士の計算は、列ベクトルでも行ベクトルでも計算のやり方は同じですので、ここでは列ベクトルを例にします。

🐍 列ベクトル

$$u = \begin{pmatrix} u_1 \\ u_2 \\ u_3 \end{pmatrix} = \begin{pmatrix} 1 \\ 5 \\ 9 \end{pmatrix}, \ v = \begin{pmatrix} v_1 \\ v_2 \\ v_3 \end{pmatrix} = \begin{pmatrix} 1 \\ 0 \\ 3 \end{pmatrix}$$

としたとき、次の「ベクトルの加算」、「ベクトルの減算」、「ベクトルの定数倍」が成り立ちます。

ベクトルの加算

$$u + v = \begin{pmatrix} u_1 + v_1 \\ u_2 + v_2 \\ u_3 + v_3 \end{pmatrix} = \begin{pmatrix} 1+1 \\ 5+0 \\ 9+3 \end{pmatrix} = \begin{pmatrix} 2 \\ 5 \\ 12 \end{pmatrix}$$

ベクトルの減算

$$u - v = \begin{pmatrix} u_1 - v_1 \\ u_2 - v_2 \\ u_3 - v_3 \end{pmatrix} = \begin{pmatrix} 1-1 \\ 5-0 \\ 9-3 \end{pmatrix} = \begin{pmatrix} 0 \\ 5 \\ 6 \end{pmatrix}$$

ベクトルの定数倍

$$4u = 4 \begin{pmatrix} u_1 \\ u_2 \\ u_3 \end{pmatrix} = 4 \begin{pmatrix} 1 \\ 5 \\ 9 \end{pmatrix} = \begin{pmatrix} 4 \times 1 \\ 4 \times 5 \\ 4 \times 9 \end{pmatrix} = \begin{pmatrix} 4 \\ 20 \\ 36 \end{pmatrix}$$

ベクトル同士の加算と減算、定数倍は、成分ごとに計算して求めることができます。

セル9 (vector.ipynb)

```python
# ベクトルvec1、vec2 を作成
vec1 = np.array([10, 20, 30])
vec2 = np.array([40, 50, 60])
# ベクトル同士の足し算
vec1 + vec2
```

出力

```
array([50, 70, 90])
```

セル10

```python
# ベクトル同士の引き算
vec1 - vec2
```

出力

```
array([-30 -30 -30])
```

セル11

```
# ベクトルの定数倍
vec1 * 4
```

出力

```
array([ 40,  80, 120])
```

セル12

```
# ベクトル同士の割り算
vec1 / vec2
```

出力

```
array([0.25, 0.4 , 0.5 ])
```

　本来、ベクトル同士では割り算は行えませんが、NumPyの配列で表現するベクトルは、次元数が同じであれば、ブロードキャストの仕組みが働いて同じ次元の成分同士が割り算されます。

ベクトルのアダマール積

　NumPyの配列で表現するベクトルは1次元配列なので、行・列の概念がありません。成分（要素）の数が同じベクトル同士を掛け算すると、成分同士が掛け算されます。これをベクトルの**アダマール積**と呼びます。アダマール積は、ブロードキャストの仕組みによって実現されます。なお、アダマール積は一般的に⊙の記号で表します。

ベクトル同士のアダマール積

$$(a_1 \ a_2 \ a_3) \odot (b_1 \ b_2 \ b_3) = (a_1 \cdot b_1 \ a_2 \cdot b_2 \ a_3 \cdot b_3)$$

🐍 セル13（vector.ipynb）

```
# 要素数3のベクトルvec1、vec2を作成
vec1 = np.array([10, 20, 30])
vec2 = np.array([40, 50, 60])
# ベクトル同士のアダマール積を求める
vec1 * vec2
```

🐍 出力

```
array([ 400, 1000, 1800])
```

🐍 ベクトルの内積

ベクトル同士の成分の積の和を**内積**と呼びます。ベクトルaとbの内積は、真ん中に「・」（ドット）を入れて$a \cdot b$と表します。

$a = \begin{pmatrix} 2 \\ 3 \end{pmatrix}$と$b = \begin{pmatrix} 4 \\ 5 \end{pmatrix}$の内積は、

$$a \cdot b = \begin{pmatrix} 2 \\ 3 \end{pmatrix} \cdot \begin{pmatrix} 4 \\ 5 \end{pmatrix} = 2 \cdot 4 + 3 \cdot 5 = 23$$

のように、第1成分同士、第2成分同士を掛けて和を求めます。

3次元ベクトル$a = \begin{pmatrix} 4 \\ 5 \\ -6 \end{pmatrix}$と$b = \begin{pmatrix} -2 \\ 3 \\ -1 \end{pmatrix}$の内積は、

$$a \cdot b = \begin{pmatrix} 4 \\ 5 \\ -6 \end{pmatrix} \cdot \begin{pmatrix} -2 \\ 3 \\ -1 \end{pmatrix} = 4 \cdot (-2) + 5 \cdot 3 + (-6) \cdot (-1) = 13$$

のように、同じ成分同士を掛けて和を求めます。

NumPyの配列（NDArrayオブジェクト）には、ベクトルの内積を求める**dot()関数**が用意されています。なお、NumPyのベクトルは1次元配列なので、縦・横の区別がありません。通常の1次元配列を生成して、2つのベクトルをdot()関数の引数にして実行すると、内積が求められます。

🐍 セル14 (vector.ipynb)

```python
# 要素数2のベクトルvec1、vec2を作成
vec1 = np.array([2, 3])
vec2 = np.array([4, 5])
# vec1とvec2の内積を求める
np.dot(vec1, vec2)
```

🐍 出力

```
23
```

🐍 セル15 (vector.ipynb)

```python
# 要素数3のベクトルvec3、vec4を作成
vec3 = np.array([4, 5, -6])
vec4 = np.array([-2, 3, -1])
# vec3とvec4の内積を求める
np.dot(vec3, vec4)
```

🐍 出力

```
13
```

4 行列の演算

> NumPyの2次元配列で行列を表現できます。行列は、行と列の2つの軸を持つので、2階テンソルです。ここでは線形代数の基本に基づき、行列の演算方法のうち、データサイエンスで必要になる部分のみをピックアップして見ていきます。

行列の構造

行列とは、数の並びのことで、次のように縦と横に数を並べることで表現します。

$$\begin{pmatrix} 1 & 5 \\ 10 & 15 \end{pmatrix}$$ --- ❶

$$\begin{pmatrix} 1 & 5 & 7 \\ 8 & 3 & 9 \end{pmatrix}$$ --- ❷

$$\begin{pmatrix} 6 & 8 \\ 4 & 2 \\ 7 & 3 \end{pmatrix}$$ --- ❸

$$\begin{pmatrix} 8 & 1 & 6 \\ 9 & 7 & 5 \\ 4 & 2 & 3 \end{pmatrix}$$ --- ❹

　このように( )の中に数を並べると、それが行列になります。横の並びを「**行**」、縦の並びを「**列**」と呼び、行と列のどちらも、数をいくつ並べてもかまいません。❶は2行2列の行列、❷は2行3列の行列、❸は3行2列の行列、❹は3行3列の行列です。

●正方行列

　縦に並んだ行の数と横に並んだ列の数が同じとき、特に**正方行列**といいます。❶の2行2列、❹の3行3列の行列が正方行列です。

●行ベクトルや列ベクトルの形をした行列

数学には数字の組を表す「ベクトル」があります。行列は行・列ともに数の制限はありませんが、ベクトルは次のように、数字の組が1行または1列のどちらかだけになります。

$$(5 \quad 8 \quad 2 \quad 6)$$ ⟶ ❺

$$\begin{pmatrix} 3 \\ 5 \\ 4 \end{pmatrix}$$ ⟶ ❻

❺は行ベクトルですが、(1行, 4列)の行列でもあります。また、❻は列ベクトルですが、(3行, 1列)の行列でもあります。

●行列の行と列

次に行列の中身について見ていきましょう。

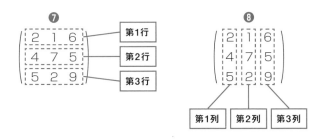

同じ行列を左右に並べてありますが、❼のように行を数える場合は、上から第1行、第2行、第3行となり、❽のように列を数える場合は、左から第1列、第2列、第3列となります。

●行列の中身は「成分」

行列に書かれた数字のことを**成分**と呼びます。❼の1行目で3列目の6は、「第1行、第3列の成分」です。これを「6は(1, 3)成分である」というように、(行, 列)の形式で表します。

多次元配列で行列を表現する

NumPyの配列 (NDArray) は多次元配列に対応しています。1次元の配列はベクトルで、2次元の配列が行列になります。array()の引数としてリストを指定すると1次元配列 (ベクトル) になり、二重構造のリストを指定すると2次元配列になって行列が作成できます。次は、(3行, 3列)の行列を作成する例です。

セル1 (matrix.ipynb)

```python
# NumPyのインポート
import numpy as np


# (3, 3) の行列を作成
mtx = np.array([
    [1, 2, 3],
    [4, 5, 6],
    [7, 8, 9]],
    dtype = float)
# 出力
mtx
```

出力

```
array([[1., 2., 3.],
       [4., 5., 6.],
       [7., 8., 9.]])
```

行列のスカラー演算

ベクトルと同じように、行列に対してスカラー演算を行うと、行列のすべての成分に対して演算が行われます。この処理についても「ブロードキャスト」によって実現されます。

セル2 (matrix.ipynb)

```python
# (3, 3) の行列を作成
mtx = np.array([
    [1, 2, 3],
    [4, 5, 6],
    [7, 8, 9]],
    dtype = float)
# スカラー演算 ( 足し算 )
mtx + 10
```

出力

```
array([[11., 12., 13.],
       [14., 15., 16.],
       [17., 18., 19.]])
```

セル3

```python
# スカラー演算 ( 引き算 )
mtx - 10
```

出力

```
array([[-9., -8., -7.],
       [-6., -5., -4.],
       [-3., -2., -1.]])
```

セル4

```python
# スカラー演算 ( 乗算 )
mtx * 2
```

出力

```
array([[ 2.,  4.,  6.],
       [ 8., 10., 12.],
       [14., 16., 18.]])
```

🐍 セル5

```
# スカラー演算（除算）
mtx / 2
```

🐍 出力

```
array([[0.5, 1. , 1.5],
       [2. , 2.5, 3. ],
       [3.5, 4. , 4.5]])
```

🐍 行列の定数倍

　行列のスカラー演算のうち、掛け算（乗算）のことを**行列の定数倍**と呼びます。ある数を掛けて行列のすべての成分を○○倍します。次の行列

$$A = \begin{pmatrix} 1 & 2 \\ 3 & 4 \end{pmatrix}$$

を3で定数倍すると、

$$3A = 3\begin{pmatrix} 1 & 2 \\ 3 & 4 \end{pmatrix} = \begin{pmatrix} 3\times1 & 3\times2 \\ 3\times3 & 3\times4 \end{pmatrix} = \begin{pmatrix} 3 & 6 \\ 9 & 12 \end{pmatrix}$$

となります。

🐍 セル6 (matrix.ipynb)

```
# (2, 2) の行列を作成
A = np.array([[1, 2],
              [3, 4]])
# 行列の定数倍
3 * A
```

🐍 出力

```
array([[ 3,  6],
       [ 9, 12]])
```

行列の成分へのアクセス

行列の成分（要素）にアクセスするためには、リストと同じようにブラケット演算子[]を使って、

[行開始インデックス ： 行終了インデックス，列開始インデックス ： 列終了インデックス]

のように指定します。開始インデックスは0から始まります。終了インデックスは、指定したインデックスの直前までが参照されるので注意してください。

セル7 (matrix.ipynb)

```python
# (3, 3) の行列を作成
# dtype を指定しない場合は、成分の値に対応した型になる
mtx = np.array([[1, 2, 3],
                [4, 5, 6],
                [7, 8, 9]]
)
# データの型を確認
mtx.dtype
```

出力

```
dtype('int32')
```

セル8

```python
# 第1行のすべての成分
mtx[0]
```

出力

```
array([1, 2, 3])
```

セル9

```python
# 第1行のすべての成分
mtx[0,]
```

🐍 出力

```
array([1, 2, 3])
```

🐍 セル10

```
# 第1行のすべての成分
mtx[0, :]
```

🐍 出力

```
array([1, 2, 3])
```

🐍 セル11

```
# 第1列のすべての成分
mtx[:, 0]
```

🐍 出力

```
array([1, 4, 7])
```

🐍 セル12

```
# 2行、2列の成分
mtx[1, 1]
```

🐍 出力

```
5
```

🐍 セル13

```
# 1行～2行、1列～2列の部分行列を抽出
mtx[0:2, 0:2]
```

🐍 出力

```
array([[1, 2],
       [4, 5]])
```

🐍 行列の成分同士を加算・減算する

行列のすべての成分に対して演算が行われる仕組みが**ブロードキャスト**です。行列に対してスカラー演算を行うと、ブロードキャストの仕組みによって、すべての成分に同じ演算が適用されます。この仕組みを使って、行列の足し算、引き算が行えます。

行列として、

$$A = \begin{pmatrix} 1 & 2 \\ 3 & 4 \end{pmatrix} \qquad B = \begin{pmatrix} 4 & 3 \\ 2 & 1 \end{pmatrix}$$

があるとします。この場合、AとBの足し算を$A+B$、引き算を$A-B$と表せます。AとBの足し算は、

$$A + B = \begin{pmatrix} 1 & 2 \\ 3 & 4 \end{pmatrix} + \begin{pmatrix} 4 & 3 \\ 2 & 1 \end{pmatrix} = \begin{pmatrix} 1+4 & 2+3 \\ 3+2 & 4+1 \end{pmatrix} = \begin{pmatrix} 5 & 5 \\ 5 & 5 \end{pmatrix}$$

となります。一方、AとBの引き算は、

$$A - B = \begin{pmatrix} 1 & 2 \\ 3 & 4 \end{pmatrix} - \begin{pmatrix} 4 & 3 \\ 2 & 1 \end{pmatrix} = \begin{pmatrix} 1-4 & 2-3 \\ 3-2 & 4-1 \end{pmatrix} = \begin{pmatrix} -3 & -1 \\ 1 & 3 \end{pmatrix}$$

となります。このように、行列の足し算と引き算は、「同じ行と列の成分同士を、足し算または引き算」します。

🐍 セル1 (matrix2.ipynb)

```
# NumPyのインポート
import numpy as np


# (2, 2) の行列を作成
a = np.array([
    [1, 2],
    [3, 4]])
# 2×2の行列を作成
b = np.array([
    [4, 3],
    [2, 1]])
```

```
#  成分同士の足し算
a + b
```

🐍 出力

```
array([[5, 5],
       [5, 5]])
```

🐍 セル2

```
#  成分同士の引き算
a - b
```

🐍 出力

```
array([[-3, -1],
       [ 1,  3]])
```

🐍 行列のアダマール積

行列のアダマール積は、成分ごとの積です。対応する位置の値を掛け合わせて新しい行列を求めます。

🐍 アダマール積

$$\begin{pmatrix} a_1 & a_2 \\ a_3 & a_4 \end{pmatrix} \odot \begin{pmatrix} b_1 & b_2 \\ b_3 & b_4 \end{pmatrix} = \begin{pmatrix} a_1 b_1 & a_2 b_2 \\ a_3 b_3 & a_4 b_4 \end{pmatrix}$$

🐍 セル3 (matrix2.ipynb)

```
#  (2, 2) の行列を作成
a = np.array([
    [2,3],
    [2,3]])
#  (2, 2) の行列を作成
b = np.array([
    [3,4],
    [5,6]])
```

```
# Pythonの乗算演算子でアダマール積を求める
a * b
```

🐍出力

```
array([[ 6, 12],
       [10, 18]])
```

NumPyでは、行列とベクトルのアダマール積は、両者の次元がブロードキャストの要件を満たす限り、求めることが可能です。

🐍ブロードキャストの要件を満たす場合のアダマール積

$$\begin{pmatrix} a_1 \\ a_2 \end{pmatrix} \odot \begin{pmatrix} b_1 & b_2 \\ b_3 & b_4 \end{pmatrix} = \begin{pmatrix} a_1b_1 & a_1b_2 \\ a_2b_3 & a_2b_4 \end{pmatrix}$$

このあと紹介する行列の内積では、(2行，1列)と(2行，2列)の計算は不可能です。しかし、アダマール積なら、ブロードキャストの仕組みによって次のように計算が可能です。

🐍セル4

```
# (2, 1) の行列を作成
c = np.array([
    [2],
    [3]])
# (2, 2) の行列を作成
d = np.array([
    [3,4],
    [5,6]])

# Pythonの乗算演算子でアダマール積を求める
c * d
```

🐍 出力

```
array([[ 6,  8],
       [15, 18]])
```

🐍 行列の内積

　行列の定数倍は、ある数を行列のすべての成分に掛けるので簡単でした。また、アダマール積も、同じ成分同士の積なので計算はラクです。しかし、行列の積（内積）は、成分同士をまんべんなく掛け合わせなければならないために少々複雑です。

　内積の計算の基本は、「行の順番の数と列の順番の数が同じ成分同士を掛けて、足し上げる」ことです。1行目と1列目の成分、2行目と2列目の成分を掛けてその和を求める、という具合です。次の横ベクトルと縦ベクトルの計算は、（1行，2列）および（2行，1列）と見なして計算を行う必要があります。この場合は、

$$(2 \quad 3)\begin{pmatrix} 4 \\ 5 \end{pmatrix} = 2 \cdot 4 + 3 \cdot 5 = 23$$

となり、(1, 3)行列と(3, 1)行列の場合は、

$$(1 \quad 2 \quad 3)\begin{pmatrix} 4 \\ 5 \\ 6 \end{pmatrix} = 1 \cdot 4 + 2 \cdot 5 + 3 \cdot 6 = 32$$

となります。先回りして言っておくと、「左側の行列の列の数」と「右側の行列の行の数」が等しい場合にのみ、内積の計算が可能です。

　次に、(1, 2)行列と(2, 2)行列の積です。この場合は、

$$(1 \quad 2)\begin{pmatrix} 3 & 4 \\ 5 & 6 \end{pmatrix} = (1 \cdot 3 + 2 \cdot 5 \quad 1 \cdot 4 + 2 \cdot 6) = (13 \quad 16)$$

のように、右側の行列を列に分けて計算します。これは、

$(1 \quad 2)\begin{pmatrix} 3 \\ 5 \end{pmatrix}$ と $(1 \quad 2)\begin{pmatrix} 4 \\ 6 \end{pmatrix}$ を計算して、結果を $(13 \quad 16)$ と並べる

ということです。

次に $(2, 2)$ 行列と $(2, 2)$ 行列の積を計算してみましょう。次のように破線の枠で囲んだ成分で掛け算するのがポイントです。

$$\begin{pmatrix} 1 & 2 \\ 3 & 4 \end{pmatrix}\begin{pmatrix} 5 & 6 \\ 7 & 8 \end{pmatrix} = \begin{pmatrix} 1\cdot5+2\cdot7 & 1\cdot6+2\cdot8 \\ 3\cdot5+4\cdot7 & 3\cdot6+4\cdot8 \end{pmatrix} = \begin{pmatrix} 19 & 22 \\ 43 & 50 \end{pmatrix}$$

この計算では、左側の行列は行に分け、右側の行列は列に分けて、行と列を組み合わせて掛け算します。分解すると、

$(1 \quad 2)\begin{pmatrix} 5 \\ 7 \end{pmatrix}$ と $(1 \quad 2)\begin{pmatrix} 6 \\ 8 \end{pmatrix}$ を計算して結果を横に並べたあと、

$(3 \quad 4)\begin{pmatrix} 5 \\ 7 \end{pmatrix}$ と $(3 \quad 4)\begin{pmatrix} 6 \\ 8 \end{pmatrix}$ を計算して結果をその下に並べる

ということをやって、$(2, 2)$ 行列の形にしています。

さらに、$(2, 3)$ 行列と $(3, 2)$ 行列の積を計算してみましょう。今度は、右側の $(3, 2)$ 行列の成分が文字式になっています。破線の枠で囲んだ成分で掛け算するは先ほどと同じですが、結果の成分が文字式になります。

$$\begin{pmatrix} 2 & 3 & 4 \\ 5 & 6 & 7 \end{pmatrix}\begin{pmatrix} a & d \\ b & e \\ c & f \end{pmatrix} = \begin{pmatrix} 2a+3b+4c & 2d+3e+4f \\ 5a+6b+7c & 5d+6e+7f \end{pmatrix}$$

$(3, 3)$ 行列と $(3, 3)$ 行列の積もやってみましょう。

$$\begin{pmatrix} 2 & 3 & 4 \\ 5 & 6 & 7 \\ 8 & 9 & 10 \end{pmatrix}\begin{pmatrix} a & d & g \\ b & e & h \\ c & f & i \end{pmatrix} = \begin{pmatrix} 2a+3b+4c & 2d+3e+4f & 2g+3h+4i \\ 5a+6b+7c & 5d+6e+7f & 5g+6h+7i \\ 8a+9b+10c & 8d+9e+10f & 8g+9h+10i \end{pmatrix}$$

このように、行列の積*AB*は、(*n*, *m*) 行列と (*m*, *l*) 行列の積です。「左側の行列*A*の列の数*m*」と「右側の行列*B*の行の数*m*」が、いずれも同じ*m*だというところがポイントです。また、「(*n*, *m*) 行列と (*m*, *l*) 行列の積は (*n*, *l*) 行列になる」という法則があります。

あと、破線の枠で示したように、行列の積*AB*を求めるときは、*A*の*i*行と*B*の*j*行を組み合わせて計算します。

迷いやすいのが、(*n*, 1) 行列と (1, *m*) 行列の積です。例えば、(3, 1) 行列と (1, 3) 行列の積は、

$$\begin{pmatrix} 2 \\ 3 \\ 4 \end{pmatrix} \begin{pmatrix} a & b & c \end{pmatrix} = \begin{pmatrix} 2a & 2b & 2c \\ 3a & 3b & 3c \\ 4a & 4b & 4c \end{pmatrix}$$

のようになります。行列の積では、左側の行列を行ごと、右側の行列を列ごとに分けるので、行成分、列成分がそれぞれ1個ずつの成分になり、積としての成分はそれぞれの積になります。

あと、行列の積*AB*を求める際の注意点として、「左側の行列*A*の列の数」と「右側の行列*B*の行の数」が異なるときは、積*AB*を求めることができません。例えば、(3, 2) 行列と (3, 3) 行列の積は計算不可能です。

●行列の内積を求める

NumPyのdot()関数は、引数に指定した行列同士の積を求めます。

🐍 セル5 (matrix2.ipynb)

```
# (2, 2) の行列を作成
m1 = np.array([
    [1, 2],
    [3, 4]])
# (2, 2) の行列を作成
m2 = np.array([
    [5, 6],
    [7, 8]])
# 行列の内積を求める
np.dot(m1, m2)
```

出力

```
array([[19, 22],
       [43, 50]])
```

行と列を入れ替えて「転置行列」を作る

行列の行と列を入れ替えたものを**転置行列**と呼びます。行列Aが

$$A = \begin{pmatrix} 1 & 2 & 3 \\ 4 & 5 & 6 \end{pmatrix}$$

のとき、転置行列${}^tA$は

$${}^tA = \begin{pmatrix} 1 & 4 \\ 2 & 5 \\ 3 & 6 \end{pmatrix}$$

となります。転置行列はtの記号を使って${}^tA$のように表します。転置行列には、次のような法則があります。

転置行列の演算に関する法則

${}^t({}^tA) = A$
${}^t(A + B) = {}^tA + {}^tB$
${}^t(AB) = {}^tB\,{}^tA$

3番目の法則は、「行列の積の転置は、転置行列の積になる」ことを示していますが、積の順番が入れ替わることに注意が必要です。なお、A、Bは正方行列でなくても、和や積が計算できるのであれば、これらの法則が成り立ちます。

●transpose()で転置行列を求める

NumPyの**transpose()**メソッドで転置行列を求めることができます。

🐍 セル6 (matrix2.ipynb)

```
#  (2, 3) の行列を作成
mt = np.array([
    [1, 2, 3],
    [4, 5, 6]])
#  出力
mt
```

🐍 出力

```
array([[1, 2, 3],
       [4, 5, 6]])
```

🐍 セル7

```
#  転置行列を求める
np.transpose(mt)
```

🐍 出力

```
array([[1, 4],
       [2, 5],
       [3, 6]])
```

🐍 セル8

```
#  NDArrayのTプロパティで転置行列を求めることもできる
mt.T
```

🐍 出力

```
array([[1, 4],
       [2, 5],
       [3, 6]])
```

ゼロ行列、対角行列、単位行列

行列の計算に関する重要な法則に、「ゼロ行列と単位行列の積の法則」があります。

●ゼロ行列

すべての成分が0の行列を**ゼロ行列**と呼び、Oの記号を使って表します。例えば、(2行, 3列) のゼロ行列は次のようになります。

$$O = \begin{pmatrix} 0 & 0 & 0 \\ 0 & 0 & 0 \end{pmatrix}$$

●対角行列

行列は、行と列に加えて対角線で結ばれる成分も扱います。これを**対角成分**と呼びます。対角成分は、(行, 列) で表した場合、(1, 1)、(2, 2)、(3, 3) のように行と列の数が等しい正方行列にのみ存在します。次の行列：

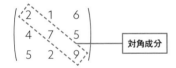

の場合は、(1, 1) 成分の2、(2, 2) 成分の7、(3, 3) 成分の9が対角成分です。

行数と列数が同じ正方行列には、「対角成分以外がすべて0」というものがあります。次の2つの行列：

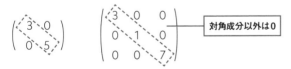

は、どちらも対角成分以外がすべて0です。このような数列を**対角行列**といいます。

●単位行列

対角成分がすべて1である対角行列を特に**単位行列**と呼び、Eの記号を使って表します。（3行, 3列）の行列では、

$$E = \begin{pmatrix} 1 & 0 & 0 \\ 0 & 1 & 0 \\ 0 & 0 & 1 \end{pmatrix} \quad \boxed{\text{対角成分がすべて1}}$$

のようになります。

●ゼロ行列と単位行列の積の法則

ゼロ行列Oまたは単位行列Eを含む積の計算については、

$$AO = O$$
$$OA = O$$
$$AE = EA = A$$

という法則があります。Aは任意の行列です。ゼロ行列Oの積の法則は直感的にわかりますが、単位行列Eの積の法則については、本当に「$AE = EA = A$」となるのか確認してみましょう。任意の行列Aを

$$A = \begin{pmatrix} 2 & 3 & 4 \\ 5 & 6 & 7 \\ 8 & 9 & 1 \end{pmatrix}$$

とします。

$$AE = \begin{pmatrix} 2 & 3 & 4 \\ 5 & 6 & 7 \\ 8 & 9 & 1 \end{pmatrix}\begin{pmatrix} 1 & 0 & 0 \\ 0 & 1 & 0 \\ 0 & 0 & 1 \end{pmatrix}$$

$$= \begin{pmatrix} 2\times1+3\times0+4\times0 & 2\times0+3\times1+4\times0 & 2\times0+3\times0+4\times1 \\ 5\times1+6\times0+7\times0 & 5\times0+6\times1+7\times0 & 5\times0+6\times0+7\times1 \\ 8\times1+9\times0+1\times0 & 8\times0+9\times1+1\times0 & 8\times0+9\times0+1\times1 \end{pmatrix}$$

$$= \begin{pmatrix} 2 & 3 & 4 \\ 5 & 6 & 7 \\ 8 & 9 & 1 \end{pmatrix} = A$$

確かに $AE=A$ となりました。同じように $EA=A$ も成り立ちます。

a が実数のとき、0や1との積の計算には、

$$a \cdot 0 = 0 \cdot a = 0 \qquad a \cdot 1 = 1 \cdot a = a$$

となる法則があります。これと先ほどのゼロ行列 O や単位行列 E の積の法則とを見比べると、ゼロ行列 O は「実数の積のときの0」、単位行列 E は「実数の積のときの1」の役割をしていることがわかります。

●プログラムで試してみる

NumPyには、ゼロ行列を作成する**zeros()**関数、単位行列を作成する**identity()**関数があります。これらの関数を使って、行列の積の法則を確認してみます。

🐍 セル1（matrix3.ipynb）

```python
# NumPyのインポート
import numpy as np

# (3, 3)の正方行列を作成
a = np.array([
    [2, 3, 4],
    [5, 6, 7],
    [8, 9, 1]])
# (3, 3)のゼロ行列
zero = np.zeros((3, 3))
# (3, 3)の単位行列
unit = np.identity(3)
# 出力
print(a)
print(zero)
print(unit)
```

🐍 出力

```
[[2 3 4]
 [5 6 7]
 [8 9 1]]
[[0. 0. 0.]
 [0. 0. 0.]
 [0. 0. 0.]]
[[1. 0. 0.]
 [0. 1. 0.]
 [0. 0. 1.]]
```

🐍 セル2

```
# AO = Oの法則
a * zero
```

🐍 出力

```
array([[0., 0., 0.],
       [0., 0., 0.],
       [0., 0., 0.]])
```

🐍 セル3

```
# AE = EA = Aの法則
np.dot(a, unit)
```

🐍 出力

```
array([[2., 3., 4.],
       [5., 6., 7.],
       [8., 9., 1.]])
```

🐍 逆行列

行列は足し算、引き算、掛け算は可能ですが、割り算は定義されていません。とはいえ、逆数を用いることで行列での割り算は可能です。

自然数の場合、1に3を掛けると3になります。これを元の1に戻したいときは「3で割る」という操作をしますが、「1/3を掛ける」という方法も使えます。割り算の代わりに**逆数を掛ける**ことで、割り算と同様の結果を得ることができるのです。逆数とは「元の数に掛けると1になる数」であり、例えば3の逆数は1/3、a/bの逆数はb/aです。

自然数の1に相当する行列は単位行列です。2行2列の正方行列（2次行列といいます）の場合は、

$$\begin{pmatrix} 1 & 0 \\ 0 & 1 \end{pmatrix}$$

が単位行列です。そして、ある2次行列をこのかたちに戻したい場合、自然数のときの「逆数を掛ける」に近い考え方をします。行列に逆数を掛ける手段として使うのが**逆行列**です。

●逆行列を作ってみる

逆行列は、次のように定義されます。

🐍 逆行列の定義

> 正方行列Aに対して、
>
> $AB = E \qquad BA = E$
>
> を満たすような行列Bが存在するとき、BをAの「逆行列」と呼び、
>
> A^{-1}
>
> と表します。

定義のEは、対角成分がすべて1、それ以外は0の正方行列（列と行の数が同じ行列）である「単位行列」です。2次行列の逆行列は、次の式で求めることができます。

🐍 2次行列の逆行列を求める式

> 2次行列 $A = \begin{pmatrix} a & b \\ c & d \end{pmatrix}$ の逆行列 A^{-1} は、
>
> $$A^{-1} = \frac{1}{ad-bc}\begin{pmatrix} d & -b \\ -c & a \end{pmatrix}$$
>
> で表されます。

逆行列の例を見てみましょう。例えば、

$A = \begin{pmatrix} 1 & 2 \\ 3 & 4 \end{pmatrix}$ の逆行列とは、

$\begin{pmatrix} 1 & 2 \\ 3 & 4 \end{pmatrix}$ と掛け算をすると $\begin{pmatrix} 1 & 0 \\ 0 & 1 \end{pmatrix}$ になる2次行列 A^{-1}

のことなので、A の逆行列は

$$A^{-1} = \frac{1}{ad-bc}\begin{pmatrix} d & -b \\ -c & a \end{pmatrix}$$

$$= \frac{1}{1\times4-2\times3}\begin{pmatrix} 4 & -2 \\ -3 & 1 \end{pmatrix}$$

$$= -\frac{1}{2}\begin{pmatrix} 4 & -2 \\ -3 & 1 \end{pmatrix}$$

$$= \begin{pmatrix} -2 & 1 \\ 1.5 & -0.5 \end{pmatrix}$$

です。

　実際に逆行列の定義式 $AB = E$、$BA = E$ となるのか、確かめてみましょう。B は逆行列のことなので A^{-1} と置くと、

$$AA^{-1}=\begin{pmatrix} 1 & 2 \\ 3 & 4 \end{pmatrix}\begin{pmatrix} -2 & 1 \\ 1.5 & -0.5 \end{pmatrix}$$

$$=\begin{pmatrix} 1\times(-2)+2\times1.5 & 1\times1+2\times(-0.5) \\ 3\times(-2)+4\times1.5 & 3\times1+4\times(-0.5) \end{pmatrix}$$

$$=\begin{pmatrix} 1 & 0 \\ 0 & 1 \end{pmatrix}=E$$

となり、確かにA^{-1}は逆行列です。掛け算には交換法則が成り立つので、左右を入れ替えて$A^{-1}A$としても、単位行列のEになります。

このように、「逆行列を掛ける」ということは、「自然数に逆数を掛けて1の状態に戻す」ことに相当します。つまり、「1×3の結果である3を元の1に戻すために、掛けた数である3で割り算する」のと同じことを、逆行列によって実現できました。

では、プログラムで確認してみましょう。NumPyのlinalg.inv()メソッドで逆行列を求めることができます。

🐍 セル4 (matrix3.ipynb)

```
# (2, 2) の行列を作成
a = np.array([
    [1, 2],
    [3, 4]])
```

🐍 セル5

```
# aの逆行列を求める
np.linalg.inv(a)
```

🐍 出力

```
array([[-2. ,  1. ],
       [ 1.5, -0.5]])
```

🐍 セル6

```
# AB = Eとなるのか確かめる
np.dot(a, np.linalg.inv(a))
```

🐍 出力

```
array([[1.0000000e+00, 0.0000000e+00],
       [8.8817842e-16, 1.0000000e+00]])
```

　浮動小数点数の演算であるため誤差があるものの、単位行列になっていることが確認できました。

●逆行列の行列式とその法則

　逆行列 A^{-1} の成分の分母の式、つまり

$$A^{-1} = \frac{1}{ad-bc}\begin{pmatrix} d & -b \\ -c & a \end{pmatrix} \text{の「} ad-bc \text{」}$$

を2次行列 A の**行列式**といい、$|A|$ または $\det A$ で表します。

$$A = \begin{pmatrix} a & b \\ c & d \end{pmatrix}$$

のとき、行列式は、

$$|A| = \begin{vmatrix} a & b \\ c & d \end{vmatrix} = ad-bc$$

です。

　行列式については、次の法則が成り立ちます。

🐍 行列式についての法則

$|A| \neq 0$ のとき、A の逆行列 A^{-1} が存在する。
$|A| = 0$ のとき、A の逆行列 A^{-1} は存在しない。
$|AB| = |A||B|$ ────── **積の行列式は行列式の積**
$|{}^tA| = |A|$ ────── **転置行列と元の行列の行列式は等しい**
$|E| = 1,\quad |O| = 0$

逆行列と連立方程式

逆行列と連立方程式の関係について見ていきます。次の連立方程式：

$$\begin{cases} 2x + y = 3 \\ x - 3y = 5 \end{cases}$$

について、次のように置きます。

$$A = \begin{pmatrix} 2 & 1 \\ 1 & -3 \end{pmatrix}, \ x = \begin{pmatrix} x \\ y \end{pmatrix}, \ b = \begin{pmatrix} 3 \\ 5 \end{pmatrix}$$

この場合、上の連立方程式は、

$$Ax = b \quad\text{─────────────────────────────────────}\ ❶$$

のように表されます。ここで逆行列の定義に着目します。

$$AB = E \qquad BA = E$$

を満たすような行列Bが存在するとき、BをAの「逆行列」と呼び、「A^{-1}」と表すのでした。Eは、対角成分がすべて1、それ以外は0の正方行列（列と行の数が同じ行列）である「単位行列」です。❶の式の左辺にAの逆行列A^{-1}を掛けた場合、

$$A^{-1}(Ax) = (A^{-1}A)\,x \quad\text{───────────────────────}\ ❷$$

となります。$A^{-1}A$は単位行列Eと等しいので、

$$A^{-1}(Ax) = (A^{-1}A)\,x = Ex \quad\text{─────────────────}\ ❸$$

です。さらに、行列Aについて、単位行列Eは、次の性質を満たします（本文126ページ）。

$$AE = EA = A$$

Aをxに置き換えると

$$xE = Ex = x$$

ですので、❸のExはすなわちxです。このことから最終的に❷の式は、

$$A^{-1}(Ax) = (A^{-1}A)\,x = Ex = x$$

となります。❶の連立方程式の左辺に A の逆行列 A^{-1} を掛けたものが x なので、次の式が成り立ちます。

$$x = A^{-1}b \quad \text{--} \quad ❹$$

では、2次行列の逆行列を求める式

$$A^{-1} = \frac{1}{ad-bc}\begin{pmatrix} d & -b \\ -c & a \end{pmatrix}$$

を使って A の逆行列を求めてみましょう。

$$A^{-1} = \frac{1}{2 \times (-3) - 1 \times 1}\begin{pmatrix} -3 & -1 \\ -1 & 2 \end{pmatrix} = -\frac{1}{7}\begin{pmatrix} -3 & -1 \\ -1 & 2 \end{pmatrix}$$

これを❹の式に用いて連立方程式の解を求めます。

$$x = A^{-1}b = -\frac{1}{7}\begin{pmatrix} -3 & -1 \\ -1 & 2 \end{pmatrix} \cdot \begin{pmatrix} 3 \\ 5 \end{pmatrix} = -\frac{1}{7}\begin{pmatrix} (-3) \times 3 + (-1) \times 5 \\ (-1) \times 3 + 2 \times 5 \end{pmatrix} = \begin{pmatrix} 2 \\ -1 \end{pmatrix}$$

●プログラムで確かめる

プログラムで確かめてみましょう。

🐍 セル1 (matrix4.ipynb)

```
# NumPyのインポート
import numpy as np


# (2, 2) の行列を作成
A = np.array([
    [2, 1],
    [1, -3]])
# (2, 1) の行列
b = np.array([[3], [5]])
```

🐍 セル2

```
# Aの逆行列を求める
A_inv = np.linalg.inv(A)
A_inv
```

🐍 出力

```
array([[ 0.42857143,  0.14285714],
       [ 0.14285714, -0.28571429]])
```

🐍 セル3

```
# 逆行列A_invと行列bとの内積を求める
np.dot(A_inv, b)
```

🐍 出力

```
array([[ 2.],
       [-1.]])
```

NumPyには、逆行列とは別のアルゴリズムを使って1次方程式を解く**np.linalg. solve()関数**があるので、そちらも使ってみましょう。

🐍 セル4

```
# np.linalg.solve()関数で解を求める
np.linalg.solve(A, b)
```

🐍 出力

```
array([[ 2.],
       [-1.]])
```

5　微分

　機械学習では、モデルが出力した予測値と正解値の誤差を「損失関数（誤差関数）」で求め、関数の値を最小にすることを考えます。このとき、損失関数を微分すると、ある瞬間の損失関数の「傾き」を知ることができます。そこで、傾きの大きさが小さくなるように、モデル内部の係数（パラメーター）の値を調整します。損失関数の傾きを小さくすることで、損失関数を最小にしようとする考えです。もちろん、1回の処理で済むことはまれなので、これを何度も繰り返すことになります。この手法を「勾配降下法」と呼び、機械学習における「ニューラルネットワーク」のエンジンに相当する、重要な役割を果たします。

🐍 極限 (lim)

　微分に入る前に、**極限**について確認しておきましょう。次の関数 $f(x)$ を見てください。

$$f(x) = \frac{x^2 - 1}{x - 1}$$

　$f(x)$ は $x = 1$ のときに 0/0 となってしまい、0 で割り算することはできないので、その値を決定することができません。しかし、$x \neq 1$ であれば $f(x)$ の値は定まります。そこで、x の値を「1.1, 1.01, 1.001, …」または「0.9, 0.99, 0.999, …」といった具合に、1 に限りなく近づけていくと、$f(x)$ の値は「2.1, 2.01, 2.001, …」または「1.9, 1.99, 1.999, …」のように、2 に限りなく近づいていきます。

　図2.2のように、関数の変数 x の値をある値 a に限りなく近づけるとき、関数 $f(x)$ の値がある値 α に限りなく近づくことを、**収束**と呼びます。これを式にすると、

$$\lim_{x \to a} f(x) = \alpha$$

と表すことができます。

🐍 図2.2　収束

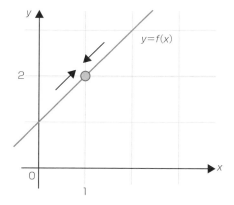

このα（アルファ）のことを、関数 $f(x)$ の、$x \to a$ としたときの**極限値**と呼びます。ここまでの説明を式に表すと、関数 $f(x)$ の式は、「**lim**」という記号を使って次のように計算できます。

$$\lim_{x \to 1} \frac{x^2 - 1}{x - 1} = \lim_{x \to 1} \frac{(x-1)(x+1)}{x-1} = \lim_{x \to 1} (x+1) = 2$$

🐍 微分

例として、東京から横浜まで30kmの距離を車で1時間かかったとします（道路がかなり混んでいたのでしょう）。この場合の平均速度は、

$$速度 = \frac{30 \,〔km〕}{1 \,〔時間〕} = 30 \,〔km/時間〕$$

となります。しかし、この速度で車が常に動いているわけではなく、信号で止まったり、渋滞でノロノロ運転していることもあれば、自動車専用道路など、スピードを出せる区間もあるはずです。あくまで平均的な速度であり、各区間での発進や停止、加速や減速などの情報がまったく考慮されていません。

　この場合、1時間という時間をできる限り短く、10分で何km進んだのか、あるいは1分、1秒、…とどんどん時間を短くすることで、細かい区間の速度（ある瞬間の変化量）を知ることができます。そこで、xを移動距離、tを移動時間（出発からの経過時間）、$x(t)$を「時間tのときに車がいる位置」とすると、速度sを次の式で表すことができます。

🐍 速度s（xを移動距離、tを移動時間、$x(t)$を「時間tのときに車がいる位置」とする）

$$速度 s = \lim_{\Delta t \to 0} \frac{\Delta x}{\Delta t} = \lim_{\Delta t \to 0} \frac{x(t+\Delta t) - x(t)}{\Delta t} \quad \text{………} ❶$$

　最初に、

$$\lim_{\Delta t \to 0} \frac{\Delta x}{\Delta t}$$

のところから確認しましょう。Δ（デルタ）の記号は変化量を表します。Δxは「移動距離の変化」、Δtは「移動時間の変化」となります。したがってこの式は、極限を用いて、「時間の変化Δtを限りなく0に近づけたときの速度sはどうなるか」を示していることになります。

　次に、

$$\lim_{\Delta t \to 0} \frac{x(t+\Delta t) - x(t)}{\Delta t}$$

の式は、Δxを$x(t+\Delta t) - x(t)$に置き換えたものです。$x(t)$は「時間tのときの車の位置」でしたので、$x(t+\Delta t)$は「時間$t+\Delta t$のときの車の位置」を表します。

🐍 図2.3　$x(t)$と$x(t+\Delta t)$

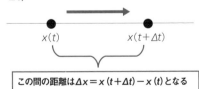

先の❶の式は、微分の計算式です。この式は、Δt（移動時間の変化量）を極限まで0に近づけたときのΔx（移動距離の変化）を求めます。

変化量が極めて小さいことを、これまでΔを使って示していましたが、微分の場合はΔの代わりに微分演算子dを用いて、

$$\frac{dx(t)}{dt}$$

のような式で微分を表します。この式は、分子のxを分母のtで微分することを示しています。つまり、「tが極めて小さく変化するとき、xがどれだけ変化するのか」を微分によって求めるための式です。そうすると、先の❶の式は微分の式を用いて次のように表せます。

$$速度\,s = \frac{dx(t)}{dt} = \lim_{\Delta t \to 0}\frac{\Delta x}{\Delta t} = \lim_{\Delta t \to 0}\frac{x(t+\Delta t)-x(t)}{\Delta t}$$

では、これまでの速度の考え方を関数にして、微分を定義してみましょう。まず、関数$f(x)$上の2つの点、$(a, f(a))$, $(b, f(b))$を通る直線

$$y = \alpha x + \beta$$

を求めます。

🐍 図2.4　$(a, f(a))$, $(b, f(b))$を通る直線

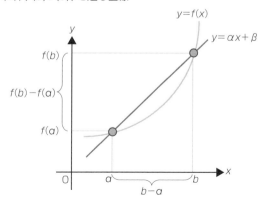

ここで、2点の座標を先の直線の式に代入して、次の連立方程式を作ります。

$$\begin{cases} f(a) = \alpha a + \beta \quad \text{---------------------------------} \quad Ⓐ \\ f(b) = \alpha b + \beta \quad \text{---------------------------------} \quad Ⓑ \end{cases}$$

式Ⓑ−Ⓐより、

$$f(b) - f(a) = \alpha(b-a)$$

となるので、$b-a\,(\neq 0)$で両辺を割ると、

$$\alpha = \frac{f(b) - f(a)}{b-a} \quad \text{-------------------------------} \quad ❷$$

のように、直線の傾きαが求められます。一方、βは、式Ⓐに傾きαの式❷を代入すると計算できます。

$$f(a) = \alpha a + \beta$$
$$\beta = f(a) - \alpha a = f(a) - \frac{f(b) - f(a)}{b-a}a$$

さて、❷で求めた直線の傾きαは、2点間の「平均の傾き」です。ここで、車の瞬間的な速度を考えたときと同様に、関数$f(x)$の点$(a, f(a))$での傾きを求めることを考えてみます。ただ、点$(b, f(b))$を点$(a, f(a))$に一致させると$a-b=0$となり、値を求めることができません。そこで、関数$f(x)$の$(a, f(a))$での傾きを

$$\alpha = \frac{df(a)}{dx}$$

とし、極限を用いて次のように定義します。

🐍 ある地点の瞬間の関数の傾きを求める（微分する）式

$$\begin{aligned} \frac{df(a)}{dx} &= \lim_{x \to 0} \frac{\Delta f(a)}{\Delta x} \\ &= \lim_{h \to 0} \frac{f(a+h) - f(a)}{(a+h)-a} \\ &= \lim_{h \to 0} \frac{f(a+h) - f(a)}{h} \end{aligned}$$

● 図2.5 y=f(x)のグラフ

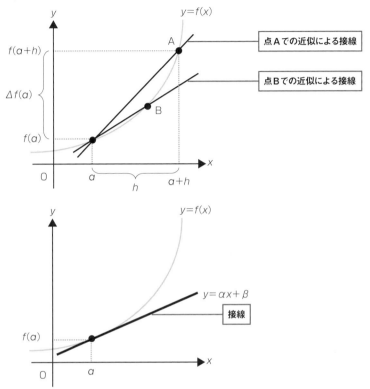

このように、任意の関数があったとき、ある地点の瞬間の関数の傾きを求めることが「微分する」ということです。

これで、点 $(a, f(a))$ で $y=f(x)$ に接する直線 $y=\alpha x+\beta$ が求められます。この直線のことを**接線**と呼びます。このときの α を $x=a$ における**微分係数**と呼びます。

📘 $y = f(x)$ に接する直線 $y = \alpha x + \beta$ を求める

$$y = \alpha x + \beta$$

$$\downarrow \qquad \boxed{\beta = f(a) - \dfrac{f(b)-f(a)}{b-a}\,a \text{ より}}$$

$$y = \frac{df(a)}{dx}x + \left(f(a) - \frac{df(a)}{dx}a\right)$$

$$y = \frac{df(a)}{dx}(x - a) + f(a)$$

この式の定数 a は、変数 x の1つの値です。この a にどのような x を代入しても

$$\frac{df(a)}{dx}$$

の値が求められるとき、この式は x の関数と見なせます。これを一般化して書くと

$$\frac{df(x)}{dx}$$

となり、この関数のことを**導関数**と呼びます。

📘 導関数の公式

$$\frac{df(x)}{dx} = \lim_{\Delta x \to 0}\frac{\Delta f(x)}{\Delta x} = \lim_{h \to 0}\frac{f(x+h)-f(x)}{h}$$

　関数 $f(x)$ の微分 $df(x)/dx$ を簡略化して、$f'(x)$ と表記することがあります。この公式は、「x の小さな変化（dx）によって関数 $f(x)$ の値がどのくらい変化（$df(x)$）するか」という「瞬間の変化の割合」を表しています。

🐍 微分をPythonで実装する

導関数の式をPythonで実装してみましょう。*h*に小さな値を代入してコードを組み立ててみます。

🐍 微分を行う関数

```python
def differential(f, x):
    # hの値を0.0001にする
    h = 1e-4
    # 微分して変化量を返す
    return (f(x + h) - f(x - h)) / (2 * h)
```

この関数には、次のパラメーターが設定されています。

f：微分の式の関数 *f*(*x*) を受け取るパラメーター
x：関数 *f*(*x*) の*x*を受け取るパラメーター

パラメーターfが関数を受け取るようになっているのは、**高階関数**と呼ばれる仕組みを利用するためです。例えば、calc()という関数が別に定義されている場合、関数呼び出しを次のようにカッコなしで書くと、「関数そのもの」が引数（パラメーターに渡す値のこと）としてdifferential()関数の第1パラメーターfに渡されます。第2引数の1は、第2パラメーターxに数値として渡されます。

```python
differential(calc, 1)
```

関数内部の変数hは「小さな変化」のことなので、10e−50（0.00…1の0が50個）くらいにしておいたほうが適切かもしれませんが、**丸め誤差**の問題を考慮する必要があります。丸め誤差とは、小数の小さな範囲の値を四捨五入したり切り捨てたりすることで、計算結果に生じる誤差のことです。Pythonの場合、浮動小数点数を表すfloat型（32ビット）に10e−50を設定して出力すると、0.0と表示されます。

```python
import numpy as np
# 出力：0.0
print(np.float32(1e-50))
```

このように、小数点以下50桁は正しく表現されないので、計算上問題になります。そこで1つの解決策として、hの値に10^{-4}（1e-4）を割り当てると、よい結果になることが知られています。

differential()関数の計算式では、

```
return (f(x + h) - f(x - h)) / (2 * h)
```

としています。$(x+h)$とxの差分を求めるのであれば、

```
(f(x + h) - f(x)) / h
```

とするべきですが、これだと計算上の誤差が生じます。図2.6のように、真の微分はxの位置での関数の傾き（接線）に対応しますが、今回のプログラムで行っている微分は「$(x+h)$とxの間の傾き」に対応します（近似による接線）。そのため、真の微分とプログラム上での微分の値は、厳密には一致しません。この差異は、hの値を無限に0に近づけることができないために生じる差異です。

📗 図2.6 近似による接線と真の接線

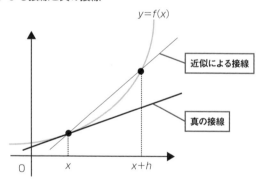

この差異を減らす試みが、$(x+h)$と$(x-h)$を用いた計算です。この計算によって関数$f(x)$の差分を求めれば、誤差を減らすことができます。このように、xを中心にして前後の差分を計算することを**中心差分**と呼びます。これに対し、$(x+h)$とxの差分は**前方差分**です。

数式の展開によって「解析的に微分を求める」場合は、差異を事実上0にすることで、誤差が含まれない真の値を求めることができます。

例えば、$y = x^2$ は、解析的に $dy/dx = 2x$ の微分として解けます。$x = 2$ であれば y の微分は4と計算でき、誤差を含まない真の微分として求めることができます。

しかし、今回は「変化量」に対する微分なので、中心差分によって微分を求めることになります。このように、ごく小さな差分によって微分を求めることを**数値微分**と呼びます。

●数値微分で関数を微分してみる

先ほど作った differential() 関数は数値微分を行うものですので、これを使って次の関数を微分してみることにします。

$$y = 0.01x^2 + 0.1x$$

これをPythonの関数にして数値微分を行い、結果をグラフとして描画してみましょう。

🐍 セル1 (differential.ipynb)

```python
# numpyをnpとして使用する
import numpy as np
# matplotlib.pyplotをpltとして使用する
import matplotlib.pyplot as plt
```

🐍 セル2

```python
def differential(f, x):
    """数値微分を行う高階関数

    Args:
        f (object): 関数オブジェクト
        x (int): f(x)のxの値

    Returns:
        NDArray[float]: 数値微分して求めた変化量
    """
    # hの値を0.0001にする
    h = 1e-4
    # 数値微分して変化量を戻り値として返す
    return (f(x+h) - f(x-h)) / (2*h)
```

セル3

```python
def function(x):
    """数値微分で使用する関数

    Args:
        x (int): f(x)のxの値

    Returns:
        NDArray[float]: y=0.01*x**2 + 0.1*x
    """
    return 0.01*x**2 + 0.1*x
```

セル4

```python
def draw_line(f, x):
    """数値微分の値を傾きとする直線をプロットするラムダ式を生成する関数
        differential()を実行する

    Args:
        f (object): 関数オブジェクト、数値微分に用いる関数を取得する
        x (int): f(x)のxの値

    Returns:
        lambdaオブジェクト:
            数値微分の値を傾きとする直線をプロットするためのラムダ式
    """
    # differential()で数値微分を行い、変化量を取得
    dff = differential(f, x)                                    ❶
    # 変化量（直線の傾き）を出力
    print(dff)
    # f(x)のy値と変化量から求めたy値との差
    y = f(x) - dff * x                                          ❷
    # 引数をtで受け取るラムダ式
    # 「変化量 × x軸の値（n） + f(x)との誤差」
    # f(x)との誤差を加えることで接線にする
    return lambda n: dff*n + y                                  ❸
```

セル4で作成したdraw_line()関数が数値微分を行います。戻り値は微分の値ではなく、ラムダ式になっています。draw_line()関数では、数値微分に使う関数$f(x)$および$f(x)$のxの値をパラメーターf、xで受け取り、❶の

```
dff = differential(f, x)
```

において、differential()関数の引数にして数値微分の結果を取得します。取得したdffを出力したあと、❷の

```
y = f(x) - dff * x
```

を使って、「関数$y = 0.01x^2 + 0.1x$で求めたyの値」と「数値微分の値（直線の傾き）から求めたyの値」との差を求めます。

❸のreturn文では、戻り値として次のラムダ式、

```
lambda n: dff * n + y
```

を返します。**ラムダ式**は、名前のない関数（無名関数）をオブジェクトとしてやり取りするための仕組みであり、「lambda」がラムダ式を宣言するためのキーワード、「n:」のnがパラメーターです。このパラメーターの値を使って

```
dff*n + y
```

の計算を行い、結果を返します。このようにラムダ式にしたのは、$f(x) = 0.01x^2 + 0.1x$で、例えば$x = 5$として局所的な値を求めるだけでなく、前後の値も求めることで、グラフの直線を描画できるようにするためです。

プログラムの実行部は、次のようになります。

🐍 セル5

```
# 0.0～20.0まで0.1刻みの等差数列を生成
x = np.arange(0.0, 20.0, 0.1)
# 関数f(x)に配列xを代入し、0.0から20.0までのy値のリストを取得
y = function(x)

# x軸のラベルを設定
plt.xlabel("x")
```

```
# y軸のラベルを設定
plt.ylabel("f(x)")
```

```
# x=5のときの数値微分の値を傾きにするラムダ式を取得
tf = draw_line(function, 5) ························· ❹
# 取得したラムダ式で0.0から20.0までの0.1刻みのyの値を取得
y2 = tf(x) ······································· ❺
```

```
# f(x)をプロット
plt.plot(x, y)
# 数値微分の値を傾きとする直線をプロット
plt.plot(x, y2)
# グラフを描画
plt.show()
```

❹では、

```
tf = draw_line(function, 5)
```

でfunction()関数およびxの値の5を引数としてdraw_line()関数を実行し、*x*=5の
ときの関数の数値微分を計算します。戻り値として❸のラムダ式が返され、変数tfに代
入されます。このラムダ式を実行するのが❺の

```
y2 = tf(x)
```

です。引数にしたxはセルの冒頭で作成した配列であり、0.0～20.0までの0.1刻みの
値が格納されています。結果として、y2には次のような配列が代入されます。

🐍 x=5としたときのtf(x)の戻り値

```
[-0.25 -0.23 -0.21 -0.19 -0.17 -0.15 -0.13 -0.11 -0.09 -0.07 -0.05 -0.03
 -0.01  0.01  0.03  0.05  0.07  0.09  0.11  0.13  0.15  0.17  0.19  0.21
  0.23  0.25  0.27  0.29  0.31  0.33  0.35  0.37  0.39  0.41  0.43  0.45
 ……途中省略……
  3.35  3.37  3.39  3.41  3.43  3.45  3.47  3.49  3.51  3.53  3.55  3.57
  3.59  3.61  3.63  3.65  3.67  3.69  3.71  3.73]
```

ラムダ式は、「引数として配列などのイテレート（反復処理）可能なオブジェクトが渡されると、すべての要素を反復処理する」という便利な機能を持っています。ここでは、0.0〜20.0までの0.1刻みのすべての値に対して、

```
lambda n: dff*n + y
```

が実行されます。この結果、

```
plt.plot(x, y2)
```

でプロットすると、次のようなグラフが描画されます。

🍙 図2.7　$f(x) = 0.01x^2 + 0.1x$を$x = 5$として数値微分した値を、傾きとして表したグラフ

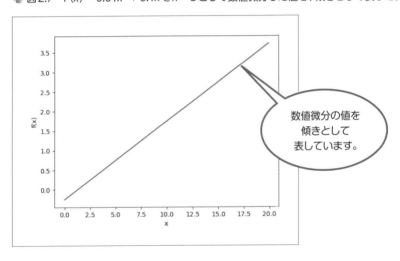

●プログラムの実行結果

プログラムでは、$f(x) = 0.01x^2 + 0.1x$を$x = 5$としました。セル5を実行すると、$f(x) = 0.01x^2 + 0.1x$のグラフおよび数値微分の値を傾きにしたグラフが描画されます（図2.8）。

🐍図2.8　出力

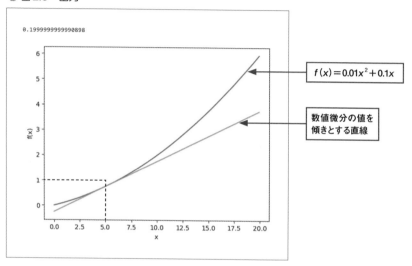

グラフの上部には、0.1999999999990898と出力されています。x=5としたときの数値微分の値です。ここで計算された数値微分の値は、xに対する$f(x)$の変化量の値で、関数の傾きに対応します。

一方、$f(x) = 0.01x^2 + 0.1x$の解析的な解は、

$$\frac{df(x)}{dx} = 0.02x + 0.1$$

となるので、$x = 5$なら真の微分は0.2です。先の数値微分と完全には一致しませんが、その誤差は非常に小さいので、ほぼ同じ値と見なせます。

$f(x) = 0.01x^2 + 0.1x$を$x = 5$にすると0.75です。ここが、数値微分の値を傾きとする直線との接点です。

draw_line()関数では、$y = 0.01x^2 + 0.1x$で求めたy値と、数値微分の変化量から求めたy値との差を

```
y = f(x) - dff * x
```

によって算出し、プロットのときに加味することで、接点を作り出すようにしています。

微分の公式

微分は、「関数の一瞬の変化の割合(傾き)を示すもの」でした。ただ、微分を計算するのに極限を計算するのはとても面倒です。そこで、実際の計算では公式を用いて、微分した結果の式を求めます。

●n次式の微分公式

$$\frac{d}{dx} f(x^n) = nx^{n-1}$$ ----------------------------------- Ⓐ

微分するときの性質として、何らかの2つの関数f(x)とg(x)があるとすると、次のような微分が成り立ちます。

●関数f(x)とg(x)があるときの微分

$$\frac{d}{dx}(f(x) + g(x)) = \frac{d}{dx}f(x) + \frac{d}{dx}g(x)$$ ------------- Ⓑ

ある定数aがあったとすると、次のような微分が成り立ちます。

●ある定数aがあるときの微分

$$\frac{d}{dx}(af(x)) = a\frac{d}{dx}f(x)$$ --------------------------- Ⓒ

さらに、xに関係のない定数aの微分は0になります。

●xに関係のない定数aの微分

$$\frac{d}{dx}a = 0 \quad\text{---}\quad \textcircled{\tiny D}$$

以下は、微分の例です。

🐍 微分の例

❶ $\frac{d}{dx}5 = 0$ -------------------------------------- ⓓの式を使用

❷ $\frac{d}{dx}(a^3 + yb^2 + 2) = 0$ -------------------- ⓓの式を使用

❸ $\frac{d}{dx}x^2 = 2x$ ----------------------------------- ⓐの式を使用

❹ $\frac{d}{dx}x^4 = 4x^{4-1} = 4x^3$ ------------------- ⓐの式を使用

❺ $\frac{d}{dx}x = 1x^{1-1} = 1^0 = 1$ --------------- ⓐの式を使用

❻ $\frac{d}{dx}2x^5 = 2\frac{d}{dx}x^5 = 2 \times 5x^{5-1} = 10x^4$ ------ ⓐとⓒの式を使用

❼ $\frac{d}{dx}(2x^3 + 3x^2 + 2) = 2\frac{d}{dx}x^3 + 3\frac{d}{dx}x^2 + \frac{d}{dx}2$ ------- ⓑとⓒの式を使用

$\qquad\qquad = 2 \times 3x^{3-1} + 3 \times 2x^{2-1} + 0$ ------- ⓐの式を使用

$\qquad\qquad = 6x^2 + 6x$

❽ $\frac{d}{dx}(x^5 + x^6) = \frac{d}{dx}x^5 + \frac{d}{dx}x^6 = 5x^{5-1} + 6x^{6-1} = 5x^4 + 6x^5$ -------- ⓐとⓑの式を使用

　上記の例では、微分の記号が入った数式の変形が行われています。機械学習ではこのような変形が出てくるので、以下、簡単に説明しておきましょう。
　微分の例❶の場合、$f(x)$にxが含まれていなければ、微分は0です。

$$\frac{d}{dx}5 = 0$$

例の❷では、関数 $f(x)$ が

$$f(x) = a^3 + yb^2 + 2$$

であるとき、これも x が含まれていないので、

$$\frac{d}{dx} f(x) = \frac{d}{dx} (a^3 + yb^2 + 2) = 0$$

となります。

微分の例❸、❹、❺については、Ⓐの式をそのまま使っています。続く❻はどうでしょう。微分の記号 d/dx は、記号の右側だけに作用するので、$2x^5$ のように、数字が x^n の前に掛けてある場合は、その部分を微分記号の左側に出すことができます。これは、Ⓒの式で示したパターンです。

$$\frac{d}{dx} 2x^5 = 2 \frac{d}{dx} x^5 = 2 \times 5x^{5-1} = 10x^4$$

なお、微分に関係のない部分（x の関数ではない部分）は、文字式であっても左側に出すことができます。

❼の場合は、

$$f(x) = 2x^3 + 3x^2 + 2$$

のように、$f(x)$ が x を含む複数の項で成り立っています。このような場合は、Ⓑの式により、微分の計算をそれぞれの項に分けて行えます。

$$\frac{d}{dx} f(x) = \frac{d}{dx} (2x^3 + 3x^2 + 2)$$

$$= 2 \frac{d}{dx} x^3 + 3 \frac{d}{dx} x^2 + \frac{d}{dx} 2 \text{ --- Ⓒの式を使用して、各項の定数を微分記号の左側に出す}$$

$$= (2 \times 3x^{3-1}) + (3 \times 2x^{2-1}) + 0$$

$$= 6x^2 + 6x$$

❽は、

$$\frac{d}{dx}(x^5 + x^6)$$

ですので、❸の式を使って

$$\frac{d}{dx}(x^5 + x^6) = \frac{d}{dx}x^5 + \frac{d}{dx}x^6$$

としたのち、❹の式より

$$\frac{d}{dx}x^5 + \frac{d}{dx}x^6 = 5x^{5-1} + 6x^{6-1} = 5x^4 + 6x^5$$

となりました。

機械学習では微分が使われる
✎ コラム

　機械学習における教師あり学習では、実測値と「あらかじめ定義した数式（モデル）で得られる予測値」との差を測定する「**損失関数**」を用意し、損失関数の値が最小になるようにモデルのパラメーター（「重み」と呼ばれます）を調整します。

　このとき、「パラメーターの値をどのくらい調整すればよいか」を、「損失関数をパラメーターの値で微分する」ことで求めます。

　「損失関数が最も小さくなるとき、微分による傾きは0になる」という事実を利用し、傾きをできるだけ0に近づけるようにパラメーターの値を調整します。ただし、パラメーターを含むモデルの数式に入力されるデータは1つだけではなく、いくつも入力されるので、すべてのデータに対して微分を行ってモデルのパラメーターを調整します。このことを、機械学習における「**学習**」と呼びます。

🐍 変数が2つ以上の場合の微分（偏微分）

　ネストされた（入れ子になった）関数を微分する、いわゆる「**合成関数の微分**」というものがあります。その場合は、次項で紹介する「**連鎖律**」と呼ばれる公式を使うことで微分できますが、次のような形でネストされている場合は、❷の式を❶の式に代入することで微分が行えます。

🐍 ネストされた関数

$$f(x) = \{g(x)\}^2 \text{-----------------------------} ❶$$
$$g(x) = ax + b \text{-----------------------------} ❷$$

　❷の式を❶の式に代入して$f(x) = (ax+b)^2$とし、これを展開することで微分を計算できます。

$$f(x) = (ax+b)^2 = a^2x^2 + 2abx + b^2$$

$$\frac{d}{dx}f(x) = 2a^2x + 2ab \quad\boxed{\frac{d}{dx}x^n = nx^{n-1} \text{より}}$$

　もう1つ例として、

$$f(x) = ax^2 + bx + c$$

をxについて微分する場合は、

$$\frac{d}{dx}f(x) = 2ax + b$$

となります。関数の式には、x以外にa、b、cの3個の変数がありますが、関数$f(x)$はあくまでxについての関数なので、このように計算できます。つまり、ここではx以外の変数を定数と見なして微分したことになります。

●変数が2つある関数

　これまでは、変数が1つだけ（xのみ）という場合の微分でした。ここでは次の例のように、変数が2つある関数について考えてみます。

変数が2つある関数 🐍

$$g(x_1, x_2) = x_1^2 + x_2^3$$

この関数にはx_1、x_2という2つの変数があるため、まず、「どの変数に対しての微分か」を考えます。つまり、x_1とx_2のうち、どちらの変数に対しての微分かということを決めるのです。もし、x_1に対する微分であれば、x_1以外の変数（ここではx_2）を定数と見なして微分します。このように、多変数関数において、「微分する変数だけに注目し、他の変数はすべて定数の扱いにして微分する」ことを「**偏微分**」といいます。

では、上記の関数gをx_1に対して偏微分してみます（「gをx_1で偏微分する」という言い方をすることもあります）。x_2は定数と見なすので、仮に$x_2 = 1$としましょう。そうすると関数gは、x_1だけの関数になります。

$$g(x_1, x_2) = x_1^2 + 1^3$$

定数を微分するとすべて0になるので、gをx_1で偏微分すると、微分の公式を当てはめることで次のようになります。

$$\frac{\partial}{\partial x_1} g(x_1, x_2) = 2x_1$$

偏微分のときは微分演算子のdが∂に変わりますが、「分母に書かれた変数で分子に書かれたものを微分する」という意味は同じです。今度は、gをx_2で偏微分してみましょう。この場合はx_1を定数と見なすので、ここでも$x_1 = 1$としましょう。そうすると関数gは、x_2だけの関数になります。

$$g(x_1, x_2) = 1^2 + x_2^3$$

x_1で偏微分したときと同じように、gをx_2で偏微分すると、微分の公式を当てはめることで次のようになります。

$$\frac{\partial}{\partial x_1} g(x_1, x_2) = 3x_2^2$$

　このように、微分したい変数にだけ注目し、ほかの変数をすべて定数として扱うことで、その変数での関数の傾きを知ることができます。ここでは変数が2つの場合を扱っていますが、変数がどれだけ増えたとしても同じ考え方を適用できます。

　ここでもう1つの例として、

$$f(x, y) = 3x^2 + 2xy + 2y^2$$

について、xとyそれぞれで偏微分してみましょう。

　まず、fをxで偏微分すると、　　　　　　　| yは定数と見なして微分する |

$$\frac{\partial}{\partial x_1} f(x_1, x_2) = 6x + \boxed{2y}$$

| $\frac{d}{dx} x = 1x^{1-1} = 1x^0 = 1$の式より、$2xy$の$x$は1 |

　次に、fをyで偏微分すると、　　　　　　　| xは定数と見なして微分する |

$$\frac{\partial}{\partial x_1} f(x_1, x_2) = \boxed{2x} + 4y$$

| $\frac{d}{dy} y = 1y^{1-1} = 1y^0 = 1$の式より、$2xy$の$y$は1 |

となります。

　最後に次の例を見て終わりにしましょう。

$$f(w_0, w_1) = w_0^2 + 2w_0 w_1 + 3$$

　機械学習のディープラーニングではwの記号がよく出てくるので使ってみました。これまでと異なるのは、式の最後が、文字を含まない数字だけの定数項になっていることです。もちろん定数項ですので、偏微分のときも定数と見なせます。

　まず、fをw_0で偏微分すると、微分の公式より、

$$\frac{\partial}{\partial x_1} f(w_0, w_1) = 2w_0 + 2w_1$$　　　| w_0だけを変数と見なして微分する |

　次に、fをw_1で偏微分すると、

$$\frac{\partial}{\partial x_1} f(w_0, w_1) = 2w_0$$　　　　　| w_1だけを変数と見なして微分する |

となります。

 合成関数の微分

　前項の冒頭で、ネストされた関数を微分する「**合成関数の微分**」について少しだけ触れました。関数が次のようにネストされている場合は、❷の式を❶の式に代入することで微分が行えるのでした。

🐍 ネストされた (入れ子になった) 関数

$$f(x) = g(x)^2 \text{---} ❶$$
$$g(x) = ax + b \text{---} ❷$$

　❷の式を❶の式に代入して $f(x) = (ax + b)^2$ とし、これを展開することで微分を計算できます。

$$f(x) = (ax + b)^2 = a^2x^2 + 2abx + b^2$$

$$\frac{d}{dx} f(x) = 2a^2x + 2ab$$

　この例では難なく展開できましたが、式が複雑で展開するのが困難な場合もあります。そのような場合に便利なのが、合成関数の微分に関する公式です。2つの関数 $f(x)$、$g(x)$ の合成関数 $f(g(x))$ を x で微分する場合、

$$y = f(x)$$
$$u = g(x)$$

と置くと、次の式を使って段階的に微分することができます。

🐍 合成関数 (1変数) $y = f(x)$, $u = g(x)$ の場合の微分法

$$\frac{dy}{dx} = \frac{dy}{du} \cdot \frac{du}{dx}$$

この式は、別名「合成関数のチェーンルール」と呼ばれています。この式を先の❶と❷の式に適用してみます。dy/duの部分は「fをgで微分する」ということなので、微分の公式から次のようになります。

$$\frac{dy}{du} = \frac{df}{dg}$$

$$= \frac{d}{dg} g^2 = 2g$$

さらに、du/dxの部分は「gをxで微分する」ということなので、次のようになります。

$$\frac{du}{dx} = \frac{dg}{dx}$$

$$= \frac{d}{dx}(ax+b) = a$$

これでdy/duとdu/dxの部分がわかったので、連鎖律の公式に当てはめると、次のようにdy/dxの微分を計算することができます。

$$\frac{dy}{dx} = \frac{dy}{du} \cdot \frac{du}{dx} = 2ga = 2(ax+b)a = 2a^2x + 2ab$$

もう1つの例として、次の関数:

$$f(x) = (3x-4)^{50}$$

をxで微分する場合を考えてみましょう。このとき、$u=(3x-4)$と置くと、チェーンルールを使って、

$$\frac{df(x)}{dx} = \frac{df(x)}{du} \cdot \frac{du}{dx}$$

のように表せます。$f(x)=u^{50}$なので、次のように計算できます。

$$\frac{df(x)}{dx} = \frac{du^{50}}{du} \cdot \frac{d(3x-4)}{dx} = 50u^{50-1} \cdot 3x^{1-1} = 50u^{49} \cdot 3 = 150(3x-4)^{49}$$

●合成関数のチェーンルールの拡張

合成関数のチェーンルールは、3重やそれ以上の入れ子になった合成関数にも拡張することができます。例えば、次のような場合です。

$$f(x) = f(g(h(x)))$$

この場合は、次の式を使います。

🐍 $f(x) = f(g(h(x)))$ の場合の式

$$\frac{df}{dx} = \frac{df}{dg} \cdot \frac{dg}{dh} \cdot \frac{dh}{dx}$$

このように、チェーンルールを使えば、複数個の任意の式を挟み込んで計算することができます。

合成関数の微分法には多変数版があるので、紹介しておきましょう。

🐍 合成関数（多変数）$z = f(x, y)$ の微分法

$$\frac{\partial z}{\partial x} = \frac{\partial z}{\partial u} \cdot \frac{\partial u}{\partial x} + \frac{\partial z}{\partial v} \cdot \frac{\partial v}{\partial x}$$
$$\frac{\partial z}{\partial y} = \frac{\partial z}{\partial u} \cdot \frac{\partial u}{\partial y} + \frac{\partial z}{\partial v} \cdot \frac{\partial v}{\partial y}$$

●積の微分法

最後に**積の微分法**について見ておきましょう。

🐍 積の微分法

$$\frac{d}{dx}\{f(x)g(x)\} = \frac{df(x)}{dx}g(x) + f(x)\frac{dg(x)}{dx}$$

例として、

$$y = xe^x$$

をxで微分することを考えてみます（eはネイピア数）。このとき、

$$f(x) = x, \ g(x) = e^x$$

と置くと、

$$y = f(x)g(x)$$

と表すことができるので、

$$\frac{dy}{dx} = \frac{df(x)}{dx}g(x) + f(x)\frac{dg(x)}{dx}$$

$$= 1 \cdot e^x + x \cdot e^x$$

$$= (1+x)e^x$$

のように計算することができます（e^xは微分しても同じ形になります）。

●初等関数の微分の公式

初等関数*のうち、べき関数、指数関数、対数関数の微分については、次の公式があります。

表24 べき関数、指数関数、対数関数の微分についての公式

	元の関数	左の関数をxで微分したもの
べき関数	y^x	ya^{y-1}
指数関数	e^x, $\exp(x)$	e^x, $\exp(x)$
	a^x	$a^x \log_e a$
対数関数	$\log_e x \ (x > 0)$	$\dfrac{1}{x}$

---

*初等関数 代数関数（多項式、あるいはそれの分数の形で書かれる関数）、三角関数、指数関数、対数関数などの関数のこと。

仮想環境を利用する①

コラム

　Pythonでは、「仮想環境」という仕組みを使って、プログラミングの目的ごとに Pythonの実行環境を分けることができます。WindowsのPowerShellを使って仮想 環境を作成する手順は以下のとおりです。

❶PowerShellにスクリプトの実行を許可するコマンドを実行

　PowerShellを起動し、次のように入力して、PowerShellにスクリプトの実行を許 可しておきます。

```
> Set-ExecutionPolicy RemoteSigned -Scope CurrentUser -Force
```

❷仮想環境を保存するフォルダーを作成する

　「仮想環境に必要なファイル一式を保存するためのフォルダー (ディレクトリ)」を任 意の場所に作成し、cdコマンドでそのフォルダーへ移動して、作業ディレクトリとし ます。次は、Cドライブ直下に作成した「virtual」フォルダーに、cdコマンドで移動す る例です。

```
PS C:\Users\user> cd C:\virtual
PS C:\virtual>                                        作業ディレクトリを移動
```

❸venvコマンドで仮想環境を作成

　Windowsでは、Pythonのランチャー「py.exe」がインストールされているので、こ れを使ってvenvを実行し、任意の名前の仮想環境を作成します。

```
PS C:\virtual> py -m venv analysis        仮想環境「analysis」を作成
```

　コマンド実行後、Cドライブの「virtual」以下に仮想環境のフォルダー「analysis」が 作成され、Python関連のファイル一式がコピーされます。VSCodeのNotebookに おいて仮想環境のPythonインタープリターを設定する方法については、5章末のコラ ム「仮想環境を利用する②」をご参照ください。

第3章

Matplotlibによる
データの可視化

データ分析や機械学習を行う際には、データをグラフ化する処理が必須です。この章では、Pythonのグラフ描画ライブラリ「Matplotlib」を用いてデータをグラフ化する方法について紹介します。

この章でできること

Matplotlibを用いて、棒グラフをはじめ、散布図、円グラフが描画できるようになります。

1 Matplotlibの基本テクニック

Matplotlibは、Pythonのためのグラフ描画ライブラリです。一般的な折れ線グラフや棒グラフ、円グラフ、さらには散布図やヒストグラムなど、データ分析に欠くことのできないグラフを描画することができます。

Matplotlibのインストール

Matplotlibのインストールは、ターミナル（Windowsの場合は「PowerShell」など）上でpipコマンドを実行して行います。

Matplotlibをpipでインストールする

```
pip install matplotlib
```

図3.1　Windows PowerShell

PowerShellでの
実行例です。

🐍 グラフを描画する手順

グラフを描画するには、次の2通りの方法があります。

- グラフの土台になるオブジェクトを生成し、Matplotlibのpyplotモジュール（matplotlib.pyplot）のメソッドを使って、折れ線や棒などのグラフ要素、さらに軸のラベルなどのグラフに必要な要素を描画する。
- pyplotモジュールの関数を呼び出して、グラフ要素を描画する。

　シンプルにグラフを描画するなら、後者のpyplotモジュールの関数群を呼び出す方法が簡単です。pyplotには描画処理を行う数多くの関数が用意されていて、オブジェクトの存在を気にすることなく、グラフの描画そのものに集中できるのがポイントです。

🐍 **図3.2　matplotlib.pyplotでグラフを出力するまでの流れ**

import matplotlib.pyplot as plt	matplotlib.pyplot を読み込んで、plt という変数名でアクセスできるようにする。
plt.plot([x1, ...], [y1, ...])	plot()関数の引数にx軸とy軸の値を指定して、グラフエリアにプロットする。
plt.ylabel('y-label') plt.xlabel('x-label')	ylabel()、xlabel()の引数に、y軸、x軸のラベルとして表示するテキストを指定し、グラフエリアにプロット（描画）する。
plt.show()	グラフエリアにプロットされたグラフを出力する。

●matplotlib.pyplot.plot()

グラフ要素をプロットします。

🐍 表3.1　matplotlib.pyplot.plot()

書式	matplotlib.pyplot.plot(x, y, 　　　　　　　　[fmt], 　　　　　　　　linewidth=None, 　　　　　　　　linestyle='solid', 　　　　　　　　color=None, 　　　　　　　　marker=None, 　　　　　　　　markersize=None, 　　　　　　　　markeredgewidth=None, 　　　　　　　　markeredgecolor=None, 　　　　　　　　markerfacecolor=None, 　　　　　　　　antialiased=None)	
パラメーター	x, y	データポイントの水平 (x軸)、垂直 (y軸) の値。 x値はオプションなので、指定されていない場合は0から始まる [0, 1, 2,…, N−1] のリストがデフォルトで設定されます。
	[fmt]	オプション。グラフのフォーマットを直接、フォーマッター（フォーマット設定用文字列）で指定します。ただし、どのフォーマットを指定するのか明確に示せないので、キーワード引数を使用するのがおすすめです。
	linewidth	オプション。ラインの太さをポイント (pt) 単位で指定します。
	linestyle	オプション。ラインのスタイルとして、'solid'(実線)、'dashed'(破線)、'dashdot'(破線&点線)、'dotted'(点線)、'None'(線なし) を指定します。デフォルトは 'solid' です。
	color	オプション。ラインの色を指定します。
	label	オプション。凡例を表示する際に、ラインに関連付けられたラベル用テキストを指定します。
	marker	オプション。x値とy値の交点に打つマーカーの形状を指定します。
	markersize	マーカーのサイズをpt単位で指定します。
	markeredgewidth	マーカーのエッジライン(枠線)の幅をpt単位で指定します。

パラメーター	markeredgecolor	マーカーのエッジラインのカラーを指定します。
	markerfacecolor	マーカーを塗りつぶす色を指定します。
	antialiased	オプション。ラインを滑らかにするかどうかを指定します。デフォルトはNoneですが、この状態でアンチエイリアスが有効 (True) になっています。

●matplotlib.pyplot.xlabel()、matplotlib.pyplot. ylabel()

x軸またはy軸のラベルとして、引数に指定した文字列を描画します。アルファベットと記号の一部、数字を指定できます。

●matplotlib.pyplot.show()

グラフエリア (グラフの土台となるオブジェクト) にプロットされたすべての要素を出力します。以前はソースコードの冒頭に「%matplotlib inline」の記述をしておく必要がありましたが、現在のバージョンでは省略できるようになっています。

🐍 x軸、y軸の値を指定してラインを描画する

最もシンプルな例として、x軸とy軸の値だけを指定してラインを描画してみましょう。

🐍 セル1 (draw_line.ipynb)

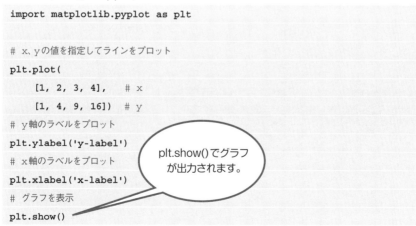

```python
import matplotlib.pyplot as plt

# x、yの値を指定してラインをプロット
plt.plot(
    [1, 2, 3, 4],   # x
    [1, 4, 9, 16])  # y
# y軸のラベルをプロット
plt.ylabel('y-label')
# x軸のラベルをプロット
plt.xlabel('x-label')
# グラフを表示
plt.show()
```

plt.show()でグラフ
が出力されます。

🐍 図3.3 出力

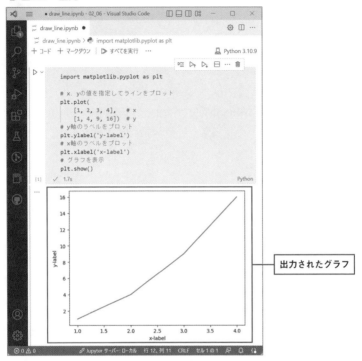

🐍 **ラインの書式設定**

　ラインをプロットする場合、次のオプション（**キーワード引数**）を使って、ラインの色や幅、さらに線種を指定できます。

🐍 表3.2　pyplot.plot()のラインスタイルを設定するオプション

オプション	説明
color	ラインの色を指定します。色の指定には、16進数のRGB値かRGBA値、またはカラー指定文字を用います。
linewidth	ラインの幅をポイント (pt) 単位で指定します。
linestyle	ラインのスタイルとして、'solid'(実線)、'dashed'(破線)、'dashdot'(破線＆点線)、'dotted'(点線)を指定します。デフォルトは'solid'です。

colorに設定できるカラー指定文字については、1文字で指定するものと、単語で指定するものがあります。どちらも文字列扱いになるので、colorの値として設定するときは「'b'」のようにシングルクォートまたはダブルクォートで囲みます。

表3.3 colorオプションのカラー指定文字（全8色）

文字	説明	文字	説明
b	青	m	ミディアムバイオレット
g	緑	y	オリーブグリーン（明るめ）
r	赤	k	ブラック
c	ターコイズブルー（暗め）	w	ホワイト

表3.4 colorオプションのカラー指定用の単語（一部抜粋）

black	gray	silver	red	blue
tan	gold	darkgreen	seagreen	darkcyan
deepskyblue	navy	purple	yellow	cyan
pink	palegreen	orangered	teal	limegreen

表3.5 linestyleオプションのラインスタイル設定文字

ラインスタイル設定文字	説明
'-' または 'solid'	実線。linestyleのデフォルト値
'--' または 'dashed'	破線
'-.' または 'dashdot'	一点鎖線
':' または 'dotted'	点線
'None'	何も描かない

●ラインの幅と色を指定して描画する

前項の例と同じラインをプロットしますが、今回はライン幅を太く (5pt) し、色を赤、ラインの形状を点線としてみます。

🐍 セル2 (draw_line.ipynb)

```python
# x、yの値を指定してラインをプロット
plt.plot(
    [1, 2, 3, 4],          # x
    [1, 4, 9, 16],         # y
    linestyle='dotted',    # ラインを点線にする
    linewidth=5,           # ライン幅は5pt
    color='red'            # ラインの色は赤
)
# y軸のラベルをプロット
plt.ylabel('y-label')
# x軸のラベルをプロット
plt.xlabel('x-label')
# グラフを表示
plt.show()
```

🐍 図3.4　出力

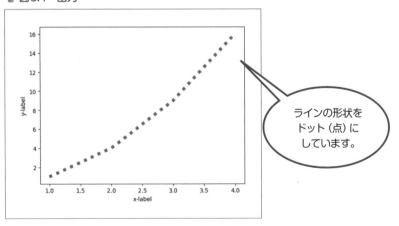

ラインの形状を
ドット (点) に
しています。

🐍 複数のラインを表示する

pyplot.plot()を繰り返し実行すると、グラフ上に複数のラインを表示することができます。

🐍 セル3 (draw_line.ipynb)

```python
# NumPyをインポート
import numpy as np

# xの値
x = np.array([1, 2, 3, 4])
# yの値
y = np.array([1, 4, 9, 16])

# 実線をプロット
plt.plot(x, y, linestyle="solid", label='Normal')
# 破線をプロット
plt.plot(x, y/2, linestyle="dashed", label='Divided by 2')
# 一点鎖線をプロット
plt.plot( x, y/3, linestyle="dashdot", label='Divided by 3')
# 点線をプロット
plt.plot(x, y/4, linestyle="dotted", label='Divided by 4')
# 凡例をプロット
plt.legend()

# グラフを表示
plt.show()
```

📷 図3.5 出力

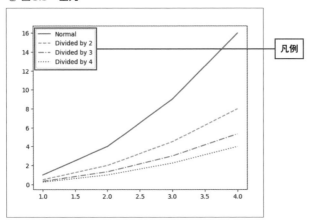

今回はx値とy値として、Pythonのリストではなく、NumPyの配列（NDArray）を使用しました。x値とy値をそのままプロットしたものと、y値を2、3、4で割ったものをそれぞれプロットしています。

また、今回は**凡例**（グラフ要素の説明）を表示するようにしました。ラインをプロットする際に、labelオプションの値としてテキストを設定しておくと、凡例を表示したときにそのテキストがラインの説明として表示されます。凡例のプロットはplt.legend()で行います。

2 散布図

散布図は、すべてのデータについて、縦軸（y）と横軸（x）の交わるところに点（マーカー）をプロットしたグラフです。データの分布状況を表すときに使われます。

マーカーの形を指定して散布図を作成する

pyplot.plot()の引数としてmarkerオプションを使うと、x値とy値が交わるところ（交点）にマーカーを表示できます。

 表3.6　pyplot.plot()のmarkerオプションで指定できるマーカーの種類（一部抜粋）

指定文字	説明	指定文字	説明
"."	ポイント（点）	"P"（大文字）	太字のプラス記号
","	ピクセル（ディスプレイの1画素に点を描画）	"*"	星
"o"	サークル（円）	"+"	プラス記号
"v"	下向きの三角形	"x"（小文字）	バツ印
"^"	上向きの三角形	"X"（大文字）	太字のバツ印
"s"	四角形	"D"	ダイヤモンド
"p"（小文字）	五角形	"d"	細身のダイアモンド

※マーカー指定文字はシングルクォートまたはダブルクォートで囲みます。

●matplotlib.pyplot.axis([xの最小, xの最大, yの最小, yの最大])

散布図を作成する際に、x軸とy軸のスケールを指定することで、データの分布をグラフ中心部に集中させたり、逆にグラフ全体に散開させるなど、見せ方を変えることができます。x軸とy軸のスケールは、**matplotlib.pyplot.axis()関数**でまとめて設定できます。この場合、

```
pyplot.axis([xの最小値, xの最大値, yの最小値, yの最大値])
```

のように、リストの要素としてx軸の最小値と最大値、y軸の最小値と最大値の順で指定します。

●シンプルな散布図を作成する

マーカーの形をサークル（円）に指定して、散布図を作成してみます。ただし、マーカーを指定しただけだと、マーカーを結ぶラインがプロットされるので、ラインを非表示にする必要があります。linestyleオプションで'None'を指定すると、ラインを非表示にできます。

🐍 セル1 (scatter_plot.ipynb)

```python
import matplotlib.pyplot as plt

plt.plot(
    # xの値
    [1, 2, 3, 4, 5, 6, 7, 8],
    # yの値
    [2, 4, 6, 8, 10, 12, 14, 16],
    # マーカーの形状はサークル（円）
    marker='o',
    # ラインは非表示
    linestyle='None')
```

```
plt.axis([
    0,              #  x軸の最小値
    10,             #  x軸の最大値
    0,              #  y軸の最小値
    20])            #  y軸の最大値

plt.show()
```

🐍図3.6　出力

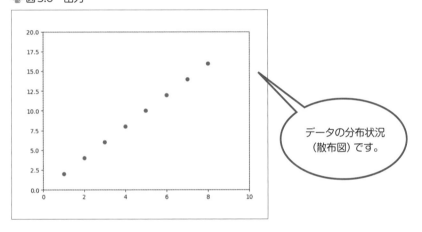

データの分布状況
（散布図）です。

散布図 ✒ コラム

　散布図とは、あるデータの2つの項目をグラフの縦軸と横軸に配置し、縦軸の値と横軸の値が交わる点（交点）に印（ドット）を付けたものです。

　データに100個の値が含まれていれば、グラフ上に100個の印が描かれるわけですが、このことから「データ全体がどのあたりに分布しているか」（分布状況）、あるいは「2つの項目に相関関係（一方が変化すれば他方も変化するように相互に関係し合うこと）があるのか」を確認することができます。

3 棒グラフ

matplotlib.pyplot モジュールの bar() 関数で、棒グラフを作成できます。

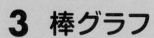 pyplot.bar() で棒グラフを作成する

棒グラフは、bar() 関数の height オプションでバーの高さを設定し、x の値でバーの並び順を指定して描画しします。

●matplotlib.pyplot.bar()

棒グラフをプロットします。

 表3.7　matplotlib.pyplot.bar()

書式	matplotlib.pyplot.bar(x, 　　height, 　　width=0.8, 　　bottom=None, 　　align='center', 　　color, edgecolor, linewidth, tick_label, 　　xerr, yerr, ecolor, capsize 　　)	
パラメーター	x	x軸上の並び順を指定します。height値が[10, 20, 30]の場合、[1, 2, 3]とすれば、height値の値を表現したバーが順番に並びます。[3, 2, 1]とした場合は、height値の第3要素、第2要素、第1要素の順でバーが並びます。x値で指定した並び順は、tick_labelで設定したラベルの並び順にも影響します。x値を省略した場合は、height値の要素の順番でバーが並びます（省略する場合はすべての引数をキーワードで指定することが必要）。
	height	バーの高さをリストで指定します。
	width	バーの太さを設定します。デフォルト値は0.8。
	bottom	バーの下側の余白（積み上げ棒グラフを出力する際に設定）。

パラメーター	align	棒の位置を指定します。 'edge'：縦棒グラフの場合は左端、横棒グラフの場合は下端 'center' (デフォルト)：縦棒グラフの場合は水平方向の中央、横棒グラフの場合は垂直方向の中央。
	color	バーの色。
	edgecolor	バーの枠線の色。
	linewidth	バーの枠線の太さ。
	tick_label	x軸のラベル。
	xerr	x軸方向のエラーバー (誤差範囲) を出力する場合に設定します。
	yerr	y軸方向のエラーバー (誤差範囲) を出力する場合に設定します。
	ecolor	エラーバーの色を設定します。
	capsize	エラーバーのキャップ (傘) のサイズを指定します。

●シンプルな棒グラフを作成する

バーの高さ (heightオプション)、バーの並び順 (xオプション)、各バーのx軸上のラベル (tick_labelオプション) を設定し、グラフタイトルおよびx軸、y軸のラベルとともに棒グラフを出力してみます。

🐍 セル1 (bar_plot.ipynb)

```python
import matplotlib.pyplot as plt

# y値 (バーの高さ)
y = [15, 30, 45, 10, 5]
# x軸上のバーの並び順
x = [1, 2, 3, 4, 5]
# バーのラベル
label = [
    'Apple', 'Banana', 'Orange', 'Grape', 'Strawberry']
# 棒グラフをプロット
plt.bar(
    x=x,                   # バーの並び順
    height=y,              # バーの高さ
    tick_label=label)  # バーのラベル
```

```
# タイトルをプロット
plt.title('Sales')
# x軸、y軸のラベルをプロット
plt.xlabel('Fruit')
plt.ylabel('amount of sales')


plt.show()
```

🐍 図3.7 出力

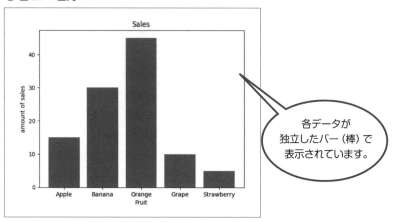

各データが
独立したバー (棒) で
表示されています。

バーの間の隙間をなくす

　pyplot.bar()のバーの幅を設定するwidthは、デフォルトで0.8（全体を1としたときの割合）になっているので、隣のバーとの間に余白ができます。これを1.0に設定するとバーの幅がエリアいっぱいになり、結果としてバー間の隙間がなくなります。ヒストグラムでよく使われるテクニックです。

pyplot.bar()のwidthオプション

> width＝バーの幅を設定する値（0〜1.0）

セル2（bar_plot.ipynb）

```
# 棒グラフをプロット
plt.bar(
    x=x,                  # バーの並び順
    height=y,             # バーの高さ
    tick_label=label,     # バーのラベル
    width=1.0)            # バーの幅を1.0にして隙間をなくす


plt.show()
```

図3.8　出力

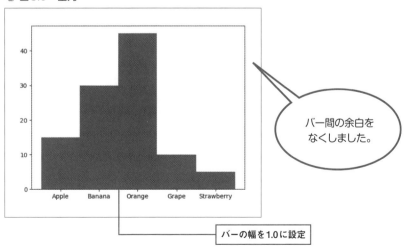

バー間の余白をなくしました。

バーの幅を1.0に設定

4　円グラフ

円グラフは、主にデータの構成比を表す用途で使われるグラフです。円全体を100%として、項目の構成比を扇形の面積で表します。原則として、構成比の大きいものから順に、円の12時の位置から時計回りに並べます。

pyplot.pie()で円グラフを作成する

円グラフは、**matplotlib.pyplot.pie()**関数でプロットします。

●matplotlib.pyplot.pie()

円グラフをプロットします。

📛 表3.8　matplotlib.pyplot.pie()

書式	matplotlib.pyplot.pie(x, 　　　　　　　　explode=None, 　　　　　　　　labels=None, 　　　　　　　　colors=None, 　　　　　　　　autopct=None, 　　　　　　　　pctdistance=0.6, 　　　　　　　　shadow=False, 　　　　　　　　labeldistance=1.1, 　　　　　　　　startangle=None, 　　　　　　　　radius=1, 　　　　　　　　counterclock=True, 　　　　　　　　wedgeprops=None, 　　　　　　　　textprops=None, 　　　　　　　　rotatelabels=False)	
パラメーター	x	グラフ要素の値のシーケンス（リスト）。
	explode	オプション。グラフの各要素を中心から切り離す距離をリストで指定します。
	labels	各要素のラベルとして表示するテキストのリスト。

	colors	オプション。グラフ要素のカラーを指定する値のリスト。指定しない場合は、自動的にカラーが割り当てられる。
パラメーター	autopct	オプション。構成割合をパーセンテージで表示。デフォルトはNone。
	pctdistance	オプション。autopctで設定した構成割合をを出力する位置。円の中心0.0から円周1.0を目安に指定。デフォルト値は0.6。
	shadow	オプション。Trueで影を表示。デフォルトはFalse。
	labeldistance	オプション。ラベルを表示する位置。円の中心0.0から円周 1.0を目安に指定。 デフォルトは1.1。
	startangle	オプション。円グラフの要素の開始位置を指定します。デフォルトのNoneは0度(3時の位置)から要素の描画を開始します。
	radius	オプション。円の半径。 デフォルト値は1。
	counterclock	オプション。False に設定すると時計回りで出力。 デフォルトのTrueは反時計回りで出力。
	wedgeprops	オプション。グラフ要素のエッジに関する指定。エッジのラインの太さや色を、 wedgeprops = {'linewidth': 太さ (pt), 　　　　　'edgecolor':'カラー指定文字' } のように設定できます。デフォルト値は None。
	textprops	オプション。テキストに関するプロパティ。デフォルト値はNone。
	rotatelabels	オプション。Trueを設定すると、ラベルをスライスの角度に合わせて回転させます。デフォルトはFalse。

●シンプルな円グラフを作成する

　円グラフを作成し、グラフ要素にラベルおよびそれぞれの構成割合を出力してみます。

🐍 pyplot.pie()で設定するオプション

- x＝グラフ要素の値
- labels＝グラフ要素に表示するラベル用テキストのリスト
- autopct＝'%.＜小数点以下の桁数＞f%%'

フォーマット指定子

ワンポイント

　プログラムにおいて出力時の書式を指定する際に、「フォーマット指定子」という文字が使われます。小数点以下の桁数を指定する書式は

　%.<小数点以下の桁数>f

です（%の次にカンマがあることに注意）。%はフォーマット指定子を指定するためのエスケープ文字で、fは実数を指定するための指定子です。autopctの値として設定する場合において、あとに続く「%%」は%でエスケープしたのち、末尾に「%」を表示することを指示するためのものです。

セル1 (pie_chart.ipynb)

```python
import matplotlib.pyplot as plt

# グラフ要素の値
values = [100, 200, 300, 400, 500]
# グラフ要素のラベル
labels = [
    'Apple', 'Banana', 'Grape', 'Orange', 'Pineapple']

# 円グラフをプロット
plt.pie(
    x=values,             # グラフ要素の値を設定
    labels=labels,        # グラフ要素のラベルを設定
    autopct='%.2f%%')     # 構成割合として小数点以下2桁までを表示
plt.axis('equal')         # グラフを真円にする

plt.show()
```

図3.9　出力

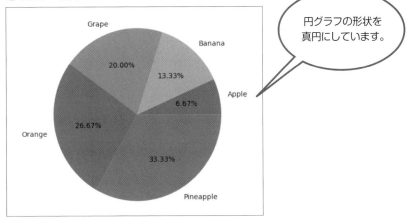

pie()関数でプロットしたグラフをそのまま出力すると、縦につぶれた楕円になります。そこでx軸、y軸の最小値および最大値を設定する**matplotlib.pyplot.axis()関数**を使って、円が潰れないようにしています。引数に

```
plt.axis('equal')
```

のように'equal'を設定すると、x軸とy軸の比率を等しくするので、結果として真円で表示されるようになります。

開始角度を90度、時計回りに表示する

円グラフの開始位置を90度の位置（時計の12時の位置）に設定し、時計回りにグラフを描画してみます。

pyplot.pie()のstartangleオプションとcounterclockオプション

- startangle＝グラフ要素の描画を開始する角度（0、90、180、270など）
- counterclock＝False ◀── 時計回りに描画

セル2 (pie_chart.ipynb)

```
# 円グラフを90度の位置から時計回りに描画
plt.pie(
    x=values,                # グラフ要素の値を設定
    labels=labels,           # グラフ要素のラベルを設定
    autopct='%.2f%%',        # 構成割合として小数点以下2桁までを表示
    startangle=90,           # 90度（12時）の位置から開始
    counterclock=False       # 時計回りに描画
)
# グラフを真円にする
plt.axis('equal')

plt.show()
```

図3.10　出力

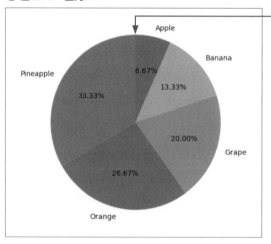

90度の位置から時計回りに
プロットする

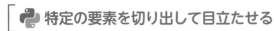

特定の要素を切り出して目立たせる

pie()関数の**explode**は、各要素を円の中心から切り離す距離を指定するためのオプションです。これを利用して、特定の要素を切り出して目立たせることができます。

pie()関数のexplodeオプション

- explode＝各要素の円の中心からの配置位置を示す値のリスト
  explode＝[1.0, 0, 0, 0, 0]のように設定すると、1番目のグラフ要素の中心が円周上に配置されます。

図3.11　explodeで1.0が設定された要素の配置

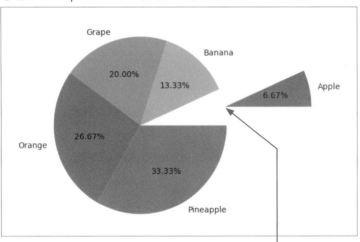

1.0の場合は要素の中心が円周上になる

少しだけ切り出して表示する場合は、explodeに設定する値を1.0未満の値にするのがポイントです。

🐍 セル3（pie_chart.ipynb）

```
# 1番目の要素を切り出す
plt.pie(
    x=values,
    labels=labels,
    autopct='%.2f%%',
    # 1番目の要素の中心位置を円周上から0.3にする
    explode=[0.3, 0, 0, 0, 0]
)
# グラフを真円にする
plt.axis('equal')

plt.show()
```

🐍 図3.12　出力

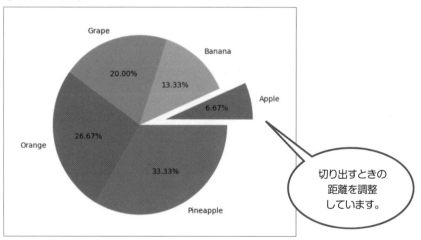

第4章

データ分析の実践
（記述統計と推計統計）

統計学は、「記述統計学」と「推計統計学」に分類されます。

この章では、データ分析において必須となる統計学の分析手法について紹介します。

この章でできること

記述統計学における基本概念と統計的確率について学ぶことで、推計統計学における区間推定や仮説検定、分散分析を実践できるようになることを目指します。

1　記述統計学

> 統計学は、「記述統計学」と「推計統計学」に分類されます。ここでは、データの特徴を計算したり、グラフを用いて表現する記述統計学（以下「記述統計」と表記）について見ていきます。

記述統計における基本統計量

記述統計は、収集したデータの特徴をつかんだり、わかりやすく整理することを目的とします。記述統計では、データの分布の特徴を要約して示す数値として**基本統計量**が用いられます。基本統計量は、その内容によって**代表値**と**散布度**に分類されます。

- 代表値（データ全体を表す値）：最小値、最大値、中央値、最頻値、平均値
- 散布度（データの散らばりを表す値）：範囲、分散、標準偏差、歪度、尖度など

代表値

次の表は、あるWebサイトにおける1か月間のアクセス状況をまとめたものです。この表から、代表値としての値を求めてみましょう。

表4.1　あるWebサイトにおける30日間のアクセス状況
（「accesses.csv」にカンマ区切りのデータとして収録）

day	accesses	day	accesses	day	accesses
1	354	11	343	21	387
2	351	12	349	22	370
3	344	13	358	23	357
4	362	14	373	24	342
5	327	15	334	25	338
6	349	16	338	26	320
7	361	17	355	27	359
8	360	18	329	28	308
9	333	19	370	29	323
10	366	20	324	30	338

●平均

平均は、データのすべての値を合計し、データの数で割った値です。

平均（平均値）

n個のデータ　$\{x_1, x_2, \cdots, x_n\}$

$$\text{平均}(\bar{x}) = \frac{x_1 + x_2 + \cdots + x_n}{n}$$

n個のデータ$x_1, x_2, \cdots, x_n$の平均を表す場合、横棒を付けて$\bar{x}$のように表します。総和を表すΣの記号を使うと、

$$x = \frac{1}{n} \sum_{i=1}^{n} x_i$$

のようになります。「iを1からnまで変化させつつx_1からx_nまでを足していき、合計値に$1/n$を掛ける、つまりnで割る」ことを示しています。

表4.1のデータは、CSVファイル（データをカンマ区切りで記述したファイル）にまとめられているので、これをPandasのデータフレームに読み込んで処理することにします。

セル1（basic_statistics.ipynb）

```python
import pandas as pd

# CSVファイルのデータをデータフレームに読み込む
df = pd.read_csv(
    # 同じフォルダー内のCSVファイルを読み込む
    'access.csv',
    # 見出し列のインデックス0を指定
    index_col=0)
# データフレームの冒頭5件を出力
df.head()
```

図4.1 出力（データフレームの冒頭5件）

	accesses
day	
1	354
2	351
3	344
4	362
5	327

データフレームのaccesses列のデータをNumPy配列（NDArray）に格納して、平均を求める式を使って平均値を求めてみます。

セル2

```python
# 'accesses'列のデータをNumPy配列として取得
data = df['accesses'].values
# 30日間のアクセス数の平均値を求める
mean = data.sum() / len(data)
# 平均値を出力
mean
```

出力

```
347.3666666666667
```

NumPyの**mean()関数**は、引数に指定した配列要素の平均値を求めます。

セル3

```python
# NumPyをインポート
import numpy as np
# mean()関数で平均値を求める
np.mean(data)
```

出力

```
347.3666666666667
```

●最小値、最大値

　データの中で最も小さな値は**最小値**、最も大きな値は**最大値**です。NumPyの**min()関数**で最小値、**max()関数**で最大値を求めることができます。

🐍セル4

```
# 最小値を求める
np.min(data)
```

🐍出力

```
308
```

🐍セル5

```
# 最大値を求める
np.max(data)
```

🐍出力

```
387
```

●中央値

　データ全体の中心に存在する値のことを**中央値**と呼びます。データを順に並べて、ちょうど真ん中にあるデータのことです。次は、9個のデータを値の小さい順に並べた例です。下限から数えても上限から数えても5番目、つまり中央に位置するのは「5」です。この値が9個のデータの中の中央値です。

🐍データの個数が奇数の場合

　データの個数が奇数だと簡単に見付けることができますが、データの数が偶数の場合は、ちょうど真ん中に位置するデータがありません。このような場合は、「データ全体の真ん中にある2つのデータの平均」を中央値とします。

次は10個のデータを値の小さい順に並べたものです。データの数が偶数なので、ちょうど中央に位置するデータがありません。この場合は、データの真ん中を挟む値を特定します。この場合は「40」と「50」になります。

🐍 データの数が偶数の場合

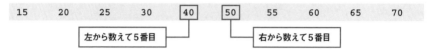

真ん中にある2つのデータが40と50なので、この2つの値の平均を「(40＋50) ÷2)」で求め、「45」が中央値となります。

では、Webサイトにおける30日間のアクセス状況から中央値を見付けてみましょう。NumPyには、中央値を求める**median()関数**があるので、これを使って求めることにします。

🐍 セル6

```
# 中央値を求める
np.median(data)
```

🐍 出力

```
349.0
```

 **散布度 (分散と標準偏差)**

　基本統計量の散布度は、データの散らばり具合を表す値です。ここでは、分散と標準偏差について見ていきます。

●分散

　分散は、データの散らばり具合を表します。

●偏差

　「データ − 平均」で求めた、データと平均との差です。平均よりも小さい値であればマイナス、大きい値であればプラスの値になります。

●偏差平方

　偏差を2乗した値です。偏差の平均 (分散) を求めるとき、偏差をそのまま合計すると0になってしまうので、平均を求めるときは偏差を2乗した**偏差平方**を使います。

●分散

　「偏差平方の合計 ÷ データの個数」で求めた値、つまり偏差平方の平均値です。平均値のまわりにデータが集まっているほど小さい値になり、平均から離れているデータが多いほど大きい値になります。分散はs^2 (またはσ^2) と表記し、次の式を使って求めます。

🐍分散を求める式

n個のデータ　$\{x_1, x_2, x_3, \cdots, x_n\}$
n個のデータの平均を$\bar{x}$とする
$$s^2 = \frac{(x_1 - \bar{x})^2 + (x_2 - \bar{x})^2 + (x_3 - \bar{x})^2 + \cdots + (x_n - \bar{x})^2}{n}$$

分散を求める式をΣの記号で表す

$$s^2 = \frac{1}{n} \sum_{i=1}^{n} (x_i - \bar{x})^2$$

では、先ほどの式に従って、30日間のアクセス数の分散を求めてみましょう。

セル7

```
# 30日間のアクセス数の平均値を求める
mean = data.sum() / len(data)
# 分散を求める
((data - mean)**2).sum() / len(data)
```

NumPyの**var()関数**を使うと、引数にデータを指定するだけで分散を求めることができます。

セル8

```
# NumPyのvar()関数で分散を求める
np.var(data)
```

出力

```
319.1655555555555
```

● **標準偏差**

分散を求めるときに、偏差を2乗して偏差平方にしたため、元の単位は変わってしまっています。分散は、平均のまわりのバラツキ具合をきちんと表すには都合がよいのですが、単位が元の単位の2乗になったことで値そのものが大きくなり、平均からの離れ具合が直感的にわかりづらいという問題があります。そこで、分散の平方根をとる（求める）ことで、単位を元のデータと揃えたのが**標準偏差**（standard deviation）です。

標準偏差を求める式

$$s = \sqrt{\frac{(x_1 - \bar{x})^2 + (x_2 - \bar{x})^2 + (x_3 - \bar{x})^2 + \cdots + (x_n - \bar{x})^2}{n}}$$

標準偏差を求める式をΣの記号で表す

$$s = \sqrt{\frac{1}{n} \sum_{i=1}^{n} (x_i - \bar{x})^2}$$

　標準偏差は「SD」とも略され、個々の値が平均からどのくらい離れているかを測る単位として使われます。SDを単位として、ある値が平均から「1 SD（標準偏差1個ぶん）以内にあるのか」「1 SD以上離れているのか」「2 SD離れているのか」といった具合です。

　のちほど紹介する正規分布では、平均から±2 SDの範囲に全体の95.4%のデータが含まれることが知られています。世の中には正規分布となっているデータが多く見られますが、それらにおいて平均から2 SD以上離れた値が出現する確率は5%弱だということです。

　では、先ほど示した標準偏差を求める式に従って、30日間のアクセス数の標準偏差を求めてみましょう。

セル9

```
# 30日間のアクセス数の標準偏差を求める
np.sqrt(
    ((data - mean)**2).sum() / len(data)
)
```

出力

```
17.865205164104765
```

　標準偏差も、NumPyの**std()関数**で求めることができます。

セル10

```
# NumPyのstd()関数で標準偏差を求める
np.std(data)
```

出力

```
17.865205164104765
```

2　散布図と相関係数

前節では、1つのデータ（1変数）のみに着目して基本統計量を求めました。ここからは、2つのデータ（2変数）がある場合の視覚化の方法と、相互のデータの関係性を読み解く方法について見ていきます。

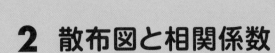 散布図で相関関係を見る

世の中には、「ネット広告を行うと売上が増える」、「今年の夏は暑いので清涼飲料水の売上が伸びる」など、相互に関係性のあるデータが多く存在します。このように、「1つのデータが増えると、もう1つのデータも増える」といった、データ間に何らかの法則がある関係のことを**相関関係**と呼びます。相関関係は、**散布図**を作成することで視覚的に表すことができます。

●清涼飲料水の売上数と最高気温のデータを散布図にする

次は、ある店舗において、ある年の8月各日の最高気温およびその日に売れた清涼飲料水の売上数を記録した表です。

図4.2　「sales.csv」をデータフレームに格納して表示

最高気温	清涼飲料売上数
26	84
25	61
26	85
24	63
25	71
24	81
26	98
26	101
25	93
	118
25	93
27	118
27	114
26	124
28	156
28	188
27	184
28	213
29	241
29	233
29	207
	267
29	207
31	267
31	332
29	266
32	334
33	346
34	359
33	361
34	372
35	368
32	378
34	394

　散布図を作成するときのポイントは、「原因となる項目を横軸」、「結果となる項目を縦軸」にそれぞれ設定することです。原因につられて（グラフの右側へ移動するに従って）結果のデータが変化する度合いがわかりやすくなるためです。

　「sales.csv」が保存されているフォルダー内にNotebookを作成し、「sales.csv」をデータフレームに読み込みます。

🐍 セル1 (correlation.ipynb)

```python
import pandas as pd

# CSVファイルのデータをデータフレームに読み込む
df = pd.read_csv(
    # 同じフォルダー内のCSVファイルを読み込む
    'sales.csv')
```

　原因となる横軸に「最高気温」を設定し、結果となる縦軸に「飲料水売上数」を設定します。散布図のプロットは、pandas.DataFrame.plot()メソッドを使って、データフレームから直接プロットします。

🐍 セル2

```python
import matplotlib.pyplot as plt

# 売上数を縦軸、最高気温を横軸に設定して散布図を描画
df.plot(
    # 横軸は最高気温 (列インデックス:0)
    x=df.columns[0],
    # 縦軸は売上数 (列インデックス:1)
    y=df.columns[1],
    # グラフの種類は散布図
    kind='scatter',
    # x軸ラベル
    xlabel='Highest temperature',
    # y軸ラベル
    ylabel='Sales')
```

```
# 散布図を出力
plt.show()
```

🐍 図4.3　出力

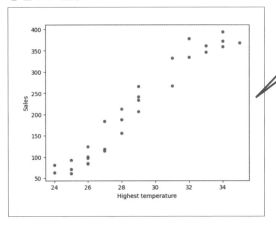

> データフレームの
> データを直接、
> 散布図にしました。

● pandas.DataFrame. plot()

データフレームからグラフをプロットします。

🐍 表4.2　pandas.DataFrame.plot()

書式	pandas.DataFrame. plot(x, y, kind, title, grid, legend, xlim, ylim, xlabel, ylabel, …)	
主なパラメーター	x	x軸上のデータ。
	y	y軸上のデータ。

	kind	プロットするグラフの種類を指定します。 'line'　：ライン (折れ線グラフ) 'bar'　：縦棒グラフ 'barh'　：横棒グラフ 'hist'　：ヒストグラム 'box'　：箱ひげ図 'pie'　：円グラフ 'scatter'：散布図
主なパラメーター	title	グラフタイトル。
	grid	グリッドの表示(True)。デフォルトはNone。
	legend	凡例の表示 (True)。
	xlim	x軸の範囲を指定 (タプルまたはリスト)。
	ylim	y軸の範囲を指定 (タプルまたはリスト)。
	xlabel	x軸のラベル。
	ylabel	y軸のラベル。

　作成された散布図では、その日の最高気温 (x軸) と清涼飲料水の売上数 (y軸) が交差する部分に●がプロットされています。右肩上がりにプロットされた場合は「一方の値が増えると、もう一方の値も増える」関係になり、正の相関があることになります。

　これとは逆に右肩下がりにプロットされた場合は、「一方の値が増えると、もう一方の値は減る」関係になり、負の相関があることになります。また、●が右肩上がりでも右肩下がりでもなく、バラバラにプロットされた場合は、2つのデータには目立った関係がないことになるので、無相関 (相関関係がない) だと判断できます。

🐍 共分散

　「2つのデータの間での、平均からの偏差の積の平均値」である**共分散**という統計量があります。xとyの共分散をS_{xy}と表し、次の式を使って求めます。

🐍 xとyの共分散

$$S_{xy} = \frac{1}{n} \sum_{i=1}^{n} (x_i - \bar{x})(y_i - \bar{y})$$

$\bar{x}$はxの平均値で、$\bar{y}$はyの平均値です。式の対称性により$S_{xy} = S_{yx}$が成り立ちます。

共分散は、2組のデータ（変数）の偏差の積の平均値で、2組の変数の相関を表しています。「xやyの散らばり（分散）が大きいと、共分散も大きくなる」傾向があります。

●清涼飲料水の売上数と最高気温の共分散を求める

前項では、ある店舗における8月各日の最高気温と清涼飲料水の売上数を記録した「sales.csv」をデータフレームに格納し、散布図を描画しました。ここでは引き続き同じNotebook上で、最高気温（x）と売上数（y）の共分散を求めてみましょう。

セル3

```python
# '最高気温'列のデータをNumPy配列として取得
x = df['最高気温'].values
# '清涼飲料売上数'列のデータをNumPy配列として取得
y = df['清涼飲料売上数'].values

# '最高気温'の平均値を求める
mean_x = x.sum() / len(x)
# '清涼飲料売上数'の平均値を求める
mean_y = y.sum() / len(y)
# x、yの共分散を求める
sxy = ((x - mean_x)*(y - mean_y)).sum() / len(x)
# 共分散を出力
sxy
```

出力

```
365.9377777777778
```

データフレームの列データを NumPy配列で取得する

ワンポイント

データフレームの列データは、

```
df['最高気温']
```

のように列見出しを指定すると、PandasのSeriesオブジェクトとして抽出されます。
この場合、

```
df['最高気温'].values
```

のようにvaluesプロパティを設定すると、NumPy配列（NDArray）で取得することが
できます。

NumPyに、共分散を求める**cov()関数**があります。引数にデータ*x*と*y*を指定するだ
けで、*x*の分散、*y*の分散、共分散を求めることができます。

🐍 セル4

```
import numpy as np

# cov()関数で共分散を求める
# bias=Trueで標本分散を指定
sxy = np.cov(x, y, bias=True)
# 出力を指数表記ではなく小数にする
np.set_printoptions(suppress=True)
# 共分散行列を出力
sxy
```

🐍 出力

```
array([[   10.84555556,    365.93777778],
       [  365.93777778, 13115.86222222]])
```

結果は行列として出力され、1行1列（左上）が*x*の分散、1行2列（右上）が共分散、
2行1列（左下）も同じく共分散、2行2列（右下）が*y*の分散になります。なお、結果を
そのまま出力したときに指数表記となるのを避けるため、

```
np.set_printoptions(suppress=True)
```

を実行して、小数で出力されるようにしています。

不偏分散

ワンポイント

　統計では分散を計算するときに、「不偏推定量」というものを使います。これは、「集めたデータはすべてのデータを網羅しているわけではなく、背後に収集しきれなかった真のデータ集団（母集団）がある」という考えに基づきます。この考え方で計算された分散を「不偏分散（unbiased variance）」と呼びます。

🐍 不偏分散を求める式

$$u^2 = \frac{1}{n-1} \sum_{i=1}^{n} (x_i - \bar{x})^2$$

　これまでに見てきた分散は、「標本分散（sample variance）」と呼ばれるもので、データxの偏差積和をデータの個数nで割った値です。それに対し、不偏分散はデータxの偏差積和を「データの個数nから1引いた数」で割った値になります。

　共分散を求めるnp.cov()関数は、デフォルトで不偏分散を用います。前ページのセル4のコードリストのように、引数に「bias = True」を設定することで、標本分散を用いるようにできます。

相関係数

xやyの散らばり（分散）が大きいと、共分散も大きくなる傾向があります。ただし、散らばりの大きさは各変数の値の範囲や単位の取り方によって大きく変わってしまいます。そのため、純粋に相関だけを見たいときは、

$$\frac{S_{xy}}{S_x S_y}$$

のように共分散をxとyの標準偏差で割った値が用いられます。この値のことを「**相関係数**」と呼びます。xとyの相関係数は、一般的に「r_{xy}」のように表します。

🐍 xとyの相関係数を求める式

$$r_{xy} = \frac{\dfrac{1}{n}\displaystyle\sum_{i=1}^{n}(x_i - \bar{x})(y_i - \bar{y})}{\sqrt{\dfrac{1}{n}\displaystyle\sum_{i=1}^{n}(x_i - \bar{x})^2}\sqrt{\dfrac{1}{n}\displaystyle\sum_{i=1}^{n}(y_i - \bar{y})^2}}$$

相関係数は、−1から1までの値をとり、1に近ければ近いほど「**正の相関がある**」といい、−1に近ければ近いほど「**負の相関がある**」といいます。0に近い場合は「**無相関である**」といいます。

相関係数を求める式

ワンポイント

相関係数を求める式は、すべての1/nを外して、次のように表すこともあります。

🐍 相関係数を求める式

$$r_{xy} = \frac{\displaystyle\sum_{i=1}^{n}(x_i - \bar{x})(y_i - \bar{y})}{\sqrt{\displaystyle\sum_{i=1}^{n}(x_i - \bar{x})^2}\sqrt{\displaystyle\sum_{i=1}^{n}(y_i - \bar{y})^2}}$$

●最高気温と売上数の相関係数を求める

引き続き同じNotebook上で最高気温(x)と売上数(y)の相関係数を求めてみましょう。

セル5

```
# xの標準偏差
sx = np.sqrt(((x - mean_x)**2).sum() / len(x))
# yの標準偏差
sy = np.sqrt(((y - mean_y)**2).sum() / len(y))
# x、yの共分散
sxy = ((x - mean_x)*(y - mean_y)).sum() / len(x)
# x、yの相関係数を求める
sxy / (sx * sy)
```

出力

```
0.9702483699900755
```

相関係数は約0.97になり、強い正の相関があります。NumPyに、相関係数を求める **corrcoef ()関数**があります。引数にデータxとyを指定するだけで求められます。

セル6

```
# NumPyのcorrcoef()で相関係数を求める
np.corrcoef(x, y)
```

出力

```
array([[1.        , 0.97024837],
       [0.97024837, 1.        ]])
```

出力は行列の形式になり、

$$\begin{bmatrix} x と x の相関係数 & x と y の相関係数 \\ y と x の相関係数 & y と y の相関係数 \end{bmatrix}$$

のようになります。このような形で出力されるのは、多変数にも対応できるようにするためです。ここではxとyの2変数でしたが、corrcoef()関数では、変数の数をさらに増やして、すべての変数間の相関係数を求めることができます。

3 線形単回帰分析

前節では、最高気温と清涼飲料水の売上数との間に強い正の相関関係があることがわかりました。ここでのテーマは、「気温が1度上昇したときの清涼飲料水の売上数を回帰分析によって予測する」というものです。

回帰分析とは、数値を予測する分析です。回帰は「あることが行われて、また元と同じ状態に戻ること」を意味します。統計学においては、「平均への回帰」*という事象に基づいて数値を予測する分析が「回帰分析」です。線形回帰 (linear regression) は、説明変数に対して目的変数が線形に近い値で表される状態を指し、これを利用して予測を行うのが「線形回帰分析」です。

モデリングにおける変数

データ分析における「変数」の意味について確認しておきましょう。データ分析や機械学習の根底にあるのは「統計的なモデリング」の考え方です。**モデリング**とは、「具体的なデータを数式や数理的な表現に移し替えて『モデル』を構築する作業」を指します。構築されたモデルはいわば計算式の塊であり、データを入力すると予測結果が出力されますが、「データが持つ特徴をどのように表現するのか」、また、「表現された特徴をいかに簡潔な表現に落とし込めるか」ということが、モデリングの際のポイントとなります。

モデリングする際に最初に考えるべきことは、何を**変数**として扱うかです。ここでの変数とは「何らかの変化する値」のことを指し、具体的には事例ごとに得られた値のことです。前節で扱った「30日間の最高気温と清涼飲料売上数」は、それぞれが異なる値を持つ変数です。最高気温は [26, 25, 26, …]、清涼飲料売上数は [84, 61, 85, …] のように、それぞれが複数の値を持っていて、プログラムではこれらの変数をベクトル (1次元配列) として扱います。

***平均への回帰**　例えば、「ある集団に対する試験結果が偏った成績であったとしても、2回目の試験を行うとデータの偏りが減少し、データ全体が平均値に近づいたものとなる」という統計学的現象のこと。

●目的変数

目的変数とは、予測の対象となる変数のことです。「30日間の最高気温と清涼飲料売上数」の場合は、清涼飲料売上数が目的変数となります。目的変数は、この例のように大小の値をとることもありますが、分類を示すカテゴリデータの場合もあります。カテゴリデータには、「0か1か」「YesかNoか」のように2つの分類項目を持つ場合(**二値分類**)と、3つ以上の分類項目を持つ場合(**多値分類**)があります。

目的変数を予測する場合に、数値が対象であれば**回帰問題**、カテゴリデータが対象であれば**分類問題**と呼ばれることがあります。本節で扱うデータは、数値が対象なので回帰問題です。

●説明変数

説明変数とは、目的変数の変化(変動)を説明する変数のことです。「30日間の最高気温と清涼飲料売上数」の場合は、最高気温が説明変数となります。機械学習の分野では、データの特徴を数値化したものを**特徴量**と呼びますが、説明変数とほぼ同じ意味で使われます。

🐍 線形単回帰モデル

相関関係のある2つのデータを用いてデータの傾向をつかむには、2つのデータの散布図に描かれたプロットの中心を通るような直線を引きます。

🐍 図4.4　散布図上の回帰直線

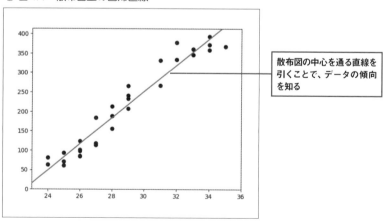

散布図の中心を通る直線を引くことで、データの傾向を知る

●プロットの中心を通る直線を引くことでデータの傾向を知る

　この直線のことを**回帰直線**と呼び、回帰直線でモデル化する分析を**線形回帰分析**と呼びます。ここでは説明変数が1個なので**線形単回帰分析**です。線形回帰分析を行うための回帰直線は、「各点とのズレが最小となる位置を通る」ことが必要です。この条件を満たすにあたって、線形単回帰分析では、次の式を立ててモデルを作り、検証します。

🐍 線形単回帰モデルの式

$$y = ax + b$$

　xは「説明変数」、yは「目的変数」です。ここで扱っている例では、最高気温がx、清涼飲料水の売上数がyになります。aは**回帰係数**と呼ばれ、直線の傾きを表します。bは**切片**で、xが0のときのyの値です。xの最高気温を代入すればyの清涼飲料水の売上数になるのですが、このためには未知の回帰係数aと切片bを求めることが必要です。

●最小二乗法

　回帰係数aと切片bは、「線形単回帰モデルが出力する予測値と目的変数との差の二乗和が最小になる」ような方法で推測されます。これを**最小二乗法**と呼びます。線形単回帰モデルにおける最小二乗法の式は次のように表されます。

🐍 線形単回帰モデルにおける最小二乗法の式

$$E = \sum_{i=1}^{n} (ax_i + b - y_i)^2$$

　線形単回帰モデルの式$ax_i + b$の出力値と、目的変数y_iとの差の総和を求める場合、プラスの誤差とマイナスの誤差が打ち消し合ってしまうのを避けるため、差の二乗和Eを求めます。

●原点を通る線形単回帰モデルにおける最小二乗法について考える

　ここで、式を簡単にするために切片bを除いたものについて考えます。

🐍 切片 b を除いた最小二乗法の式

$$E = \sum_{i=1}^{n} (ax_i - y_i)^2$$

E を最小化するには、E を a の関数だと見なして、a で微分した関数が0になる条件を考えます。

$$\frac{\partial E}{\partial a} = \sum_{i=1}^{n} 2\,(ax_i^2 - x_iy_i)$$

$$= 2\left[a \sum_{i=1}^{n} x_i^2 - \sum_{i=1}^{n} x_iy_i \right] = 0$$

すると、

$$\therefore \quad a = \frac{\displaystyle\sum_{i=1}^{n} x_iy_i}{\displaystyle\sum_{i=1}^{n} x_i^2} = \frac{x^Ty}{\|x\|^2}$$

となります。$\|x\|$ は x の絶対値、x^T は x の転置行列を示します。実際にプログラムで試してみましょう。新規のNotebookに次のように入力します。

🐍 セル1 simple_regression.ipynb

```python
import numpy as np

def lineareg(x, y):
    """原点を通る線形単回帰モデルにおける回帰係数を返す

    Args:
        x (ndarray): 説明変数
        y (ndarray): 目的変数

    Returns:
        float: 回帰係数
    """
    a = np.dot(x, y) / (x**2).sum()
    return a
```

回帰係数 a を計算して戻り値として返す lineareg() 関数を作成しました。np.dot(x, y) が x^Ty の計算を行い、(x**2).sum() が $\|x\|^2$ の計算を行います。

では、任意の値を6個ずつ格納して説明変数 x と目的変数 y を作成し、lineareg() 関数で回帰係数 a の値を求めてみましょう。

🐍 セル2

```
# ダミーの説明変数を作成
x = np.array([1, 2, 4, 6, 7, 9])
# ダミーの目的変数を作成
y = np.array([1, 3, 4, 5, 7, 10])

# 回帰係数を求める
a = lineareg(x, y)
# 回帰係数を出力
a
```

🐍 出力

```
1.0267379679144386
```

説明変数 x と目的変数 y が交わる点をプロットして散布図を作成し、求めた回帰係数 a を使って回帰直線を散布図上に描画します。

🐍 セル3

```
import matplotlib.pyplot as plt

# xとyの散布図をプロット
plt.scatter(x, y, color='black')
# 説明変数の最大値を求める
xm = x.max()
# 単回帰直線をプロット
plt.plot([0, xm], [0, a*xm], color='red')
# グラフを出力
plt.show()
```

● 図4.5 出力

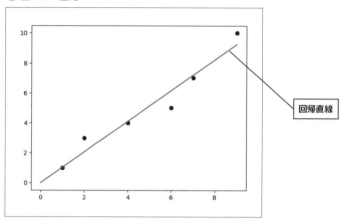

回帰直線

●一般的な線形単回帰モデルにおける最小二乗法について考える

先の例では、計算を簡単にするために、直線が原点を通るという条件でした。今度は、その条件をなくして

$$E = \sum_{i=1}^{n} (ax_i + b - y_i)^2$$

における誤差の二乗和Eを最小にすることを考えます。今度はEをa、bの関数と見なして、aで微分した関数が0、bで微分した関数が0になる条件を考えます。

$$\frac{\partial E}{\partial a} = 0$$

$$\frac{\partial E}{\partial b} = 0$$

これをa、bについての連立方程式として解きます。$\partial E/\partial a = 0$より

$$\sum_{i=1}^{n} x_i (ax_i + b - y_i) = 0 \quad\cdots\cdots ❶$$

となります。また、$\partial E/\partial b = 0$より

$$\sum_{i=1}^{n} (ax_i + b - y_i) = \sum_{i=1}^{n} ax_i + \sum_{i=1}^{n} b - \sum_{i=1}^{n} y_i = 0$$

となり、ゆえに

$$b = \frac{1}{n} \sum_{i=1}^{n} (y_i - ax_i) \quad\text{❷}$$

となります。先の❶は

$$\sum_{i=1}^{n} x_i (ax_i + b - y_i) = a \sum_{i=1}^{n} x_i^2 + b \sum_{i=1}^{n} x_i - \sum_{i=1}^{n} x_i y_i$$

のように展開できるので、これに❷を代入して次のようにします。

$$\begin{aligned}
a \sum_{i=1}^{n} x_i^2 + b \sum_{i=1}^{n} x_i - \sum_{i=1}^{n} x_i y_i &= a \sum_{i=1}^{n} x_i^2 + \frac{1}{n} \sum_{i=1}^{n} (y_i - ax_i) \cdot \sum_{i=1}^{n} x_i - \sum_{i=1}^{n} x_i y_i \\
&= a \sum_{i=1}^{n} x_i^2 + \frac{1}{n} \sum_{i=1}^{n} x_i \sum_{i=1}^{n} y_i - \frac{a}{n} \sum_{i=1}^{n} x_i \sum_{i=1}^{n} x_i - \sum_{i=1}^{n} x_i y_i \cdot \\
&= a \left[\sum_{i=1}^{n} x_i^2 - \frac{1}{n} \left(\sum_{i=1}^{n} x_i \right)^2 \right] + \frac{1}{n} \sum_{i=1}^{n} x_i \sum_{i=1}^{n} y_i - \sum_{i=1}^{n} x_i y_i
\end{aligned}$$

これがイコール0なので、aについて解いたものが次です。

$$a = \frac{\displaystyle\sum_{i=1}^{n} x_i y_i - \frac{1}{n} \sum_{i=1}^{n} x_i \sum_{i=1}^{n} y_i}{\displaystyle\sum_{i=1}^{n} x_i^2 - \frac{1}{n} \left(\sum_{i=1}^{n} x_i \right)^2}$$

🐍 線形単回帰モデルをプログラムで実装する

誤差の二乗和 E を最小にする回帰係数 a と切片 b を求める式がわかったので、プログラムに実装してみましょう。線形単回帰モデルの式：

$$y = ax + b$$

における目的変数 y を日々の最高気温、説明変数 x を清涼飲料水の売上数として、最小二乗法の式：

$$E = \sum_{i=1}^{n} (ax_i + b - y_i)^2$$

の誤差 E を最小にする回帰係数 a と切片 b を求めます。

新しいNotebookを作成して、「sales.csv」をデータフレームに読み込むコードを入力します。

🐍 セル1　regression.ipynb

```
import pandas as pd


# CSVファイルのデータをデータフレームに読み込む
df = pd.read_csv('sales.csv')
# '最高気温'列のデータをNumPy配列として取得
x = df['最高気温'].values
# '清涼飲料売上数'列のデータをNumPy配列として取得
y = df['清涼飲料売上数'].values
```

線形単回帰モデルにおける回帰係数と切片を計算する関数を定義します。

🐍 セル2

```
import numpy as np


def lineareg(x, y):
    """線形単回帰モデルにおける回帰係数と切片を求める
```

```
    Args:
        x (ndarray): 説明変数
        y (ndarray): 目的変数

    Returns:
        a(float): 回帰係数
        b(float): 切片
    """
    # xのデータ数
    n = len(x)
    # 回帰係数を求める
    a = (np.dot(x, y)-(y.sum()*x.sum() / n))
        / ((x**2).sum() - x.sum()**2 / n)
    # 切片を求める
    b = (y.sum()-a*x.sum())/n

    return a, b
```

Pythonのドキュメンテーションのルールに従って、パラメーターや戻り値の説明を入れています。

回帰係数を求める式のうち、分子の

$$\sum_{i=1}^{n} x_i y_i - \frac{1}{n} \sum_{i=1}^{n} x_i \sum_{i=1}^{n} y_i$$

の部分が「np.dot(x, y)-(y.sum()*x.sum() / n)」に対応し、分母の

$$\sum_{i=1}^{n} x_i^2 - \frac{1}{n} \left(\sum_{i=1}^{n} x_i \right)^2$$

の部分が「(x**2).sum() - x.sum()**2 / n」に対応します。
切片を求める

$$b = \frac{1}{n} \sum_{i=1}^{n} (y_i - a x_i)$$

は、「(y.sum()-a*x.sum())/n」に対応します。

線形単回帰モデルにおける回帰係数 a と切片 b を求めましょう。

🐍 **セル3**

```
# 回帰係数と切片を求める
a, b = lineareg(x, y)
# 回帰係数を出力
print(a)
# 切片の値を出力
print(b)
```

🐍 **出力**

```
33.74080524536438
-760.8771642249819
```

散布図を描画し、線形単回帰モデルの式「$y = ax + b$」を使って回帰直線を描いてみます。

🐍 **セル4**

```
import matplotlib.pyplot as plt

# xとyの散布図をプロット
plt.scatter(x, y, color='black')
# 回帰直線をプロット
plt.plot(
        # x軸の値は0から気温の最大値まで
        [0, x.max()],
        # y軸の値は切片bから「回帰係数×気温の最大値+切片」
        [b, a*x.max() + b],
        color='red')
# x軸とy軸のスケールを設定
plt.axis([
        x.min()-1, x.max()+1,
        0, y.max()+20])
# グラフを出力
```

```
plt.show()
```

回帰直線は、x軸の始点を0、終点を最高気温の最大値に設定し、y軸の始点を切片 b の値、終点を

　　回帰係数 a ×最高気温の最大値＋切片 b

で求めた値に設定して、描画します。

🐍 **図4.6　出力**

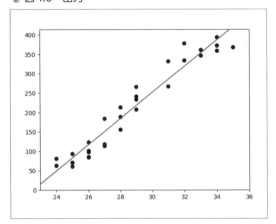

単回帰モデルの式に日々の最高気温 x を代入して、予測値を求めてみましょう。

🐍 **セル5**

```
# 予測値を求める
y_pred = a*x + b
print(y_pred)
```

🐍 **出力**

```
[116.38377215   82.64296691 116.38377215   48.90216166   82.64296691
   48.90216166 116.38377215 116.38377215   82.64296691 150.1245774
  150.1245774  116.38377215 183.86538265 183.86538265 150.1245774
  183.86538265 217.60618789 217.60618789 217.60618789 285.08779838
  285.08779838 217.60618789 318.82860363 352.56940887 386.31021412
  352.56940887 386.31021412 420.05101936 318.82860363 386.31021412]
```

🐍 決定係数

出力されたグラフを見ると、単回帰モデルは実測値をうまく予測しているように見えますが、グラフだけでは曖昧なことしかいえません。そこで、「データにどの程度フィットしているか」、言い換えると「単回帰式がどの程度の確率で信頼できるのか」を評価する**決定係数**という指標があります。決定係数は R^2 と表すのが一般的で、次の式を使って求めます。

🐍 決定係数 R^2

$$R^2 = \frac{\displaystyle\sum_{i=1}^{n}(y_i - \hat{y}_i)^2}{\displaystyle\sum_{i=1}^{n}(y_i - \bar{y}_i)^2}$$

$\hat{y}$ は、単回帰モデルが出力した予測値を表します。「実測値（目的変数）と予測値の差の平方和を、実測値の偏差平方和で割ったもの」が決定係数です。決定係数が1に近づくほど、モデルがデータによくフィットしていることになります。

では、分析結果から決定係数を求めてみましょう。

🐍 セル6

```
# 決定係数を求める
1-((y-(a*x+b))**2).sum() /
    ((y-np.mean(y))**2).sum()
```

🐍 出力

```
0.9413818994683985
```

「0.9414」ですので、かなり精度が高いことになります。ここでは教科書的なデータを用いたのでこのような結果になりましたが、実務では0.9を下回ることが多いです。その場合は、ケースバイケースで「どの程度信頼できるか」を判断することになります。

4 統計的確率と確率分布

確率

　統計的な確率とはどのようなものなのか、サイコロを振る例を用いて見ていきましょう。サイコロは1から6までのいずれかの目が出ます。ということは、サイコロの出る目は6通りで、それぞれの目は6つに1つの割合で出ることになります。この割合が**確率**です。

　確率について考えるとき、

- 「サイコロを振る」という行為を「**試行**」
- サイコロの出る目のすべて（1〜6）を「**標本空間**」
- 「目が出ること」を「**事象**」

と呼びます。これらの用語を使って、確率は次のように定義されます。

📌 確率の定義

> 　ある試行の標本空間 U を
>
> $$U = \{e_1, e_2, \cdots, e_n\}$$
>
> とし、標本空間の要素の数を n、事象 E に含まれる要素の数を m としたとき、
>
> $$P(E) = \frac{m}{n}$$
>
> を事象 E の確率といいます。

　P は確率（Probability）を表し、$P(E)$ で E の確率を表します。先の式を用語を用いて表すと次のようになります。

$$P(E) = \frac{m}{n} = \frac{\text{事象}E\text{の起こる場合の数}}{\text{起こり得るすべての場合の数}}$$

事象 E は、「起こり得る事象（とり得る値）に対して確率が割り当てられる変数」（確率変数）として X の文字を用い、その確率を P(X) と表すのが一般的です。確率変数がとり得る値のことを**実現値**と呼び、サイコロの場合、確率変数 X の実現値は [1, 2, 3, 4, 5, 6] です。このように実現値が数え上げられるときは**離散確率変数**と呼び、そうでないときは**連続確率変数**と呼びます。「数え上げられる」とは「連続ではない飛び飛びの値をとる」ということで、サイコロの実現値のように有限個のこともあれば、無限個のこともあります。

以上の説明を踏まえて、サイコロの各目が出る確率を表にすると、次のようになります。

🐍 表4.3 サイコロを振ったときに各目が出る確率

確率変数 X の実現値	1	2	3	4	5	6
確率 P(X)	$\frac{1}{6}$	$\frac{1}{6}$	$\frac{1}{6}$	$\frac{1}{6}$	$\frac{1}{6}$	$\frac{1}{6}$

離散と連続の違い

ワンポイント

離散とは「離れ離れになる」ことを意味します。具体例として、サイコロの目や人の数、車の台数などがあります。人や車の数を数えるとき、1.5人とか3.9台という数はあり得ないために、「離散しているデータ」なのです。

一方、連続とは「続いている」ことを意味します。身長や体重、温度、速度などは「連続的なデータ」だといえます。身長の場合は、厳密に測ろうとすれば、cm ではなく mm あるいは nm（ナノメートル）のような小さい単位を用いることで、理論的にはいくらでも細かく測定できます。

このことから、整数で表すことができるものを「離散量」（離散しているデータ）、小数で表すことができるものを「連続量」（連続しているデータ）だと判断するのも、1つの方法です。

🐍 一様分布

　先述のサイコロの例のように、「すべての事象の起こる確率が等しい」場合のデータ分布を**一様分布**と呼びます。一様分布がどのようなものなのか、サイコロを1000回振るシミュレーションを実施して、各目が出た割合をグラフにして確かめてみましょう。

🐍 セル1 (uniform_distribution.ipynb)

```python
import numpy as np
import matplotlib.pyplot as plt


# サイコロの目
dice = np.array([1, 2, 3, 4, 5, 6])
# サイコロを振る回数（試行回数）
steps = 1000
# サイコロの目 (1～6) からランダムにstepsの数だけ抽出する
dice_rolls = np.random.choice(dice, steps)


# 1～6の目が出た割合 (確率) を格納する配列
prob = np.array([])
# 1～6の目が出た割合を出現確率としてprobに順次格納する
for i in range(1, 7):
    prob = np.append(
        prob,
        # サイコロのiの目が出た回数を試行回数で割って、出現確率を求める
        len(dice_rolls[dice_rolls == i]) / steps
    )


# x軸をサイコロの目 (1～6)、y軸を出現確率にして棒グラフを描画
plt.bar(dice, prob)
# グリッドを表示
plt.grid(True)
# グラフを出力
plt.show()
```

🐍 図4.7　出力

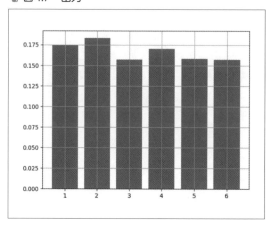

　プログラムでは、np.random.choice()関数を使って、サイコロを振るシミュレーションを行いました。関数の第1引数に抽出対象の値、第2引数に抽出回数を指定すると、指定した回数だけランダムに抽出が行われ、抽出された値が配列で返されます。

🐍 サイコロを1000回振るシミュレーション

```
dice_rolls = np.random.choice(dice, steps)
```

　各目が出る確率は、1000回の試行において実際にその値が出た回数を、試行回数（1000）で割って求めました。

🐍 各目が出る確率を求める

```
len(dice_rolls[dice_rolls == i]) / steps
```

　for文で上記のコードを実行すると、「dice_rollsに格納されているiの値（順次1～6を格納）の個数を、試行回数で割った値」が求められます。

　出力されたグラフを見ると、横軸は「1～6のサイコロの目」、縦軸は「サイコロを1000回振った場合の各目が出る確率」になっています。サイコロの各目が出る確率は1/6でしたので、バラツキはあるものの、各目とも1/6に近い確率で出現していることがわかります。

今回は試行回数を1000回としましたが、1万回、10万回、100万回、…と回数を増やしていくと、各目が出る確率が1/6に揃うようになります。

●離散型一様分布の確率質量関数

数学の1次関数において、

$$f(x) = 3x + 4$$

のような1次式のxに具体的な数値を代入すると$f(x)$の値が決まります。

例えば$x = 2$を代入すると、

$$f(2) = 3 \cdot 2 + 4 = 10$$

となり、$f(x)$の値が決まります。サイコロを振ったときに出る目の確率の分布に対応する$f(x)$を式で表すと次のようになります。

$$f(x) = \frac{1}{6}$$

一般に、確率変数Xが$a \leq X < b$における離散型の一様分布に従うとき、確率質量関数は次のように表されます。

🐍 散型一様分布の確率質量関数

$$f(x) = \frac{1}{b - a}$$

このように、確率を求める関数が常に一定の値を与える確率分布を**一様分布**と呼び、特に確率変数Xが「離散確率変数」であるとき、その分布を**離散型一様分布**と呼びます。サイコロの目は、1、2、3、4、5、6のように、1と2の間には値がないので「離散型」の確率変数、確率を求める関数は常に$1/(b-a)$値を与えるので一様分布となります。

また、確率変数Xが離散的な値をとる離散確率変数であるとき、その確率を与える関数$f(x)$を特に**確率質量関数**と呼びます。確率質量関数で求めた確率をグラフにする場合、例えばサイコロの目は、1つひとつが区分できるので棒グラフで表すことができます。

連続分布と確率密度関数

ワンポイント

　データの分布は、サイコロの目のように出る目の数が決まっているものばかりではありません。清涼飲料水の容量の測定値とか、ミリ単位の降雨量などのように、ml単位やmm単位で連続した値をとるものがたくさんあります。このような場合は、1つひとつの値ごとに確率を求めるのは不可能です。

　そういったときに用いられるのが、このあとで紹介する正規分布に代表される確率分布です。正規分布の確率は連続しているので、確率を表す際に棒グラフではなく、滑らかな曲線として描かれます。この場合、確率は曲線のグラフと横軸で囲まれた面積（累積確率）で表されます。この場合、グラフの高さを「確率密度」と呼び、その関数を「確率密度関数」と呼びます。

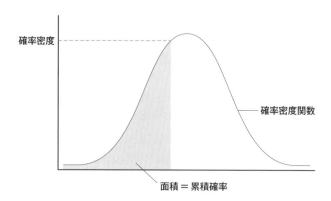

# 二項分布

「コインを投げたときに表が出るか裏が出るか」のように、「何かを行ったときに起こる結果が2つしかない試行」のことを**ベルヌーイ試行**といいます。ベルヌーイ試行では一般に、2つの結果のうち一方を「成功」として確率変数がとる値を「1」、もう一方の結果を「失敗」として確率変数がとる値を「0」とします。

●反復試行とその確率

例として、AとBが3回の対戦を行う場合を考えてみます。Aが1勝だけするには、次の3通りのパターンがあります。

表4.4 3回対戦してAが1回だけ勝つパターン

1回戦	2回戦	3回戦
○	×	×
×	○	×
×	×	○

「勝ち」か「負け」になるベルヌーイ試行を3回行うわけですが、ここで、Aが1回の勝負で勝つ確率が2/3であるとします。3回対戦すると、Aが勝利する回数として0回、1回、2回、3回が考えられます。Aが勝つ回数を確率変数Xとした場合、Xは0、1、2、3のいずれかの値をとります。それぞれの値の確率は、**反復試行**の確率で求めることができます。コインを1回投げる場合は独立した試行（ベルヌーイ試行）ですが、2回、3回、…と繰り返すことを反復試行と呼びます。

ある試行で事象Aが起こる確率が、

$P(X) = p \ (0 \leq p \leq 1)$

であるとき、試行をn回繰り返す反復試行で事象Aがちょうどk回だけ起こる確率は、次の確率質量関数で表されます。

離散型二項分布の確率質量関数

$$P(X=k) = {}_nC_k p^k (1-p)^{n-k}$$

$_nC_k$は、「n回の反復試行のうち成功がk回となる組み合わせの数」を示しています。「AとBが3回対戦してAが1回だけ勝つ」場合は、「$_3C_1$」と表します。成功確率がpのベルヌーイ試行をn回繰り返したときの成功回数Xの確率分布を、「確率pに対する次数nの二項分布」といいます。3回対戦してAが0〜3回勝つパターンを確率質量関数の式に当てはめると、次のようになります。

🐍 表4.5　3回の対戦でAが0〜3回勝つパターン

X	0（3連敗）	1（1勝2敗）	2（2勝1敗）	3（3連勝）
確率	$_3C_0 p^0 (1-p)^{3-0}$	$_3C_1 p^1 (1-p)^{3-1}$	$_3C_2 p^2 (1-p)^{3-2}$	$_3C_3 p^3 (1-p)^{3-3}$

Aが3連敗する確率（$X=0$）は、次のように求めることができます。

$$1 \times \left(\frac{2}{3}\right)^0 \left(1-\frac{2}{3}\right)^{3-0} = 1 \times 1 \times \left(\frac{1}{3}\right)^3 = 1 \times 1 \times \frac{1}{27} = \frac{1}{27}$$

このようにして計算すると、確率変数Xの確率分布は次のようになります。

🐍 表4.6　確率変数Xの確率分布

X	0（3連敗）	1（1勝2敗）	2（2勝1敗）	3（3連勝）
確率	$\frac{1}{27}$	$\frac{2}{9}$	$\frac{12}{27}$	$\frac{8}{27}$

● 二項分布の試行回数を増やすと正規分布になる

　ここでは、サイコロを振った場合を例にします。サイコロの各目が出る確率は1/6です。サイコロを10回振ったときに特定の目（1〜6の目のいずれか）が3回出る確率は、離散型二項分布の確率質量関数を使って、次のように求めることができます。

$$P(X=3) = {}_{10}C_3 \left(\frac{1}{6}\right)^3 \left(1-\frac{1}{6}\right)^{10-3} = {}_{10}C_3 \left(\frac{1}{6}\right)^3 \left(\frac{5}{6}\right)^7 = 0.155\cdots$$

SciPyのscipy.stats.binomをインポートすると、**pmf()関数**を使って$P(X=k)$の値を求めることができるので、試してみましょう。

● scipy.stats.binom.pmf()関数

$P(X=k)$ の値を求めます。

🔷 表4.7 scipy.stats.binom.pmf()

書式	scipy.stats.binom.pmf(k, n, p[, loc])	
パラメーター	k	成功回数、または成功回数のリスト。
	n	反復試行の回数。
	p	1回の試行における成功確率。

🔷 セル1 (binomial_distribution.ipynb)

```python
from scipy.stats import binom

# サイコロを10回振って特定の目が3回出る確率
binom.pmf(3, 10, 1/6)
```

🔷 出力

```
0.1550453595742519
```

今度は、反復試行の回数を10回にして、特定の目が出る回数0～10回ごとの確率を求め、結果をグラフにしてみます。

🔷 セル2

```python
import numpy as np
import matplotlib.pyplot as plt

# 反復試行の回数
n = 10
# 特定の目が出る確率
p = 1 / 6
# 確率変数がとる成功回数 ( 特定の目が出る回数 ) を配列に格納
k = np.arange(0, n)

# 特定の目が出る回数ごとの確率 P(X=k) を求める
```

```
pk = binom.pmf(k, n, p)
# P(X=k)を出力
print(pk)

# 横軸を特定の目が出る回数、縦軸を確率として棒グラフにする
plt.bar(k, pk)
plt.show()
```

🐍 図4.8 出力

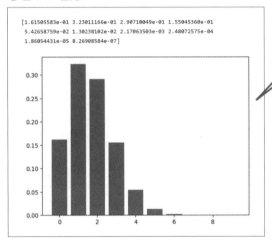

```
[1.61505583e-01 3.23011166e-01 2.90710049e-01 1.55045360e-01
 5.42658759e-02 1.30238102e-02 2.17063503e-03 2.48072575e-04
 1.86054431e-05 8.26908584e-07]
```

反復試行の回数を
10にした結果です。

　さらに、反復試行の回数を10回、20回、50回と増やした場合について見てみましょう。

🐍 セル3

```
# サイコロを投げる(反復試行の)回数のリスト
roll = [10, 20, 50]
# 特定の目が出る回数の確率を、反復試行の回数ごとにグラフにする
for n in roll:
    # 確率変数がとる成功回数(特定の目が出る回数)を配列に格納
    k = np.arange(0, n+1)
    # P(X=k)を求める
    pk = binom.pmf(k, n, p)
```

```
# 反復試行の回数ごとにグラフを描画
plt.plot(
    k, pk,
    marker="o",
    label="n={}".format(n))

# グラフを見やすくするためx軸(成功回数)の上限を20にする
plt.xlim(0, 20)
# 凡例を表示
plt.legend()
# グラフを出力
plt.show()
```

🐍 図4.9　出力

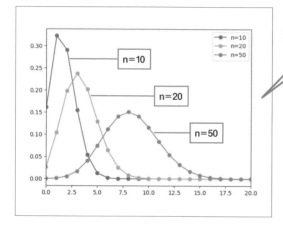

反復試行を10回、20回、50回と増やしてみます。

　反復試行の回数の増加に従って確率変数の数が増えるため、離散型二項分布の確率質量関数が出力する値の分布の幅が右側にずれます。同時に、分布の形が左右対称の山の形に近づいていることもわかります。このような左右対称の山の形をした分布を**正規分布**と呼びます。二項分布における反復試行の回数を大きくしていくと正規分布になる、ということは、「正規分布は二項分布の極限状態」だということです。この定理のことを**ラプラスの定理**と呼び、統計学の区間推定などに応用されています。

4-4 統計的確率と確率分布

正規分布

統計学においては、分析の対象となるデータをヒストグラムにした場合、一峰性（山が1つ）になることが大前提となっています。もし、山が1つよりも多い、多峰性のヒストグラムになったのであれば、「何かほかの要素が重なっている」可能性があり、そういうデータを解析したところで必ずおかしな結果になります。園児を対象にしたイベントの参加者全員の身長を測ったら、保護者と園児で二峰性のヒストグラムになるのはほぼ間違いないので、このデータからは意味のない結果しか出てきません。

データをヒストグラムにしたとき、左右対称の山の形になる分布のことを**正規分布**と呼びます。

●正規分布するデータをヒストグラムにする

正規分布するデータをNumPyの**random.normal()関数**で人工的に生成してみます。

●random.normal() 関数

正規分布するデータを生成します。

表4.8 numpy.random.normal()

書式		numpy.random.normal(loc=0.0, scale=1.0, size=None)
パラメーター	loc	出力するデータ全体の平均値。
	scale	出力するデータ全体の標準偏差。
	size	出力サイズ（出力するデータの数）。

ここでは、平均値が60、標準偏差が25の正規分布するデータ集団から1000個の値をランダムに抽出し、これをヒストグラムにしてみます。

セル1 (normal_distribution.ipynb)

```
import numpy as np
import matplotlib.pyplot as plt
```

228

```
# 平均値
mean = 60
# 標準偏差
sd = 25
# 生成するデータの個数
num_data = 1000
# ヒストグラムのビンの数
num_bins = 50
# 乱数生成の種(シード値)を設定して常に同じ乱数が生成されるようにする
np.random.seed(1)

# 正規分布するデータをNumPyの関数で生成
X = np.random.normal(mean, sd, num_data)

# データの出現回数(度数)を見るために
# ビン(階級)の数を50にしてヒストグラムを描画する
plt.hist(X, bins=num_bins)
plt.grid(True)
plt.show()
```

図4.10 出力

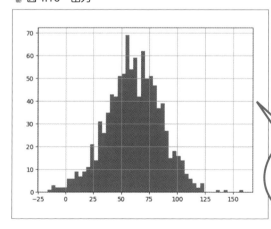

平均値が60、標準偏差が25のデータから、1000個のデータを抽出してヒストグラムにしたところです。

　x軸は生成された値で、y軸はその値が出現した回数です。ヒストグラムの棒（ビン）の数を50にしたので、1本のビンにはデータ範囲をビンの数50で等分した範囲のデータが含まれることになります。全体を見ると左右にほぼ対象の山形の形になっています。正規分布には、次のような特徴があります。

🐍 正規分布の特徴

- 平均μを中心とした一峰性の山形であり、左右対象の分布である
- 平均μの付近の値が最も現れやすく、平均μから離れるほど現れにくくなる
- 身長や体重など、現実世界のデータの多くが正規分布で近似できる

　また、正規分布には次のような性質があります。

🐍 正規分布の性質

- $\mu-\sigma$から$\mu+\sigma$までの範囲の値が起こる確率が約68%
- $\mu-2\sigma$から$\mu+2\sigma$までの範囲の値が起こる確率が約95%
- $\mu-3\sigma$から$\mu+3\sigma$までの範囲の値が起こる確率が約99.7%

● 正規分布の確率密度関数

　正規分布におけるデータの出現率は、次の**確率密度関数**で求めることができます。正規分布のデータは連続した値（連続量）をとるので、確率密度関数という言い方をします。

🐍 正規分布の確率密度関数

$$f(x) = \frac{1}{\sigma\sqrt{2\pi}} \exp\left\{-\frac{1}{2}\left(\frac{X-\mu}{\sigma}\right)^2\right\}$$

平均をμ、標準偏差をσで表しています。式中の

$$\exp\left\{-\frac{1}{2}\left(\frac{X-\mu}{\sigma}\right)^2\right\}$$

の部分は、

$$e^{-\frac{1}{2}\left(\frac{X-\mu}{\sigma}\right)^2}$$

のことです。指数（e^xならxの部分）が複雑な式になると、e^xの形では見にくくなるので、このような場合はexpを使うことで見やすく表記できます。

指数関数 e^x

ワンポイント

指数関数e^xのeは「自然対数の底」のことで、ネイピア数ともいいます。このeを底とする指数関数e^xは、微分をしても形が変わりません、また、積分は微分の逆演算なので、e^xを積分して得られるもの同じくe^xです。e^x以外の関数は、微分したり積分したりするたびに形を変えるのに対し、e^xは何度微分しても、あるいは何度積分しても同じ形のまま残り続けます。このことから、正規分布をはじめ、自然科学の方程式の多くにネイピア数eが用いられます。

確率密度関数は、次のような形でソースコードに落とし込むことができます。

```
y = ((1 / (np.sqrt(2*np.pi)*sd))*np.exp(-0.5*((X-mean) / sd)**2))
```

※sdは標準偏差、meanは平均値を格納する変数です。

では、先ほど作成した正規分布するデータXの確率密度を求めて、グラフにしてみましょう。確率密度を求める際には、式の中のXの値をすべて使うとうまく曲線を描くことができないので要注意です。この場合、「いったんhist()関数でヒストグラムを描画しておき、引数として返される各ビンの区切りの値をXの代わりに使う」のがポイントです。

セル2

```
# スケールを合わせるためy軸を確率密度にしてヒストグラムを描画
# 3つの戻り値のうち、binsに各ビンの区切り値が配列要素として格納されている
n, bins, patches = plt.hist(X, bins=num_bins, density=True)
# 正規分布の確率密度関数
y = ((1 / (np.sqrt(2*np.pi)*sd)) *
    np.exp(-0.5*((bins - mean) / sd)**2))
# x軸の値を各ビンの区切り値にして確率密度の曲線を描画する
plt.plot(bins, y)
# グリッドを表示
plt.grid(True)
plt.show()
```

図4.11 出力

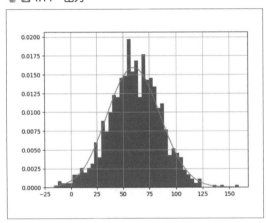

● 確率密度関数の曲線の面積は「1」

　グラフの曲線はデータが出現する確率を表しているので、曲線とx軸の0のラインに挟まれた部分の面積はぴったり1になります。そのため、例えば平均から標準偏差1つぶん離れた範囲の面積を求めれば、その範囲に全体の何割(何%)のデータが存在するか、つまり存在する確率がわかります。

標準正規分布

すべてのデータについて「データの偏差を標準偏差で割る」と、データ全体が平均値0、標準偏差1の「標準正規分布」になります。このことをデータの「標準化」と呼びます。

標準化の式

$$z = \frac{x - \mu}{\sigma}$$

標準化を行って求めた値は**標準化データ**または**標準化係数**と呼ばれるほか、「z値」と表記することもあります。個々のデータの偏差を標準偏差で割るので、z値はそのデータが「平均から標準偏差で何個ぶん離れているか」を表していることになります。z値を参照すれば、「データ全体の分布のどこに位置するのか」を知ることができます。

冒頭でも触れましたが、標準化することで、平均値が0、標準偏差が1のデータになります。このようにして標準化されたデータの分布を**標準正規分布**と呼びます。

●標準正規分布の確率密度関数

次は、標準正規分布の確率密度関数です。

標準正規分布の確率密度関数

$$f(x) = \frac{1}{\sqrt{2\pi}} \exp\left(-\frac{x^2}{2}\right)$$

正規分布の式と比べると比較的簡単になっています。これは、正規分布の式には標準化のための式が組み込まれていたためです。

●標準正規分布の確率密度関数のグラフを描画する

標準正規分布の確率密度関数は、次のような形でソースコードに落とし込むことができます。

```
y = np.exp(-X**2 / 2) / np.sqrt(2 * np.pi)
```

　確率密度を求める際は、前回と同様、式の中の*X*の値の代わりに、hist()関数の戻り値として返される各ビンの区切りの値を使います。

🐍 セル1 (sd_normal_distribution.ipynb)

```python
import numpy as np
import matplotlib.pyplot as plt

# 平均値
mean = 0
# 標準偏差
sd = 1
# データの個数
num_data = 10000
# ヒストグラムのビンの数
num_bins = 50
# 乱数生成の種 ( シード値 ) を設定して常に同じ乱数が生成されるようにする
np.random.seed(0)


# 平均値0、標準偏差1の標準正規分布するデータ群からランダムに10000個の値を抽出
X = np.random.normal(mean, sd, num_data)


# スケールを合わせるためy軸を確率密度にしてヒストグラムを描画
# 3つの戻り値のうち、binsに各ビンの区切り値が配列要素として格納されている
n, bins, patches = plt.hist(X, bins=num_bins, density=True)
# 標準正規分布の確率密度関数
y = np.exp(-bins**2 / 2) / np.sqrt(2 * np.pi)


# x軸の値を各ビンの区切り値にして確率密度の曲線を描画する
plt.plot(bins, y)
# グリッドを表示
plt.grid(True)
plt.show()
```

図4.12　出力

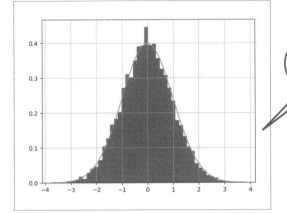

ヒストグラム上に
確率密度の曲線を
描画しました。

データのスケーリング　コラム

　データ分析や機械学習では、データの前処理として**スケーリング**を行うことがあります。スケーリングとは、「特定の手法を用いて、データの分布が一定の範囲に収まるように変換すること」を指します。スケーリングには次の手法が用いられます。

・標準化

　本節で紹介した標準化の式を使って、平均0、標準偏差1のデータに変換します。

・正規化

　データの値（正確にはデータの最小値からの偏差）をデータ範囲（データの最大値－最小値）で割って、0〜1のデータに変換します。

5　推計統計学

統計学には、これまでに見てきた「記述統計学」に加え、「推計統計学」があります。推計統計学（以下「推計統計」と表記します）では主に、

- 収集したデータをもとにして真の平均値や分散を推測する
- 収集したデータに重要な意味があるのか、それともたまたま集められた平凡なものなのかを判断する

といったことを行います。前者の「推測する」ことに関してはそのまま「推測」と呼び、後者の「判断する」ことに関しては「検定」と呼びます。

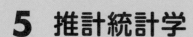 母集団と標本

統計学では、調査の対象となるすべてのデータのことを**母集団**と呼びます。選挙の場合は有効票全体が母集団です。選挙の出口調査が**サンプリング**、調べた結果が**標本**となります。

表4.9　母集団と標本に関する用語

母集団	データ全体のことです。
サンプル（標本）	母集団から取り出したデータのことです。
サンプルサイズ（標本の大きさ）	サンプルの数のことです。
サンプリング（標本の抽出）	母集団から一部のデータを取り出すことです。

●全数調査と標本調査

母集団のすべてについて調査することを**全数調査**と呼びます。これに対して、母集団から取り出した一部の標本について調査することを**標本調査**と呼びます。

全数調査は、調査対象の全体を調べるので、多くの場合、時間も費用もかかります。ただし、「学校の1クラス」「特定の学年の成績」「社員の営業成績」のように母集団の規模がある程度限定される場合は、全数調査が可能です。

これに対し、調査対象のすべてのデータを集めるのが困難な場合に行うのが「標本調査」です。「データの収集に時間や費用をかけられない場合」あるいは「すべてのデータを調べるのが不可能な場合」は、調査対象の一部のデータを用いて分析を行います。選挙の出口調査がまさしく標本調査です。「ランダムに選んだサンプルを分析して、その結果から全体 (母集団) のことを知る」のが推計統計の目的です。

●ランダムサンプリング (無作為抽出)

選挙の出口調査や製品の抜き取り検査では、母集団から無作為に標本を取り出すことになります。このことを**ランダムサンプリング** (**無作為抽出**) と呼びます。

🐍 図4.13　ランダムサンプリング

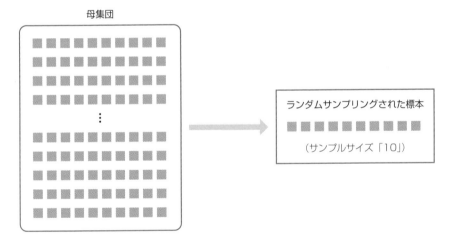

🐍 大数の法則

母集団からランダムに抽出した標本に対して平均値を求めることをN回繰り返し、標本平均のさらに平均を求めることを考えます。すると、「標本平均を求める回数Nを大きくしていくと、やがてその平均値は母集団の平均値に近づいていく」という法則があります。これを**大数の法則**と呼びます。

🐍 標本平均を求める式

$$標本平均 = \frac{標本_1 + 標本_2 + \cdots + 標本_n}{n〔標本の数〕}$$

🐍 標本平均の平均を求める式

$$標本平均の平均 = \frac{標本平均_1 + 標本平均_2 + \cdots + 標本平均_n}{n〔標本を抽出した回数〕}$$

●サイコロ投げで確認する

ここでは、サイコロ投げを例に、大数の法則を確認してみることにしましょう。サイコロを1回投げたときの「**期待値**」は3.5です。期待値とは、1回の試行で得られる値の平均値です。

🐍 サイコロ投げにおける期待値

$$\frac{1+2+3+4+5+6}{6} = 3.5$$

標本平均はわかっていますので、標本平均を求める回数Nを大きくしていくとどうなるか、プログラムで確認してみましょう。

🐍 セル1 (law_of_large_numbers.ipynb)

```
import numpy as np
import matplotlib.pyplot as plt

# 試行回数
steps = 1000
# サイコロ
dice = np.array([1, 2, 3, 4, 5, 6])
# 試行回数を1から始まる等差数列にする
count = np.arange(1, steps + 1)
```

```
# 標本平均の平均を求める処理を3回実施
for i in range(3):
    # diceからランダムに1つを取り出し、これを1回の試行で得られる平均値とする
    # これをstepsだけ繰り返し、その累積和を求める
    sample_mean_cum = np.random.choice(dice, steps).cumsum()
    # 標本平均の平均を求める
    # 試行1回ごとの平均値を試行回数で割って
    # 各試行ごとに平均値を求めることでシミュレーションする
    plt.plot(sample_mean_cum / count)
    plt.grid(True)
```

図4.14 出力

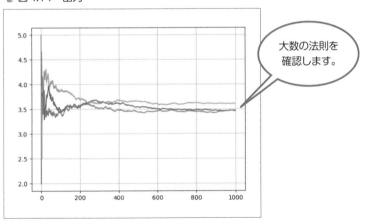

試行1回ごとの平均値の累積和を試行回数で割ることで、「試行回数が増えると標本平均の平均がどうなるのか」を示したのが上のグラフです。1000回の試行を3セット行いましたが、どのセットでも、試行回数が増えるに従って「サイコロを1回投げたときの期待値3.5」に収束していく様子が確認できます。

データ分析の実践（記述統計と推計統計）

中心極限定理

「元のデータの分布の形によらず、十分な数の標本平均の分布は正規分布に従う」という**中心極限定理**があります。バラバラに分布しているデータであっても、サンプルの平均をとることを繰り返せば、平均の分布は次第に正規分布するようになる、というものです。

●サイコロ投げで確認する

サイコロを1回投げたときの期待値は3.5です。サイコロをnum回投げて出た目の平均を求めることを1セットとして、これを1000セット繰り返します。各セットの平均値をヒストグラムにして確かめてみましょう。まずは、処理を関数にまとめます。

セル1 (central_limit_theorem.ipynb)

```python
import numpy as np
import matplotlib.pyplot as plt


def central_theory(num):
    # サイコロ
    dice = np.array([1, 2, 3, 4, 5, 6])
    # 1からn+1までの等差数列を作成
    count = np.arange(1, num + 1, dtype=float)
    # 試行回数を何セット繰り返すか
    steps = 1000
    # num回の試行から得られた平均値をstepsの数だけ格納する配列
    mean = np.array([])

    # 標本平均の平均を求める処理をnum回実施する処理をsteps回繰り返す
    for i in range(steps):
        # diceからランダムに1つを取り出すことをnum回繰り返し、
        # 抽出されたサイコロの目の累積和を求める
        sample_mean_cum = np.random.choice(dice, num).cumsum()
        # num回の試行で得られたサイコロの目の累積和を
        # 試行回数numで割って平均値を求め、配列meanに追加する
```

```
        mean = np.append(mean, sample_mean_cum[num - 1] / num)

    # 標本平均の平均をヒストグラムにする
    plt.hist(mean)
    plt.grid(True)
    plt.show()
```

　試行回数のベースnumを1000回繰り返すように設定されていますので、numを3にして試してみましょう。

🐍 セル2

```
# 試行回数のベースを3にして実行
central_theory(3)
```

🐍 図4.15　出力

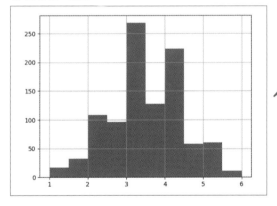

> 試行回数のベースを
> 3にしたときです。

　次に試行回数のベースnumを6にして1000回繰り返してみます。

🐍 セル3

```
# 試行回数のベースを6にして実行
central_theory(6)
```

図4.16 出力

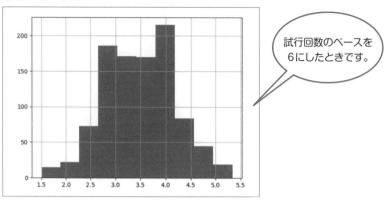

さらに試行回数のベースnumを一気に1000まで増やして、これを1000回繰り返してみます。

 セル4

```
# 試行回数のベースを1000にして実行
central_theory(1000)
```

 図4.17 出力

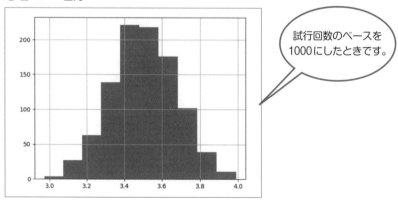

「試行回数のベースnumを増やしていくと、次第に一峰性の正規分布の形になっていく」ことが確認できます。このように、母集団がどのような分布であっても、サンプルサイズが大きいときに、標本平均$\bar{x}$の分布が正規分布で近似できる、としたのが**中心極限定理**です。

🐍 中心極限定理の考え方

> サンプルサイズnが大きいとき、標本平均$\bar{x}$の分布は次の正規分布で近似できます。
> 平均：母集団の平均μ
> 標準偏差：σ/n

標本平均$\bar{x}$は、母集団の平均μを中心として分布し、左右に標準偏差1つぶんのスケールで数えると、σ/nの幅で広がって分布することがわかります。サンプルサイズnを大きくするとσ/nは小さくなり、これは「標本平均$\bar{x}$と母集団の平均μとの間のズレが平均的に小さくなる」ことを意味しています。

🐍 データ全体の散らばりと標本平均の散らばり

標本調査を行う理由は、母集団が大きすぎて、すべてを調べること（全数調査）ができないためです。この場合、母集団のデータの散らばり（分散）を調べることは不可能ですが、母集団の分散を示す**母分散**は必ず存在します。ここでは、標本平均の分散と母集団の分散の関係について見ていきます。

●標本平均の分散と母分散の関係を調べる

「ある作業所において製造した手作りジュース50本の容量（ml）」を記録したデータ（measurement.csv）があります。

	capacity
0	187
1	171
2	167
3	174
4	163

🐍 図4.18　measurement.csvをデータフレームに格納して冒頭5件を表示したところ

　「測定結果からサンプルを5個ずつ取り出し、標本平均を求める」ことを15回繰り返します。そこから得られた15個の標本平均の分散を求めてみます。何通りかのサンプルを抽出したときの標本平均の分散は、次のように求めることができます。

🐍 標本平均の分散を求める式

$$標本平均の分散＝\frac{(標本平均_1-標本平均の平均)^2＋\cdots＋(標本平均_n-標本平均の平均)^2}{n〔標本抽出回数〕}$$

　標本抽出回数とは「標本のセットを取り出した回数」のことで、母集団から5個のデータを取り出して標本平均を求めた場合は、標本抽出回数は1回となります。これを10回繰り返せば、標本抽出回数は10回になります。
　では、Notebookを作成して次のように入力し、実行してみましょう。

🐍 セル1 (sample_mean.ipynb)

```python
import pandas as pd
import numpy as np

# CSVファイルのデータをデータフレームに読み込む
df = pd.read_csv('measurement.csv')
# 標本平均を格納する配列
sample_mean = np.array([])
# 処理を15回繰り返す
for i in range(15):
    # サンプルサイズを5にしてランダムサンプリングを行う
    # デフォルトのreplace=Falseで、復元抽出は行わないようにする
    sample = df.sample(5)
    # 標本平均を求めてsample_meanに追加
    sample_mean = np.append(sample_mean, sample.mean())

# 標本平均の平均
```

```
print('標本平均の平均：', sample_mean.mean())
# 標本平均の分散
print('標本平均の分散：', sample_mean.var())
# 母集団の平均
print('母集団の平均：', df['capacity'].mean())
# 母集団の分散
print('母集団の分散：', df['capacity'].var(ddof=0))
```

出力

標本平均の平均：	183.1333333333333
標本平均の分散：	24.8568888888889
母集団の平均：	181.36
母集団の分散：	131.9904

● pandas.DataFrame.sample()

データフレームから行データ（または列データ）をランダムに抽出（ランダムサンプリング）します。

表4.10 pandas.DataFrame.sample()

書式	pandas.DataFrame.sample(n=None, frac=None, replace=False, weights=None, random_state=None, axis=None, ignore_index=False)	
主なパラメーター	n	抽出する行数（または列数）を指定します。
	frac	抽出する行（列）の割合を指定します（1だと100%）。nとfracを同時に指定するとエラーになります。
	replace	replaceをTrueにすると、抽出される行（または列）の重複が許可されます（復元抽出）。デフォルトはFalse（非復元抽出）。
	random_state	random_stateで乱数シード（整数）を指定すると、常に同じ行（または列）が返されます。
	axis	axisを1にすると、行ではなく列がランダムに抽出されます。デフォルトはNone（行を抽出）。

● numpy.ndarray.var()

標本分散を返します。引数にddof＝1を指定すると、不偏分散を返します。

● pandas.DataFrame.var()

不偏分散を返します。引数にddof＝0を指定すると、標本分散を返します。

●母分散は「標本の大きさ×標本平均の分散」と等しい

結果を見てみると、母分散が「131.9904」、標本平均の分散が「24.85688…」となりました（ただし、ランダムサンプリングを行っているので、プログラムを実行するたびに異なる値になります）。母集団の分散は標本平均の分散よりもかなり大きく、広い範囲にデータが散らばっていることがわかります。値のうえでは、母分散は標本平均の分散の約5.31倍（母分散＝標本平均の分散×5.31…）です。この5.31という値は、サンプルサイズの5に近い値です。

5個の標本について、可能性があるすべての組み合わせのぶんだけ用意したとします。非常に多くの「5個で一組の標本」を用意し、それらすべての標本平均の分散を求めると、母分散は標本平均の分散の5倍になります。母分散と標本平均の分散とのこのような関係は、次の式で表すことができます。

🐍 母分散と標本平均の分散との関係式

母分散の推測値 ＝ サンプルサイズ×標本平均の分散

この式を、標本平均の分散を求める式に書き換えると、次のようになります。

🐍 標本平均の分散を求める式

$$標本平均の分散 = \frac{1}{サンプルサイズ} 母分散の推測値$$

ここでは、サンプルサイズを5、抽出回数を15回として、それぞれ標本平均を求め、さらに標本平均の平均から分散を求めました。しかし、標本の数が少ないため、標本分散を5倍しても母分散から離れた値になることがあります。理論上は5倍ですが、標本の数が少ないと誤差が大きくなってしまうのは、やむを得ないところです。

標本分散の平均で母分散を推定する

前項では、「標本平均の分散にサンプルサイズを掛けると母分散になる」関係について見てきました。ここでは、「標本分散の平均」を使って、母集団の分散を推定してみたいと思います。

●不偏分散

標本分散の平均は、母集団の分散よりも小さな値になるという特性があります。そこで、標本分散の平均と母分散とのズレをなくすため、標本分散に代わって使われるのが**不偏分散**(unbiased variance)です。これまでに見てきた分散は**標本分散**と呼ばれ、「偏差平方の合計÷データの個数」で求めた値、つまり偏差平方の平均値でした。これに対して不偏分散は「偏差平方の合計÷(データの個数 − 1)」で求めた値になります。不偏分散は u^2 と表すことがあり、次の式を使って求めます。

🐍 不偏分散を求める式

n個のデータ $\{x_1, x_2, x_3, \cdots, x_n\}$
n個のデータの平均を$\bar{x}$とする

$$u^2 = \frac{(x_1 - \bar{x})^2 + (x_2 - \bar{x})^2 + (x_3 - \bar{x})^2 + \cdots + (x_n - \bar{x})^2}{n - 1}$$

🐍 不偏分散を求める式をΣの記号で表す

$$u^2 = \frac{1}{n-1} \sum_{i=1}^{n} (x_i - \bar{x})^2$$

標本平均の不偏分散を求め、これを平均すると、母分散を推測することができます。これを式で表すと、次のようになります。

🐍 標本の不偏分散の平均から母分散を推測する

$$母分散の推測値 = \frac{標本1の不偏分散 + 標本2の不偏分散 + \cdots + 標本nの不偏分散}{n〔標本の数〕}$$

●標本分散と不偏分散のそれぞれの平均を母分散と比較する

前項で使用した「measurement.csv」のデータを使って、標本平均の分散（標本分散）と標本平均の不偏分散、それぞれの平均を求めて比較してみることにしましょう。ここでは20個のサンプルをランダムに抽出し、標本分散 s^2 と不偏分散 u^2 を求める処理を15回繰り返し、標本分散の平均と不偏分散の平均をそれぞれ求めてみます。

🐍 セル1 (unbiased_variance.ipynb)

```
import pandas as pd
import numpy as np


# CSVファイルのデータをデータフレームに読み込む
df = pd.read_csv('measurement.csv')
# 標本平均を格納する配列
sample_mean = np.array([])
# 標本平均の分散を格納する配列
sample_svar = np.array([])
# 標本平均の不偏分散を格納する配列
sample_uvar = np.array([])


# 処理を15回繰り返す
for i in range(15):
    # サンプルサイズを20にしてランダムサンプリングを行う
    # デフォルトのreplace=Falseで復元抽出は行わないようにする
    # random_stateを設定して乱数を固定
    sample = df.sample(20, random_state=0)
    # 標本平均を求めてsample_meanに追加
    sample_mean = np.append(sample_mean, sample.mean())
    # 標本平均の分散を求めてsample_svarに追加
    sample_svar = np.append(sample_svar, sample.var(ddof=0))
    # 標本平均の不偏分散を求めてsample_meanに追加
    sample_uvar = np.append(sample_uvar, sample.var(ddof=1))


# 標本の分散の平均
print('標本分散の平均：', sample_svar.mean())
```

```
# 標本の不偏分散の平均
print('標本の不偏分散の平均： ', sample_uvar.mean())
# 母集団の分散
print('母集団の分散： ', df['capacity'].var(ddof=0))
```

🐍 出力

標本分散の平均：	122.82750000000006
標本の不偏分散の平均：	129.29210526315794
母集団の分散：	131.9904

　結果を見てみると、標本分散の平均が「122.8275…」、不偏分散の平均が「129.2921…」となりました。不偏分散の平均の値は、母分散の「131.9904」に近い値です。

●母集団と標本の関係のまとめ
　母集団と標本（サンプル）の関係についてまとめておきましょう。

①母平均と標本平均の平均値
　「標本平均」をいくつもとってさらに平均すると、母集団の平均である「母平均」にほぼ等しくなります。標本の数が多いほど、母平均との誤差は小さくなります。

母平均 ≒ 標本平均の平均

②母集団の散らばりと標本平均の散らばり
　母分散と「標本平均の分散」との間には、次の関係があります。

母分散 ≒ 標本の大きさ × 標本平均の分散

　標本平均の分散値に標本の中のデータ数（標本の大きさ）を掛けると、母分散をある程度まで推測できますが、標本の数が少ないと精度が下がります。なお、可能性のあるすべての組み合わせを対象にした標本平均をとることができれば、そこから求めた分散に標本の大きさを掛けた値は母分散と等しくなります。

③母分散と不偏分散の平均

標本分散 s^2 は、母分散の値よりも小さい値になります。このズレをなくすために考えられた不偏分散 u^2 を使うと、母分散の値を推定することができます。いくつかの標本を抽出し、それぞれの不偏分散 u^2 の平均を求めます。②に比べて精度の高い推定が行えます。

母分散 ≒ 不偏分散 u^2 の平均

やはり、標本の数が多ければ多いほど、母集団とのズレが小さくなります。できれば何通りかのランダムサンプリングを行って平均を求めるのが望ましいといえるでしょう。このようにして割り出した結果がどの程度まで母集団のことを言い当てているかは、確率を用いた**推定**や、**検定**と呼ばれる統計手法で調べることができます。

統計的推定と統計的仮説検定　　コラム

推定（統計的推定）と検定（統計的仮説検定）について確認しておきましょう。

・推定（統計的推定）
推定は、データ（母集団）の性質を表す値（分散など）を標本のデータから統計学的に推測します。推定には、1つの値を推定する**点推定**と、値が含まれる区間をもって推定する**区間推定**があります。

・検定（統計的仮説検定）
検定は、ある仮説に対して、それが正しいか否かを統計学的に検証します。
　例えば、新薬の開発において、治験によって得られたデータから「従来の薬より効果がある」「従来の薬と効果に差はない」のように2つの仮説を立てて、どちらを採択するかを判断します。

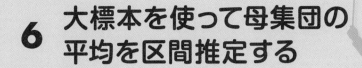

6　大標本を使って母集団の平均を区間推定する

　区間推定では、母集団の性質を表す平均や分散、比率などの値が含まれる範囲を求めます。この範囲のことを「信頼区間」と呼び、信頼区間がどの程度の確率で言い当てているかを信頼度（信頼係数）で示します。

- ・信頼区間
  区間推定の対象となる母集団の平均や分散などの値の範囲です。
- ・信頼度
  信頼区間がどの程度の確率で母集団を言い当てているかを示します。

　信頼区間を広げれば広げるほど、当たる可能性は高くなるものの、範囲が広すぎるとデータ自体が曖昧なものになってしまいます。逆に、信頼区間の範囲を狭くすれば、より具体的に母集団を示すことになるとはいえ、この場合は当たる可能性が低くなってしまいます。
　そこで、区間推定を行う場合は「信頼度95％」がよく使われます。「信頼度はなるべく高く、かつ信頼区間の範囲はできるだけ小さく」という観点で見た場合、95％が最もバランスのとれた信頼度だというのが、多く使われる理由です。

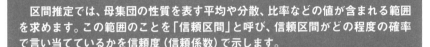 大標本（サンプルサイズ30以上）の信頼区間

平均μ、分散σ^2の正規分布に従う母集団を

$$N(\mu,\ \sigma^2)$$

※Nは正規分布「Normal distribution」の頭文字、σ^2は母集団の分散

と表した場合、サンプルサイズn個の標本を抽出したとき、その標本平均の分布は

$$N\left(\mu,\ \frac{\sigma^2}{n}\right)$$

に近似的に従います。標本平均の分散は「母分散$/n$」なので、「σ^2/μ」としています。この法則を用いると、標準化した値zは、標準正規分布に従うことが導かれます。次の式では、複数のz値を示すことから大文字のZで表記しています。

🐍 標本平均の分布の法則を標準化したzの式

$$\bar{X} \sim N\left(\mu, \frac{\sigma^2}{n}\right) \text{のとき } Z = \frac{\bar{X} - \mu}{\frac{\sigma}{\sqrt{n}}} \sim N(\mu, 1^2)$$

式の「〜」は「従う」ことを意味します。μとσは母集団の平均と標準偏差を用いています。しかし、実際問題として母集団の標準偏差σは未知であることが多いので、サンプルサイズが大きい場合は、標本の不偏分散u^2を母分散σ^2の代わりに用いることができます。標本平均$\bar{x}$についてのzの式は、次のようになります。

🐍 標本平均についてのzの式
（母分散σ^2の代わりに標本の不偏分散u^2（標準偏差$u = \sqrt{u^2}$）を用いた場合）

$$Z = \frac{\bar{x} - \mu}{\frac{u}{\sqrt{n}}} \approx N(\mu, 1^2)$$

式の中の記号「≈」は「近似的に従う」ことを意味します。問題は、標本のサイズがどのくらいであれば大きいといえるか、ということですが、一般的に30以上であれば大標本とされているので、これを目安とするのがよいでしょう。

●母平均の信頼区間の関係式

確率変数Xの確率$P(a \leq X \leq b)$が90%、95%、99%のように与えられたとき、それに対応する区間$[a, b]$を「信頼係数0.9（90%）、0.95（95%）、0.99（99%）の**信頼区間**」と呼びます。**区間推定**とは、この信頼区間を求めることなのです。信頼係数0.95（95%）で求めた信頼区間は、「例えば100回の試行を行ったとき、95回の結果は信頼区間内に納まるが、5回くらいの結果は信頼区間$[a, b]$内に納まることが期待できない」ということです。

一方、「1から信頼区間の係数（信頼係数）を引いた残り」を**有意水準**といいます。有意水準をαとしたとき、母平均が信頼区間に現れない確率はαとなり、逆に信頼区間に現れる確率は$(1-\alpha)$で表されます。確率αは信頼区間の上側確率と下側確率の合計なので、上側確率と下側確率はそれぞれ$\alpha/2$と表せます。

　そこで、信頼区間の上限を$z_{\alpha/2}$、下限を$-z_{\alpha/2}$で表すと、標準化された標本平均が$-z_{\alpha/2}$と$z_{\alpha/2}$の間に現れる確率Pは次のようになります。

　$P(-z_{\alpha/2}\leq$標準化された標本平均$\leq z_{\alpha/2})=1-\alpha$

　式の中の「標準化された標本平均」は次のようになります。

$$標準化された標準平均 = \frac{標本平均-母平均}{\dfrac{母標準偏差}{\sqrt{n}}}$$

　これを用いて確率Pの式を整理すると、

$$P\left(-z_{\alpha/2}\leq \frac{標本平均-母平均}{\dfrac{母標準偏差}{\sqrt{n}}} \leq z_{\alpha/2}\right)=1-\alpha$$

となるので、母平均の信頼区間の関係式は、

$$P=\left(標本平均-z_{\alpha/2}\times\frac{母標準偏差}{\sqrt{n}} \leq 母平均 \leq 標本平均+z_{\alpha/2}\times\frac{母標準偏差}{\sqrt{n}}\right)$$
$$=1-\alpha$$

となります。先の「標本平均についてのzの式」（ただし母集団の標準偏差σを使用）

$$Z=\frac{\bar{x}-\mu}{\dfrac{\sigma}{\sqrt{n}}} \approx N(\mu,1^2)$$

に基づいて、母平均の信頼区間の関係式を一般化すると、次の式になります。

$$1-\alpha=P(-z_{\alpha/2}\leq z \leq z_{\alpha/2})$$
$$=P\left(-z_{\alpha/2}\leq \frac{\bar{x}-\mu}{\dfrac{\sigma}{\sqrt{n}}} \leq z_{\alpha/2}\right)$$
$$=P\left(\bar{x}-z_{\alpha/2}\frac{\sigma}{\sqrt{n}} \leq \mu \leq \bar{x}+z_{\alpha/2}\frac{\sigma}{\sqrt{n}}\right)$$

　この式の中の次に示す不等式が与えている区間が、母平均の信頼区間です。

🐍 有意水準α（信頼係数1−α）における母平均の信頼区間

$$P\left(\bar{x} - z_{\alpha/2}\frac{\sigma}{\sqrt{n}} \le \mu \le \bar{x} + z_{\alpha/2}\frac{\sigma}{\sqrt{n}}\right) = 1-\alpha$$

　x、n、σはそれぞれ標本平均、サンプルサイズ、母集団の標準偏差です。よって、母集団の標準偏差が既知である場合は、母平均の信頼区間を簡単に求めることができます。もちろん、母集団の標準偏差σは未知であることがほとんどなので、サンプルサイズが大きいことを利用して、標本の不偏分散u^2、あるいは不偏分散から求めた標本標準偏差uを母分散の代わりに用いることで対処可能です。

🐍 サンプルサイズ50で母平均を区間推定する

　「ある作業所において製造した手作りジュース50本の容量（ml）」（measurement.csv）を使用し、50本の容量をサンプルとして、この作業所において製造されるすべての手作りジュースの母平均を区間推定してみることにしましょう。
　SciPyの**scipy.stats.norm.interval()関数**で、正規分布における信頼区間の下限値と上限値を求めることができます。

● scipy.stats.norm.interval()
　正規分布における信頼区間の下限値と上限値を返します。

🐍 表4.11　scipy.stats.norm.interval()

書式	scipy.stats.norm.interval(confidence, loc=0, scale=1)	
パラメーター	confidence	信頼度（95％の場合は0.95）。
	loc	標本平均。
	scale	標本平均の分布として、$(u/\sqrt{n})$ または $(\sqrt{u^2/n})$ を指定します。

　では、measurement.csvをデータフレームに読み込んで、母集団の平均値を95％の信頼度で区間推定してみましょう。

🐍 セル1 (interval_estimation.ipynb)

```python
import math
import pandas as pd
from scipy.stats import norm

# CSVファイルのデータをデータフレームに読み込む
df = pd.read_csv('measurement.csv')

# 母分散の推定値として標本の不偏分散を求める
p_var = df.var()
# 標本の平均を求める
s_mean = df.mean()
# 標本の数（サンプルサイズ）を求める
n = len(df)

# 95%信頼区間の下限値と上限値を求める
bottom, up = norm.interval(
    0.95,
    loc=s_mean,
    scale=math.sqrt(p_var/(n)))

# 信頼区間の下限値と上限値を出力
print(bottom)
print(up)
```

🐍 出力

```
[178.14322101]
[184.57677899]
```

　「下側境界値」と「上側境界値」から、この作業所で製造されるすべての手作りジュース（母集団）において、その平均容量を次のように推定することができます。

95%の信頼度における母平均の区間推定

178.14 ≦ 母平均〔μ〕≦ 184.58
※小数点以下3桁で四捨五入

これを図で表すと、次のようになります。

図4.19　信頼度95%のときの信頼区間

7 小標本を使って母集団の平均を区間推定する

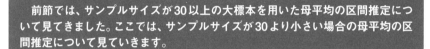

前節では、サンプルサイズが30以上の大標本を用いた母平均の区間推定について見てきました。ここでは、サンプルサイズが30より小さい場合の母平均の区間推定について見ていきます。

　次図は、ある日に製造されたフレッシュジュース1本あたりの容量を10本ぶん測定したデータ（measurement_10.csv）を、データフレームに読み込んで表示したものです。標本数10のこのデータから、この作業所で製造されるフレッシュジュース全体の容量の平均値を区間推定します。

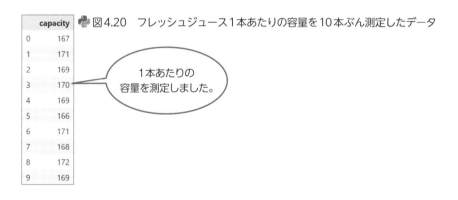

🐍図4.20　フレッシュジュース1本あたりの容量を10本ぶん測定したデータ

🐍 t値を用いた区間推定

　標本サイズが小さい（おおむね30より小さい）場合、母分散σ^2の代わりに標本の不偏分散u^2を用いると、確率変数は「自由度$n-1$のt分布」に従うことが知られています。

🐍母分散が未知の場合、母平均の区間推定で用いる標本統計量T

$$T = \frac{標本平均-母平均}{\frac{標本標準偏差}{\sqrt{n}}}$$

標本標準偏差とは、不偏分散(u^2)から求めた標準偏差(u)のことです。一般化すると、次の式になります。

🐍 標本統計量T

$$T = \frac{\bar{x} - \mu}{\frac{u}{\sqrt{n}}} \sim t(n-1)$$

自由度 ワンポイント

　自由度とは、「自由に動ける変数の数」のことです。例えばサンプルサイズが10($n=10$)のときの自由度は10ですが、標本平均を計算したあとは9になります。標本平均が確定しているので、9個のデータがあれば残り1個のデータが確定してしまうためです。少々わかりにくい概念ですが、自由度は計算の途中で用いられる値であり、結果の解釈に用いられることはありません。用語の意味さえ理解しておけば特に問題になることはないと思います。

●小標本の平均と分散を用いて母平均の信頼区間を求める

　有意水準をαとしたとき、母平均が信頼区間に現れる確率は($1-\alpha$)で表されるので、標本統計量Tが区間$-t_{\alpha/2}$と$t_{\alpha/2}$の間に現れる確率Pは($1-\alpha$)と等しくなります。αは上側確率と下側確率の合計なので、上側確率と下側確率をそれぞれ$\alpha/2$としています。

🐍 標本統計量Tが区間$-t_{\alpha/2}$と$t_{\alpha/2}$の間に現れる確率Pは($1-\alpha$)と等しくなる

$$P\left(-t_{\alpha/2} \leq \frac{標本平均 - 母平均\mu}{\frac{標本標準偏差}{\sqrt{n}}} \leq t_{\alpha/2}\right) = 1-\alpha$$

これを母平均μについて整理すると、次のようになります。

🐍 **標本統計量Tが区間$-t_{\alpha/2}$と$t_{\alpha/2}$の間に現れる確率Pは$(1-\alpha)$と等しい**

$$P\left(標本平均-t_{\alpha/2}\times\frac{標本標準偏差}{\sqrt{n}} \leq 母平均\mu \leq 標本平均+t_{\alpha/2}\times\frac{標本標準偏差}{\sqrt{n}}\right)$$
$$=1-\alpha$$

t分布は自由度$n-1$の分布に従うので$t(\alpha/2, n-1)$として、一般化した式にしましょう。

🐍 **標本統計量Tが区間$-t(\alpha/2, n-1)$と$t(\alpha/2, n-1)$の間に現れる確率Pは$(1-\alpha)$と等しい**

$$P\left[\bar{x}-t\left(\frac{\alpha}{2}, n-1\right)\frac{U}{\sqrt{n}} \leq \mu \leq \bar{x}+t\left(\frac{\alpha}{2}, n-1\right)\frac{U}{\sqrt{n}}\right]=1-\alpha$$

信頼区間の下側の境界値（下限信頼限界）と上側の境界値（上限信頼限界）は、次のように表せます。

🐍 **下限信頼限界**

$$\bar{x}-t\left(\frac{\alpha}{2}, n-1\right)\frac{U}{\sqrt{n}}$$

🐍 **上限信頼限界**

$$\bar{x}+t\left(\frac{\alpha}{2}, n-1\right)\frac{U}{\sqrt{n}}$$

サンプルサイズ10で母平均を区間推定する

では、「measurement_10.csv」のサンプルサイズ10のデータで、この作業所において製造されるすべてのフレッシュジュースの母平均を95%の信頼度で区間推定してみることにしましょう。

SciPyのscipy.stats.t.interval()関数で、t分布における信頼区間の下限値と上限値を求めることができます。

● scipy.stats.t.interval()
正規分布における信頼区間の下限値と上限値を返します。

📖 表4.12　scipy.stats.t.interval()

書式	scipy.stats.t.interval(confidence, df, loc=0, scale=1)	
パラメーター	confidence	信頼度（95%の場合は0.95）。
	df	自由度。
	loc	標本平均。
	scale	標本平均の分布として、$(u/\sqrt{n})$ または $(\sqrt{u^2/n})$ を指定します。

では、measurement_10.csvをデータフレームに読み込んで、母集団の平均値を95%の信頼度で区間推定してみましょう。

📖 セル1 (interval_estimation_t.ipynb)

```
import math
import pandas as pd
from scipy.stats import t

# CSVファイルのデータをデータフレームに読み込む
df = pd.read_csv('measurement_10.csv')

# 母分散の推定値として標本の不偏分散を求める
p_var = df.var()
```

```
# 標本の平均を求める
s_mean = df.mean()
# 自由度
deg_freedom = len(df) - 1
# 標本の数 (サンプルサイズ) を求める
n = len(df)

# 95%信頼区間の下限値と上限値を求める
bottom, up = t.interval(
    0.95,
    deg_freedom,
    loc=s_mean,
    scale=math.sqrt(p_var/(n)))

# 信頼区間の下限値と上限値を出力
print(bottom)
print(up)
```

🐍 出力

```
[167.85956716]
```
```
[170.54043284]
```

「下側境界値」と「上側境界値」から、この作業所において製造されるすべての手作り
ジュース（母集団）において、その平均容量を次のように推定することができます。

🐍 95%の信頼度における母平均の区間推定

167.86 ≦ 母平均〔μ〕≦ 170.54
※小数点以下3桁で四捨五入

これを図で表すと、次のようになります。

🐍 図4.21　信頼度95%のときの信頼区間

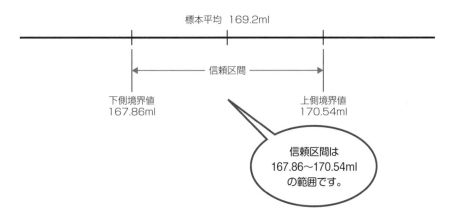

第5章

統計分析の実践
（仮説検定と分散分析）

前章に引き続き、推計統計学について解説します。本章では、カイ二乗検定、t 検定、分散分析について取り上げます。

この章でできること

統計における仮説検定の考え方を理解し、異なる2群のデータの差は偶然（誤差の範囲）起こるものなのか、それとも偶然ではなく明らかな違いがある可能性が高いかを判定できるようになります。

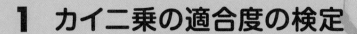

1 カイ二乗の適合度の検定

前章の後半では、推計統計の基本的な事項と区間推定について見てきました。本節からは、推計統計のもう1つの重要な枠組みである「仮説検定」について見ていきます。本節では、仮説検定の1つである「カイ二乗の適合度の検定」を紹介します。

仮説検定の仕組み

仮説検定は、分析する人が立てた仮説を検証するための統計学の手法です。仮説検定を行うときは、まず「仮説」を立てることから始めます。「○○は××である」という仮の考えを決め、この仮説が正しいか、そうでないかを調べていきます。例えば、高血圧を改善する新薬を投与した被験者20人および偽薬を投与した被験者20人の血圧を測定したデータを仮説検定する場合は、「薬に効果はない」という仮説を立てます。「薬に効果がある」という仮説のほうが自然ですが、「効果がある」ことを考えた場合、「薬には大きな効果がある」とか「薬にはわずかな効果がある」のように、「薬には○○の効果がある」という仮説がほぼ無限に立てられます。

一方、「薬には効果がない」という仮説には、これ以上のパターンはありません。したがって、この仮説を肯定するのか、否定するのかだけを決めればよいことになります。このように、検定の対象となる仮説のことを**帰無仮説**と呼びます。本来であれば立てたい仮説は「薬には効果がある」のほうなので、「薬には効果がない」という仮説は、捨てたい仮説——無に帰す——ということで、帰無仮説と呼びます。帰無仮説の反対の仮説が**対立仮説**です。「薬に効果がある」という仮説が対立仮説になります。

●仮説の採択と棄却

仮説を「正しい」と肯定することを「採択」と呼びます。逆に、仮説を否定することを「棄却」と呼びます。もし帰無仮説が採択されたら、「薬に効果はない」と結論付けます。反対に帰無仮説が棄却されたら「薬に効果がないとはいえない」と結論付けることになります。

●仮説検定を行う手順

仮説検定は、次の手順で実施します。

①対立仮説と帰無仮説を立てる

ある出来事について、その起こり方について、「○○ではない」という帰無仮説と、「○○である」という対立仮説を立てます。

②検定統計量を求める

カイ二乗検定を行うための検定統計量を求めます。

③有意水準を決めて χ^2 値を求める

有意水準は、めったに起こらないとする棄却域の割合のことを指し、これが「帰無仮説を棄却するかどうか」を判定する基準になります。有意水準を5％とした場合は、棄却域の確率として0.05を指定して、自由度 $n-1$ のカイ二乗値（χ^2 値）を求めます。

④検定統計量と χ^2 値を比較する

②で求めた検定統計量と③で求めた χ^2 値を比較します。検定統計量が χ^2 値を超えない場合は、有意水準で指定した棄却域には入らないので、帰無仮説を採択します。逆に、検定統計量が χ^2 値を超えている場合は棄却域に入るので、帰無仮説を棄却して対立仮説を採択します。

● p 値を用いる仮説検定の手順

仮説検定には、仮説を採択するかどうかの判断に p 値というものを用いる場合もあります。その際は、仮説検定を次の手順で実施します。

①対立仮説と帰無仮説を立てる

ある出来事に注目し、その起こり方について、「○○ではない」という帰無仮説と、「○○である」という対立仮説を立てます。

② p 値を求める

帰無仮説を採択するか棄却するかを判断するための p 値を求めます。p 値は確率なので、0以上1以下の値になり、帰無仮説が正しいと仮定したときに、観察された値以上に極端な値が出る確率を表します。

③有意水準を決めてp値と比較する

　有意水準は、めったに起こらないとする棄却域の割合のことを指し、これが帰無仮説を棄却するかどうかを判定する基準になります。一般的に有意水準5%（0.05）が用いられます。p値が有意水準を超えない場合は、当然起こり得ると判断し、「○○ではない」とした帰無仮説を採択します。逆に、p値が有意水準を超えている場合は、棄却域に入るので、帰無仮説を棄却します。

　観測データの分布には誤差が含まれるため、理論的に求められる分布と完全には一致しないことが多々あります。「観測された2群のデータの分布が、理論値の分布とほぼ同じと見なせるか」を判断するのが、「カイ二乗（x^2）検定」の1つである「カイ二乗の適合度検定」です。

カイ二乗検定の2つのタイプ

ワンポイント

　カイ二乗検定には、観測された度数分布が理論分布と同じかどうかを検定する「カイ二乗の適合度検定」と、2つの変数が互いに独立かどうかを検定する「カイ二乗の独立性の検定」があります。

サイコロ投げの結果（観測度数）と期待度数

　ここではサイコロ投げを例に、観測度数と期待度数について見ていきます。サイコロの目は1から6まであるので、サイコロを投げたときにそれぞれの目が出る確率は1/6です。これをもとにして、サイコロを12回投げたときに1から6までの各目が何回出るかを考えてみましょう。それぞれの目が出る確率は1/6なので、

$$\frac{1}{6} \times 12 = 2$$

となり、確率的に2回は出るだろうと予想できます。

　このように、「確率が1/6だから、12回投げたらそれぞれの目が2回ずつ出るだろう」という考えをもとにして求めた値を**期待値**または**期待度数**と呼びます。サイコロを12回投げたときの1から6までの各目が出る期待値は、それぞれ「2」です。

実際にサイコロを12回投げてみることにしました。次の表がその結果です。各目ごとに出た回数と、その合計が入力されています。それぞれの目が出た回数が**観測度数**です。

🐍サイコロを12回投げたときの各目が出た回数（観測度数）と期待度数

サイコロの目	1	2	3	4	5	6	合計
観測度数	3	1	0	2	4	2	12
期待度数	2	2	2	2	2	2	12

サイコロを投げたときの目の出方には差がないことを前提とすると、それぞれの目が出た回数（観測度数）は、すべてがおおむね同じ度数になるはずです。ところが、結果を見てみると5の目が4回も出ているのに、3の目は0回です。期待値どおりの結果になっていません。そこで、サイコロの目の出方には差があるかどうかを適合度検定で調べることにしましょう。

🐍 サイコロ投げの結果をカイ二乗の適合度検定で調べる

カイ二乗検定における適合度検定は、「得られた観測度数（カウント数）が、ある特定の分布に適合（一致）するかどうか」を調べる検定です。

●検定に使用する検定統計量を求める式

カイ二乗検定では、まず、検定に使用する**検定統計量**を求めます。検定統計量とは、仮説検定においてサンプルデータから計算される標準化された値のことです。カイ二乗検定における検定統計量は、次のように計算することで求めます。

🐍カイ二乗検定における検定統計量を求める式

観測度数をO、期待値をEとする

$$検定統計量 = \sum_{i=1}^{n} \frac{(O_i - E_i)^2}{E_i}$$

検定統計量は、自由度$n-1$（自由度についてはのちほど説明します）のカイ二乗分布に従います。

●カイ二乗検定における検定統計量の特徴

カイ二乗検定の検定統計量には、次のような特徴があります。

- 期待度数と観測度数が完全に一致すれば、検定統計量の値は0になる。
- 期待度数と観測度数の差が大きくなると、検定統計量の値も大きくなる。

検定統計量の大きさで、起こる確率が高いか低いかを判断する

検定統計量は、実際に測定した値（観測度数）と、確率をもとにして「これくらいの値にはなるだろう」と予測した期待度数とのズレを数値化した値です。したがって、ズレが小さければ、それだけ検定統計量の値は小さくなります。「ズレが小さい＝期待度数に近い」ということになるので、検定統計量が小さいほど「起こる確率が高い」ことになります。

反対にズレが大きいほど検定統計量は大きくなるので、この場合は「起こる確率が低い」ことになります。検定統計量の値が大きいかどうかの基準になるのが**カイ二乗分布**です。カイ二乗分布は、カイ二乗値（以降「χ^2値」と表記します）と確率の関係を示すものなので、分布のある地点のχ^2値を比較の基準にします。ある地点のχ^2値よりも検定統計量が大きいのか、それとも小さいのかによって、「起こる確率が低い」のか、それとも「起こる確率が高い」のかを判断します。

なお、検定統計量を求める式からもわかるように、検定統計量は正の値しかとりません。標準正規分布のような0を中心とした左右対称の分布にはならないので、カイ二乗検定は、0から上側の片側検定になります。

●カイ二乗分布の定理とカイ二乗分布の確率密度関数

ここで、カイ二乗分布の定理、およびカイ二乗分布の確率密度関数について確認しておきましょう。

🐍 カイ二乗分布の定理

N個の確率変数x_1、x_2、…、x_nが互いに独立に、同一の平均μ、分散σ^2の正規分布$N(\mu, \sigma^2)$に従うとき、統計量

$$x^2 = \frac{(x_1 - \bar{x})^2 + (x_2 - \bar{x})^2 + \cdots + (x_n - \bar{x})^2}{\sigma^2}$$

の分布は、自由度$n-1$のカイ二乗分布になります。このとき、

$$\bar{x} = \frac{x_1 + x_2 + \cdots + x_n}{n}$$

とします。

🐍 カイ二乗分布の確率密度関数

確率変数xの確率密度関数$f(x)$が、$x \geq 0$に対して

$$f(x) = \frac{1}{2^{m/2}\,\Gamma\left(\dfrac{m}{2}\right)} x^{m/2-1} e^{-x/2}$$

で表されるとき、この分布を「自由度mのカイ二乗分布」といいます。

※カイ二乗分布の確率密度関数$f(x)$のΓはガンマ関数を表します。

SciPyのstats.chisquare () メソッドで適合度検定を実施する

SciPyのstats.chisquare () メソッドを使うと、検定統計量とp値を求めることができます。

●scipy.stats.chisquare ()

適合度検定を実施し、検定統計量とp値を返します。

書式	scipy.stats.chisquare (f_obs, f_exp=None, ddof=0, axis=0)	
パラメーター	f_obs	観測度数を設定します。
	f_exp	期待度数を設定します。
	ddof	自由度を設定します。
	axis	f_obsとf_expを処理する際の軸を指定します。Noneまたは0の場合、f_obsのすべての値が1つのデータセットとして扱われます。デフォルトは0です。
戻り値	chisq	floatまたはndarray。カイ二乗検定における検定統計量。
	p	floatまたはndarray。検定のp値。

●p値

p値とは、「帰無仮説が正しいという仮定のもとで、現実に得られたデータがどの程度起きやすいか、または置きにくいか」を評価する値のことです。p値が小さいというのは、「帰無仮説が正しいとした場合に、観測されたデータは出現しにくい」ことを意味します。つまり、現実に得られたデータは、あり得ない値が出現したことになります。このことから、p値が有意水準αより小さい（$p < \alpha$）ときに、帰無仮説を棄却して対立仮説を採択します。一般に有意水準αとしては0.05が用いられるので、p値が0.05以下の場合は帰無仮説を棄却することになります。

●自由度

自由度とは、名前のとおり自由に選べる値のことを表します。12回のサイコロ投げで目が出た回数で考えると、1の目から5の目までが出た回数がわかれば、6の目が出る回数は必然的にわかります。先の表に記録されているサイコロ投げの1から5の目が出た回数は、次のようになっています。

🐍サイコロ投げ12回のうち1から5の目が出た回数

サイコロの目	1	2	3	4	5	合計
観測度数	3	1	0	2	4	10

6の目が出る回数は「12 − 10 ＝ 2」で必然的に2回になります。これを整理すると、6通りの目の出方のうち、5通りは自由ですが、最後の1通りはサイコロ投げの回数という条件に縛られたことで自動的に決まってしまいます。1から6まですべての目の観測度数が必要なわけではなく、1〜5の目の観測度数があればよいということになります。このことから、自由度はサイコロの目の数6より1つ少ない5になります。

●有意水準α

有意水準αとは、統計的仮説検定を行う場合に、帰無仮説を棄却するかどうかを判定する基準のことで、一般的に$\alpha = 0.05$ が使用されます。検定統計量を有意水準0.05としたχ^2値と比較することで、帰無仮説を棄却するかどうかを判断します。有意水準の「有意」は、「意味のある偶然ではない差がある」ことを意味しています。p値の場合は、0.05より大きい場合は帰無仮説を採択し、0.05以下の場合は「あり得ないことが起きた」として帰無仮説を棄却することになります。

●帰無仮説と対立仮説

適合度検定では、観測されたデータがカイ二乗分布に適合しているかの検定なので、帰無仮説と対立仮説は次のようになります。

- 帰無仮説：「観測されたデータの分布は想定している分布である」

  「サイコロの目の出方には差（偏り）はない」
- 対立仮説：「観測されたデータの分布は想定している分布ではない」

  「サイコロの目の出方には差（偏り）がある」

●stats.chisquare () メソッドで適合度検定を実施する

新しいNotebookを作成し、サイコロの目の出方についての適合度検定を実施しましょう。

🐍 セル1 (goodness_fit_test.ipynb)

```python
from scipy import stats


# サイコロ投げ20回における1の目から6の目の観測度数
observed = [3, 1, 0, 2, 4, 2]
# 1の目から6の目の期待度数
expected = [2, 2, 2, 2, 2, 2]


# 検定統計量とp値を求める
chisq, p = stats.chisquare(observed, expected)
print('検定統計量: ', chisq)
print('p値: ', p)
```

🐍 出力

```
検定統計量:   5.0
p値:   0.41588018699550794
```

サイコロ投げ12回の結果から求めた検定統計量は「5.0」、p値は「0.41588...」で有意水準の0.05を超えているので帰無仮説が採択され、「サイコロの目の出方は想定している分布である (目の出方に偏りはない)」ことになります。

検定統計量もわかったので、自由度5のカイ二乗分布における有意水準0.05のχ^2値を求めてみましょう。

●scipy.stats.chi2.ppf () 関数

カイ二乗分布の確率密度関数で、有意水準などの特定のパーセント点におけるχ^2値を求めます。

書式	scipy.stats.chi2.ppf (q, df, loc=0, scale=1)	
パラメーター	q	パーセント点を設定します。5%（0.05）の場合は確率密度の左側の面積0.95を指定します。
	df	カイ二乗分布の自由度を設定します。
	loc	分布の平均値を設定します。デフォルトは0で、通常は変更する必要はありません。
	scale	分布の標準偏差を設定します。デフォルトは1で、通常は変更する必要はありません。

🐍 セル2

```
from scipy.stats import chi2

# 自由度5のカイ二乗分布で0.95 (1-0.05) の地点のカイ二乗値を求める
chi2.ppf (q=0.95, df=5)
```

🐍 出力

```
11.070497693516351
```

　自由度5のカイ二乗分布では、95%の確率の境界におけるχ^2値が11.070...です。検定統計量がこのχ^2値を超えていれば、5%の確率でしか出現しないものであることになります。グラフにして確かめてみましょう。

🐍 セル3

```
import numpy as np
import matplotlib.pyplot as plt

# 0〜20の範囲で100個の等差数列を作成
x = np.linspace (0, 20, 100)
# 自由度
df=5
# xに対するカイ二乗分布の確率密度を求める
y = chi2.pdf (x, df=df)
```

```
# 確率密度のラインを描画
plt.plot(x, y, label=f'dof={df}')


# パーセント点0.95におけるカイ二乗値を求める
xnum = chi2.ppf(q=0.95, df=df)
# パーセント点0.95におけるカイ二乗値の確率密度（y軸の値）を求める
ymax = chi2.pdf(xnum, df=df)
# 確率密度のグラフ上にパーセント点0.95の境界線（垂直線）を引く
plt.vlines(
    x=xnum, ymin=0, ymax=ymax)


# 凡例（自由度）を表示
plt.legend()
# グリッドを表示
plt.grid()
plt.show()
```

📘 図5.1 出力

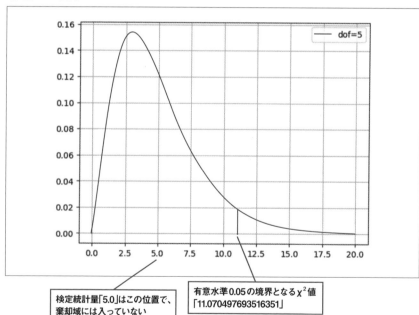

検定統計量「5.0」はこの位置で、棄却域には入っていない

有意水準0.05の境界となるχ^2値「11.070497693516351」

2 カイ二乗の独立性の検定

前節の適合度検定は、観測されたデータの分布とカイ二乗分布との比較でした。ここでは、観測された2セットのデータの関係を調べる「独立性の検定」について取り上げます。

🐍 2つのデータの分布が同じかどうかを調べる

ここに、ある外食チェーンのA店とB店におけるメインメニューとセカンドメニューの注文数を記録したデータがあります。

🐍 A店とB店におけるメインメニューとセカンドメニューの注文数を収録した「orders.csv」をデータフレームに読み込んで表示

shop	main_menu	second_menu
A	449	171
B	251	129

A店では、メインメニューの売上に対してセカンドメニューの注文数が少ないようです。一方、B店では、メインメニューを注文した人の約半数がセカンドメニューも注文しています。

🐍 A店のセカンドメニューの注文割合

$$\frac{171}{449} = 約0.38$$

B店のセカンドメニューの注文割合

$$\frac{129}{251} = 約0.51$$

　A店のセカンドメニューの注文割合は、B店よりも低いことがわかりますが、統計的な観点からそう言い切れるかどうか、独立性の検定で調べてみましょう。

●期待度数の求め方
　今回は2つのデータの比較ですので、作業の手順は次のようになります。

●メインメニューとセカンドメニューの注文数の期待度数を求める
　メインメニューとセカンドメニューの注文数の期待値を求めます。表を見てみると、2店舗のメインメニューの注文数の合計は「449＋251＝700」、セカンドメニューの合計は「171＋129＝300」で、これを合計した総数が「1000」です。メインメニューの合計とセカンドメニューの合計をそれぞれ1000で割り、注文数全体に対する期待度数を求めます。

・注文総数に対するメインメニューの期待度数

$$\frac{700}{1000} = 0.7$$

・注文総数に対するセカンドメニューの期待度数

$$\frac{300}{1000} = 0.3$$

　それぞれの期待度数は0.7と0.3になりました。これらの値をもとにして、それぞれの店舗ごとに、メインメニューとセカンドメニューの注文数の期待値を求めます。

・A店のメインメニューの期待度数
　620（A店における2品目の注文合計）×0.7（メインメニューの期待度数）＝ 434

・A店のセカンドメニューの期待度数
　620（A店における2品目の注文合計）×0.3（セカンドメニューの期待度数）＝ 186

・B店のメインメニューの期待度数

380（B店における2品目の注文合計）×0.7（メインメニューの期待度数）= 266

・B店のセカンドメニューの期待度数

380（B店における2品目の注文合計）×0.3（セカンドメニューの期待度数）= 114

表にまとめると次のようになります。

🐍 A店とB店における各メニューの観測度数と期待度数

	A店		B店	
	メインメニュー	セカンドメニュー	メインメニュー	セカンドメニュー
観測度数	449	171	251	129
期待度数	434	186	266	114

この結果をカイ二乗検定における検定統計量を求める式

$$検定統計量 = \sum_{t=1}^{n} \frac{(O_i - E_i)^2}{E_i}$$

に当てはめて計算します。

🐍 SciPyのstats.chi2_contingency () メソッドで独立性の検定を実施する

SciPyのstats.chi2_contingency () メソッドを使うと、期待度数と自由度、さらに検定統計量とp値を求めることができます。

● scipy.stats.chi2_contingency ()

カイ二乗検定における独立性の検定を実施します。

書式	scipy.stats.chi2_contingency (observed, correction=True, lambda_=None)	
パラメーター	observed	独立性の検定を行うデータを指定します。データフレームを指定することができます。
	correction	カイ二乗検定のときに算出するカイ二乗値に補正をかけて有意差が出やすくならないようにする「イェーツの連続補正」を適用するかどうかを指定します (ただし補正をかけると必要以上に厳しくなることがあるので通常は使用しない)。デフォルト値はTrue (補正をかける)。
	lambda_	検定で使用する検定統計量を指定します。デフォルトのNoneでは、カイ二乗の検定統計量が用いられます。
戻り値	statistic	検定統計量。
	pvalue	検定のp値。
	dof	自由度。
	expected_freq	期待度数のリスト。

●帰無仮説と対立仮説

独立性の検定は、「2つのデータの起こり方が、想定している分布 (カイ二乗分布) に沿ったものであるかどうか」を調べる検定です。想定している分布に沿ったものかどうかで、次のような仮説を立てます。

・想定している分布に沿ったものである→「2つのデータは独立である」
・想定している分布に沿ったものでない→「2つのデータは独立でない」

　今回は、A店とB店の注文数に関連があるかどうかの検定なので、先ほどの説明から帰無仮説と対立仮説は次のようになります。

- 帰無仮説：「A店とB店の注文数（注文の発生の仕方）には関連性がない」
- 対立仮説：「A店とB店の注文数（注文の発生の仕方）には関連性がある」

●stats. chi2_contingency () メソッドで独立性の検定を実施する

　新しいNotebookを作成し、A店とB店の注文数について独立性の検定を実施しましょう。

🐍 セル1 (independence_test.ipynb)

```
# CSVファイルのデータをデータフレームに読み込む
df = pd.read_csv(
    # 同じフォルダー内のCSVファイルを読み込む
    'orders.csv',
    # 見出し列のインデックス0を指定
    index_col=0)

# 独立性の検定を実施
statistic, pvalue, dof, expected_freq = stats.chi2_contingency(
    df, correction=False)
# 結果を出力
print('検定統計量：',  statistic)
print('p値：', pvalue)
print('自由度：', dof)
print('期待度数', '\n', expected_freq)
```

🐍 出力

```
検定統計量： 4.547659471258792
p値： 0.03296377708002277
自由度： 1
期待度数
 [[434. 186.]
 [266. 114.]]
```

p値は「0.03296377708002277」で、有意水準0.05以下の値です。p値がわかっているので必要ないかもしれませんが、自由度1のカイ二乗分布における有意水準0.05のχ^2値を求めて、検定統計量と比較してみましょう。

📌 セル2

```
from scipy.stats import chi2


# 自由度1のカイ二乗分布で0.95(1-0.05)の地点のカイ二乗値を求める
chi2.ppf(q=0.95, df=1)
```

📌 出力

```
3.841458820694124
```

●帰無仮説を棄却

p値は「0.03296377708002277」でした。有意水準0.05より小さい値なので、「あり得ないことが起きた」(帰無仮説は正しくない)ことになります。一方、検定統計量「4.547659471258792」は、有意水準0.05のχ^2値「3.841458820694124」よりも大きな値で、5%の棄却域に入っています。

このことから帰無仮説「A店とB店の注文数(注文の発生の仕方)には関連性がない」は棄却され、対立仮説の「A店とB店の注文数(注文の発生の仕方)には関連性がある」が採択されます。A店とB店の注文数には関連性があるので、A店の注文数をB店と比較することが可能です。

A店のメインメニューに対するサブメニューの注文割合は0.38で、B店の0.51より劣っていましたが、これをそのまま言い切ることができます。

3 独立した2群の差のt検定(分散が等しいと仮定できる場合のt検定)

2つのデータ（2群のデータ）の平均値には「差がある」のか「差はない」のか——を検定するには、母平均の検定を行います。ここでは、2群のデータの分散が等質と仮定できる場合の「スチューデントのt検定」について見ていきます。

🐍 独立した2群における3つのt検定

ここでは、次のデータを使用して検定を行います。

🐍 当店の主力メニューの評価とライバル店の主力メニューの評価

（「scoring.csv」をデータフレームに読み込んで表示）

	Our	Rival
0	70	80.0
1	75	75.0
2	70	80.0
3	85	85.0
4	90	85.0
5	70	90.0
6	80	75.0
7	75	90.0
8	75	NaN
9	85	NaN

※Rival列には欠損値NaNがあるので、データがfloat型になります。

あるレストランにおいて、主力メニューを10人のテスターが試食し、基準値を50点とする100点満点で採点したのが、Our列のデータです。一方、別の8人のテスターが、ライバル店の主力メニューを試食して採点したのが、Rival列のデータです。このレストランの平均点が77.5、ライバル店の平均点が82.5で、5点の差があります。この平均には明らかに差があるのか、あるいは誤差の範囲内なのかを「**スチューデントのt検定**」で調べることにしましょう。

●独立した2群のt検定

2つの母集団の平均値のt検定には、次の3つの手法が使われます。

●独立した2群のt検定

- 対応のない2群のt検定（**スチューデントのt検定**）
  2群のデータが独立したものであり、それぞれの分散が等質だと仮定できる場合。
- 対応のない2群のt検定（**ウェルチのt検定**）
  2群のデータが独立したものであり、それぞれの分散が異なる場合。

●対応がある2群のt検定

2群のデータの母集団が同じものであり、それぞれのデータは異なる方法で測定された場合。例えば、同じ被験者に対して異なる測定が2回行われた場合が該当する。

今回のケースでは、異なる被験者が別々の測定を行っています。同じ被験者についての測定ではないので「独立な2群のt検定」が適しており、母分散が等質であると仮定できるので「スチューデントのt検定」を選択します。「等質」という言葉を用いたのは、「完全に等しくなくても同じ特徴がある」という意味あいを伝えたかったからです。今回のデータは、「基準点を50とする100点満点で採点」という制約があるので、2つの標本平均は等質であると仮定します。

分散が等質だと仮定できる場合であっても、ウェルチのt検定を選択するのが妥当との見方もあります。しかし、前述の「基準点を50とする100点満点の採点」という前提があるので、「母分散が等質である」と仮定してスチューデントのt検定を選択することにしました。

●平均値を検定するときの考え方

今回のテーマは、「独立した2群の平均に差があるかどうかを判定する」というものです。「独立した2群」なので2つの母集団の平均を扱うのですが、統計では「本当の母集団はデータの背後にある」という考え方をするので、今回の2つの採点結果は標本（サンプル）として考えます。また、2つの標本からそれぞれ得られた平均は標本の平均なので、「標本平均」となります。

調査を行ったレストランの主力メニューとライバル店の主力メニューの平均点には5点の差があるので、次の2つの考え方ができます。

・平均点の差には意味がない

「5点の差は、たまたま出たものであって、この程度の点差は意味がない」と考える。

・平均点の差には意味がある

「ライバル店の平均点が高いのだから、ライバル店の評価が高い」と考える。

検定に使用する検定統計量の求め方

スチューデントのt検定の対象にするデータは、次の3つの要件を満たしているものとします。

- 標本抽出は無作為に行われている
- 母集団の分布が正規分布に従っている
- 2つの母集団の分散は等質（等分散）だと仮定できる

標本平均$\bar{x}$は正規分布に従いますが、「2つの標本平均の差や和も正規分布に従う」という事実があります。さらに、平均μ_1、分散$\sigma_{\bar{x}_1}^2$の正規分布に従う$\bar{x}_1$と、平均μ_2、分散$\sigma_{\bar{x}_2}^2$の正規分布に従う$\bar{x}_2$との差は、

$$N(\mu_1 - \mu_2,\ \sigma_{\bar{x}_1}^2 + \sigma_{\bar{x}_2}^2)$$

の正規分布に従うことが知られています。同じように、$\bar{x}_1$と$\bar{x}_2$との和は

$$N(\mu_1 + \mu_2,\ \sigma_{\bar{x}_1}^2 + \sigma_{\bar{x}_2}^2)$$

の正規分布に従います。標本平均の差と和のいずれも$\sigma_{\bar{x}_1}^2 + \sigma_{\bar{x}_2}^2$となっていますが、バラツキに関しては2つの分布のバラツキがそのまま残るので、分散は足し算になります。

一方、標本平均の差の分散$\sigma^2_{\bar{x}_1-\bar{x}_2}$については、先ほどの正規分布の法則から「$\sigma^2_{\bar{x}_1}+\sigma^2_{\bar{x}_2}$」となります。「抽出元の母集団の分散は同じ」という前提では、母分散σ^2は「$\sigma^2_{\bar{x}_1}+\sigma^2_{\bar{x}_2}=\sigma^2$」になるので、平均の差の分散$\sigma^2_{\bar{x}_1-\bar{x}_2}$は、次のように表すことができます。ここで$n_1$と$n_2$は2つの標本の大きさ（サンプルサイズ）です。

$$\sigma^2_{\bar{x}_1-\bar{x}_2}=\sigma^2_{\bar{x}_1}+\sigma^2_{\bar{x}_2}=\frac{\sigma^2_1}{n_1}+\frac{\sigma^2_2}{n_2}=\sigma^2\left(\frac{1}{n_1}+\frac{1}{n_2}\right)$$

これを踏まえると、独立した2群の標本平均の差の分布は、

$$\bar{x}_1-\bar{x}_2\sim N\left(\mu_1-\mu_2,\ \sigma^2\left(\frac{1}{n_1}+\frac{1}{n_2}\right)\right)$$

となります。

ここで、2群の標本平均について同じ正規分布として扱えるように、標準化することを考えます。標準化の式は

$$z_i=\frac{x_i-\mu}{\sigma}$$

でしたので、標準化の式のx_iを「$\bar{x}_1-\bar{x}_2$」に、μを「$\mu_1-\mu_2$」に、σを

$$\sqrt{\sigma^2\left(\frac{1}{n_1}+\frac{1}{n_2}\right)}$$

にそれぞれ置き換えると、独立した2群の標本平均の差の分布は、

$$\frac{(\bar{x}_1-\bar{x}_2)-(\mu_1-\mu_2)}{\sqrt{\sigma^2\left(\frac{1}{n_1}+\frac{1}{n_2}\right)}}\sim N(0,1^2)$$

となります。

なお、母分散σ^2がわかっていることはめったにないので、不偏分散$\hat{\sigma}^2$で推定します。これまで不偏分散をu^2としていましたが、ここでは母分散の推定値という意味でハット記号を付けて$\hat{\sigma}^2$としました。ただし、2群の標本なので、分散が等質だと仮定したとしても、標本サイズが異なる場合は不偏分散$\hat{\sigma}^2_1$と$\hat{\sigma}^2_2$が存在することになります。

そこで、$\hat{\sigma}^2$は、次の式を使って推定します。

$$\hat{\sigma}^2 = \frac{(n_1-1)\,\hat{\sigma}_1^2 + (n_2-1)\,\hat{\sigma}_2^2}{(n_1-1) + (n_2-1)}$$

これを先ほどの「独立した2群の標本平均の差の分布」の式における未知のσ^2と置き換えると、検定統計量を求める式になります。

🐍 独立した2群（分散が等質と仮定）の検定統計量t

$$\text{検定統計量}\,t = \frac{(\bar{x}_1 - \bar{x}_2)}{\sqrt{\dfrac{(n_1-1)\,\hat{\sigma}_1^2 + (n_2-1)\,\hat{\sigma}_2^2}{(n_1-1) + (n_2-1)}\left(\dfrac{1}{n_1} + \dfrac{1}{n_2}\right)}}$$

検定統計量tの式の分子が、$(\bar{x}_1 - \bar{x}_2) - (\mu_1 - \mu_2)$ではなく、$(\bar{x}_1 - \bar{x}_2)$になっていることに注目してください。帰無仮説が「2つの母平均は等しい（$\mu_1 = \mu_2$）」となるため、帰無仮説のもとでは

$$\mu_1 - \mu_2 = 0$$

です。このことから$(\bar{x}_1 - \bar{x}_2) - (\mu_1 - \mu_2)$は$(\bar{x}_1 - \bar{x}_2)$となります。

このようにして求めた検定統計量tの標本分布は、「自由度$n_1 + n_2 - 2$のt分布に従う」ことが知られています。

母分散が出てきた理由

ワンポイント

　ここでは、10人のテスターと8人のテスターの採点の平均のことを考えているのに、なぜ母分散が出てきたのでしょうか。

　テスターというのは、いうなれば「顧客になり得る人たちの代表」と見なすことができます。よくある「街頭で50人の方にご意見を伺いました」と同じなのです。この調査の場合は、「駅前を歩いている人から無作為に選んで、味を評価してもらった」と考えることができます。テスターを「顧客という母集団からサンプリングした標本」と見なして、その背後にある母集団のことを推定しているというわけです。

●「母分散の推定値」を求めるには

母分散の推定値という表現を使いましたが、この値は、2群（A群とB群）のそれぞれの不偏分散から推定します。

🐍 不偏分散を求める式

$$u^2 = \frac{（データ - 平均値）^2 \text{の総和}}{サンプルサイズ - 1}$$

したがって、次の計算を行うことで、2群に共通の母分散 σ^2 の推定値を求めることができます。

🐍 2群に共通の母分散 σ^2（標本平均の差の標準誤差）

2群に共通の母分散 σ^2

$$= \frac{[（\text{A}のデータ - \text{A}の平均値）^2 \text{の総和}] + [（\text{B}のデータ - \text{B}の平均値）^2 \text{の総和}]}{（\text{A}のサンプルサイズ - 1） + （\text{B}のサンプルサイズ - 1）}$$

上記の式の分子は、標本Aの偏差の平方和と標本Bの偏差の平方和を足したものですので、次のように書くことができます。

2群に共通の母分散 $\hat{\sigma}^2$

$$= \frac{標本\text{A}の偏差平方和 + 標本\text{B}の偏差平方和}{（\text{A}のサンプルサイズ - 1） + （\text{B}のサンプルサイズ - 1）}$$

独立な2群の検定統計量 *t* を求める式 コラム

独立な2群の *t* 検定のための検定統計量 *t* を言葉で表すと、次のようになります。

$$検定統計量\, t = \frac{標本平均の差}{\sqrt{母分散 \times \left(\dfrac{1}{n_1} + \dfrac{1}{n_2}\right)}}$$

　ここで、「標本の平均偏差の平方和」を求める1つの方法があります。不偏分散は、偏差の平方和を「サンプルサイズ−1」で割ったものです。ということは、不偏分散にこの値を掛ければ、偏差の平方和が求まります。

2群に共通の母分散σ^2

$$= \frac{[\text{Aの不偏分散}\times(\text{Aのサンプルサイズ}-1)] + [\text{Bの不偏分散}\times(\text{Bのサンプルサイズ}-1)]}{(\text{Aのサンプルサイズ}-1) + (\text{Bのサンプルサイズ}-1)}$$

　これを当てはめたのが次の式です。

🐍 2群に共通の母分散σ^2を推定する

$$\hat{\sigma}^2 = \frac{(n_1 - 1)\,\hat{\sigma}_1^2 + (n_2 - 1)\,\hat{\sigma}_2^2}{(n_1 - 1) + (n_2 - 1)}$$

🐍 SciPyの stats.ttest_ind () 関数でスチューデントの *t* 検定を実施

今回のスチューデントの *t* 検定における、帰無仮説と対立仮説は次のようになります。

・帰無仮説：「2群のデータの平均値に差はない」
・対立仮説：「2群のデータの平均値に差がある」

● scipy.stats.ttest_ind () 関数

2群のデータに対して *t* 検定を実施し、検定統計量 *t* と *p* 値を返します。

書式	scipy.stats.ttest_ind (a, b, axis=0, equal_var=True, nan_policy='propagate', permutations=None, random_state=None, alternative='two-sided', trim=0)	
パラメーター	a, b	比較するデータを設定します。
	axis	検定の対象となるデータの軸を指定します。デフォルトは0（行）です。a、bが配列形式のデータの場合、デフォルトの0を変更する必要はありません。
	equal_var	True（デフォルト）の場合、母分散が等しいと仮定するスチューデントの *t* 検定を実行します。Falseの場合は、母分散が等しいと仮定しないウェルチの *t* 検定を実行します。
	nan_policy	入力に欠損値NaNが含まれている場合の処理方法を指定します。 'propagate': デフォルト値。NaNを返します。データにNaNが含まれている場合はエラーが発生します。 'raise': エラーをスローします。 'omit': NaNを無視して計算を実行します。
	permutations	0 または None（デフォルト）の場合、*t* 分布を使用して *p* 値を計算します。
	random_state	乱数生成器のシード値（int型）を指定します。デフォルトはNoneです。
	alternative	デフォルトの'two-sided'で両側検定を実行します。
	trim	デフォルトの0以外の場合は、トリムされた（Yuenの）*t* 検定を実行します。

戻り値	statistic	検定統計量t。
	pvalue	p値。

新しいNotebookを作成し、「scoring.csv」をデータフレームに読み込んで、スチューデントのt検定を実施しましょう。

🐍 セル1 (student_t_test.ipynb)

```python
import pandas as pd
from scipy import stats

# CSVファイルのデータをデータフレームに読み込む
df = pd.read_csv('scoring.csv')

# スチューデントのt検定を実施
# nan_policy='omit'でNaNを無視して計算を行う
statistic, pvalue = stats.ttest_ind(
    df['Our'], df['Rival'],
    nan_policy='omit')

# 結果を出力
print('検定統計量: ', statistic)
print('p値: ', pvalue)
```

🐍 出力

```
検定統計量:  -1.5795970073575796
p値:  0.13376331725019378
```

p値は「0.1337...」で、有意水準$\alpha = 0.05$とした場合に$p \geq \alpha$です。これは、「標本平均の差5以上に極端な値が現れる確率は約13.37%であり、標本平均の差の5点は珍しくない」ことを意味しています。$p \geq 0.05$であるため、帰無仮説を棄却することはできません。「統計的には有意な差が見られなかった」ということなので、「調査を行ったレストランとライバル店の平均値に5点の差が生じることは十分にあり得ること（誤差の範囲）であり、ライバル店の評価が高いとはいえない」と判断します。

●**有意水準0.05における両側の境界値を求めて検定統計量tと比較する**

検定統計量tがわかったので、自由度を計算して、有意水準0.05の両側検定における棄却域を求めてみましょう。

●scipy.stats.t.ppf () 関数

t分布の確率密度関数で、特定のパーセント点におけるt値を求めます。

書式	scipy.stats.t.ppf (q, df, loc=0, scale=1)	
パラメーター	q	パーセント点を設定します。5%（0.05）の両側検定の場合は、下側確率を0.025 (0.05÷2)、上側確率を0.975 (1－(0.05÷2))とします。
	df	t分布の自由度を設定します。
	loc	分布の平均値を設定します。デフォルトは0で、通常は変更する必要はありません。
	scale	分布の標準偏差を設定します。デフォルトは1で、通常は変更する必要はありません。

🐍 セル2

```
# 自由度を求める
# 'Rival'には欠損値NaNがあるので、データサイズからNaNの数を除いて計算する
dof = len(df['Our']) +
    (len(df['Rival'])) - df['Rival'].isnull().sum() - 2
# 自由度を出力
print('自由度: ', df)


# 自由度16のt分布で0.025 (0.05÷2)のパーセント点のt値を求める
low = stats.t.ppf(q=0.025, df=dof)
# 自由度16のt分布で0.975 (1-(0.05÷2))のパーセント点のt値を求める
upp = stats.t.ppf(q=0.975, df=dof)
# 結果を出力
print('下側境界値: ', low)
print('上側境界値: ', upp)
```

🐍 **出力**

自由度： 16
下側境界値： -2.1199052992210112
上側境界値： 2.1199052992210112

　自由度16における、有意水準0.05の両側検定における棄却域がわかったので、検定統計量tがどこに位置するのか、グラフにして確かめてみましょう。t分布の確率密度は、

```
scipy.stats.t.pdf(x, df, loc=0, scale=1)
```

で求めることができます。

🐍 **セル3**

```
import numpy as np
import matplotlib.pyplot as plt


# -5〜5の範囲で100個の等差数列を作成
x = np.linspace(-5, 5, 100)


# xに対するt分布の確率密度を求める
y = stats.t.pdf(x, df=dof)
# 確率密度のラインを描画
plt.plot(x, y, label=f'dof={dof}')


# パーセント点0.025におけるt値
xnum_low = low
# パーセント点0.025におけるt値の確率密度（y軸の値）を求める
ymax_low = stats.t.pdf(xnum_low, df=dof)
# 確率密度のグラフ上にパーセント点0.025の境界線（垂直線）を引く
plt.vlines(
    x=xnum_low, ymin=0, ymax=ymax_low)


# パーセント点0.975におけるt値
xnum_upp = upp
```

```
# パーセント点0.975におけるt値の確率密度（y軸の値）を求める
ymax_upp = stats.t.pdf(xnum_upp, df=dof)
# 確率密度のグラフ上にパーセント点0.975の境界線（垂直線）を引く
plt.vlines(
    x=xnum_upp, ymin=0, ymax=ymax_upp)

# 凡例（自由度）を表示
plt.legend()
# グリッドを表示
plt.grid()
plt.show()
```

🐍 図5.2　出力

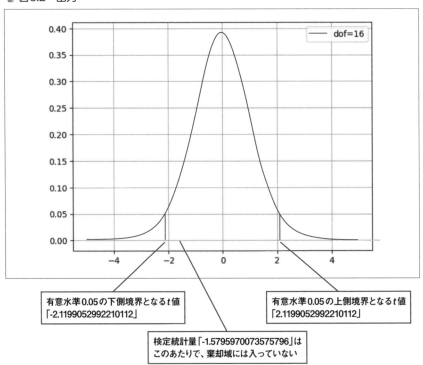

検定統計量 t は－2.119905～2.119905の範囲に収まっているので、帰無仮説を棄却できないことが確認できました。

4 独立した2群の差のt検定（分散が等しいと仮定しないウェルチのt検定）

前節では、母分散が等しいと仮定できる場合のt検定を紹介しました。ここでは、「母分散が等しいと仮定できない」場合の「ウェルチのt検定」について見ていきます。

母分散が異なる2群のデータ

ここでは、次のデータを使用して検定を行います。

A店とB店の顧客満足度調査の結果（10点満点）

（「research.csv」をデータフレームに読み込んで表示）

	A	B
0	9	6.0
1	10	7.0
2	10	5.0
3	9	8.0
4	6	7.0
5	5	8.0
6	3	10.0
7	10	4.0
8	9	7.0
9	3	8.0
10	8	6.0
11	3	6.0
12	9	7.0
13	4	6.0
14	10	7.0
15	5	5.0
16	9	6.0
17	5	4.0
18	4	NaN
19	9	NaN

A列のデータは20件、B列のデータは18件です。

※B列には欠損値NaNがあるので、データがfloat型になります。

　あるドラッグストアチェーンにおいて、新規にオープンしたＡ店と既存のＢ店について、顧客の中からランダムに20人と18人を選び、店舗の満足度を10点満点で採点してもらった結果です。Ａ店の平均値は「7.0」、Ｂ店の平均値は「6.5」です。点数の付け方に開きがあるようなので、次のどちらが成り立つか、検定を行って調べてみましょう。

- Ａ店とＢ店の顧客満足度の平均値には差があり、両店舗の満足度は異なる。
- この程度の平均点の差は大したものではなく、どちらも同じくらいの満足度である。

●2群のデータの基本統計量を確認する

　今回のデータは、Ａ店が20名の点数、Ｂ店が18名の点数となっており、それぞれの平均は「7」と「6.5」で、新規オープンのＡ店の満足度が高いようです。しかし、今回のデータは、データの数が異なるだけでなく、点数の付け方にもかなりの違いがあるようです。Ａ店では、10点満点の人もいれば3点を付けている人もいます。また、満足度の基準点の設定や質問内容にも違いがありそうなので、それぞれの分散が等しいと仮定するのは無理がありそうです。

　「research.csv」をデータフレームに読み込んで、基本統計量を確認してみます。

🐍 セル1（welch_t_test.ipynb）

```python
import pandas as pd


# CSVファイルのデータをデータフレームに読み込む
df = pd.read_csv('research.csv')
# 基本統計量を出力
df.describe()
```

🐍 図5.3　出力

	A	B
count	20.000000	18.000000
mean	7.000000	6.500000
std	2.714484	1.504894
min	3.000000	4.000000
25%	4.750000	6.000000
50%	8.500000	6.500000
75%	9.000000	7.000000
max	10.000000	10.000000

> 標準偏差（std）に開きがある

独立した2群の分散が等しいことを前提にしない「ウェルチの t 検定」

今回は、独立した2群の平均値の検定として「**ウェルチの t 検定**」を実施します。前節で取り上げた「スチューデントの t 検定」は分散が等質であることを前提にしますが、ウェルチの t 検定は「分散が等しいことを前提にしない」のが大きな違いです。

先にお話ししたように、検定に使用するデータのほとんどは標本なので、「分散は同じである」と仮定できるのはレアケースです。「ウェルチの t 検定」は多くの事例に適用できる t 検定です。

●ウェルチの t 検定における検定統計量 t を求める式

ウェルチの t 検定では、検定統計量 t を次の式で求めます。

ウェルチの t 検定における検定統計量 t の式

$$t = \frac{(\bar{x}_1 - \bar{x}_2)}{\sqrt{\dfrac{u_1^2}{n_1} + \dfrac{u_2^2}{n_2}}}$$

$\bar{x}_1$、$\bar{x}_2$ はグループ1と2の標本平均、n_1、n_2 はグループ1と2のサンプルサイズ、u_1^2、u_2^2 はそれぞれの不偏分散です。

●ウェルチの t 検定における自由度を求める式

ウェルチの t 検定で使用する自由度は、次の式で求めます。

ウェルチの t 検定における自由度 v を求める式

$$v = \frac{\left(\dfrac{u_1^2}{n_1} + \dfrac{u_2^2}{n_2}\right)^2}{\dfrac{\left(\dfrac{u_1^2}{n_1}\right)^2}{n_1 - 1} + \dfrac{\left(\dfrac{u_2^2}{n_2}\right)^2}{n_2 - 1}}$$

ウェルチの*t*検定を実施する

ウェルチの*t*検定を実施して、独立した2群の平均に差はあるのかどうか、調べてみましょう。*t*検定を行うSciPyのstats.ttest_ind()関数は、equal_varオプションにFalseを設定（equal_var=False）すると、ウェルチの*t*検定を実行します。

Notebook（welch_t_test.ipynb）の2つ目のセルに、次のコードを入力してプログラムを実行します。

セル2（welch_t_test.ipynb）

```
from scipy import stats

# ウェルチのt検定を実施
# nan_policy='omit' でNaNを無視して計算を行う
statistic, pvalue = stats.ttest_ind(
    df['A'], df['B'],
    nan_policy='omit',
    equal_var=False)

# 結果を出力
print('検定統計量: ',  statistic)
print('p値: ', pvalue)
```

出力

```
検定統計量:  0.7112166535176334
p値:  0.48239858530282165
```

結果は、検定統計量*t*が「0.7112166535176334」、p値が「0.48239858530282165」となりました。有意水準0.05における検定では、「$p \geq 0.05$」なので帰無仮説は棄却されず、「2店舗における顧客満足度の平均点に有意な差は見られなかった」となります。A店とB店の顧客満足度に差は見られず、同程度のものであると考えられます。

5　対応がある2群の差のt検定

> これまで、独立した2群の平均の差についてt検定を行ってきました。ここでは、独立でない2群、つまり対応がある2群の平均の差のt検定について見ていきます。

🐍 対応がある2群のデータ

ここでは、次のデータを使用して検定を行います。

🐍8人のテスターにおけるサプリメント摂取前と摂取後の体重

（「weights.csv」をデータフレームに読み込んで表示）

	before	after
0	95	90
1	80	75
2	80	75
3	85	75
4	75	80
5	75	65
6	80	75
7	85	80

　ある食品メーカーでは、開発中のダイエットサプリを8人のテスターに試してもらい、一定期間の経過後に体重を測定しました。その結果、摂取前の平均体重（kg）「81.875」に対し、摂取後の平均体重は「76.875」となりました。摂取前と摂取後の体重の平均には統計的に有意な差が見られるのかどうか、t検定によって調べてみましょう。

$$\left[\begin{array}{l}\text{対応がある2群の差の}t\text{検定は、変化量の平均値の検定に}\\\text{なる}\end{array}\right.$$

　今回のデータは、同じ被験者による2つの測定結果です。このようなデータを「対応のあるデータ」といいます。例えば、数学の指導前と指導後に行われた「数学テスト1」と「数学テスト2」の得点は、同じ被験者について複数回の測定が行われているので、対応のあるデータとなります。

●対応がある2群の差のt検定における検定統計量t

　今回は「母集団は1つである」と考えます。今回は、同じテスターに対するサプリ摂取前と、摂取を始めて一定期間経ったあとの体重をそれぞれ測定しています。そこで、各テスターの摂取前後の体重の差を母集団として考えます。そのことを踏まえつつ、「対応がある2群の差のt検定」における、検定統計量tの求め方を見ていきましょう。

　対応がある2群のデータX_1、X_2において、その差（変化量）を

$$D = X_2 - X_1$$

としたとき、X_1とX_2の標本平均$\bar{X}_1$、$\bar{X}_2$とDの平均$\bar{D}$の関係は、

$$\bar{D} = \bar{X}_2 - \bar{X}_1$$

となります。X_1とX_2のすべての差Dを求めてこれを平均した$\bar{D}$は、$\bar{X}_2 - \bar{X}_1$と同じ値になるということです。

　変化量Dが平均μ_D、分散σ_D^2の正規分布、$N(\mu_D, \sigma_D^2)$に従うと仮定します。すると、標本平均から求めた変化量$\bar{D}$の分布も正規分布に従います。

$$\bar{D} \sim N\left(\mu_D, \frac{\sigma_D^2}{n}\right)$$

　さらに、変化量$\bar{D}$を標準化する次の式

$$Z_{\bar{D}} = \frac{\bar{D} - \mu_D}{\sigma_D / \sqrt{n}}$$

で求めた$Z_{\bar{D}}$は、標準正規分布$N(0, 1^2)$に従います。分母の$\sigma_D / \sqrt{n}$は、σ_D^2 / nの分散を標準偏差にしたものです。

　分母にあるσ_Dは未知なので、2群の標本の差（変化量）Dの不偏分散から求めた$\hat{\sigma}_D$に置き換えると、対応がある2群の差のt検定における検定統計量tの式になります。

$$t = \frac{\bar{D} - \mu_D}{\hat{\sigma}_D / \sqrt{n}}$$

　このようにして求めた検定統計量tは、自由度$(n-1)$のt分布に従います。なお、帰無仮説が「2群の平均に差はない（$\mu_1 = \mu_2$）」の場合、$\mu_D = 0$なので、検定統計量tの式は次のようになります。

🐍 **対応がある2群の差のt検定における検定統計量tの式**

$$t = \frac{\bar{D}}{\hat{\sigma}_D / \sqrt{n}}$$

🐍 対応がある2群の差のt検定を実施する

　サプリメントの摂取前と摂取後の体重の平均について、平均に差があるかどうかを調べてみましょう。

● scipy.stats.ttest_rel()関数
　対応がある2群のデータに対してt検定を実施し、検定統計量tとp値、自由度を返します。

書式	scipy.stats.ttest_rel (　a, b, axis=0, equal_var=False, nan_policy='propagate', 　alternative='two-sided', trim=0)	
パラメーター	a, b	比較するデータを設定します。
	axis	検定の対象となるデータの軸を指定します。デフォルトは0（行）です。a、bが配列形式のデータの場合はデフォルトの0を変更する必要はありません。
	equal_var	True（デフォルト）の場合、母分散が等しいと仮定するスチューデントのt検定を実行します。Falseの場合は、母分散が等しいと仮定しないウェルチのt検定を実行します。

パラメーター	nan_policy	入力に欠損値NaNが含まれている場合の処理方法を指定します。 'propagate': デフォルト値。NaNを返します。データにNaNが含まれている場合はエラーが発生します。 'raise': エラーをスローします。 'omit': NaNを無視して計算を実行します。
	alternative	デフォルトの'two-sided'で両側検定を実行します。
	trim	デフォルトの0以外の場合は、トリムされた（Yuenの）*t*検定を実行します。
戻り値	statistic	検定統計量*t*。
	pvalue	*p*値。
	df	*t*分布の自由度。

Notebookを作成し、「weights.csv」をデータフレームに読み込んで、対応がある2群の差の*t*検定を実施しましょう。

🐍 セル1 (pairedsamples_t_test.ipynb)

```python
import pandas as pd
from scipy import stats

# CSVファイルのデータをデータフレームに読み込む
df = pd.read_csv('weights.csv')

# 対応のある2群のt検定を実施
result = stats.ttest_rel(df['before'], df['after'])

# 結果を出力
print('検定統計量: ', result.statistic)
print('p値: ', result.pvalue)
print('自由度: ', result.df)
```

出力

検定統計量:	3.0550504633038935
p値:	0.018451528513015857
自由度:	7

p値は「0.01845...」で、有意水準$\alpha = 0.05$とした場合に$p < \alpha$です。これは、帰無仮説が正しいとする仮定において、標本平均の差5.0（81.875 − 76.875 ＝ 5.0）以上に極端な標本平均の差が得られる確率は約1.8％ということです。まれな現象であることがわかります。

以上のことから、帰無仮説は棄却され、「サプリメント摂取前と摂取後には統計的に有意な差が見られた」となり、サプリメントの効果があると判断します。

●有意水準0.05における両側の境界値を求めて検定統計量tと比較する

検定統計量tと自由度がわかったので、有意水準0.05の両側検定における棄却域を求めてみます。

セル2

```
# 自由度を取得
dof = result.df
# 自由度7のt分布で0.025（0.05÷2）のパーセント点のt値を求める
low = stats.t.ppf(q=0.025, df=dof)
# 自由度7のt分布で0.975（1-（0.05÷2））のパーセント点のt値を求める
upp = stats.t.ppf(q=0.975, df=dof)
# 結果を出力
print('下側境界値: ', low)
print('上側境界値: ', upp)
```

出力

下側境界値:	-2.3646242510103
上側境界値:	2.3646242510103

自由度7における、有意水準0.05の両側検定における棄却域がわかったので、検定統計量tがどこに位置するのか、グラフにして確かめてみましょう。

🐍 セル3

```python
import numpy as np
import matplotlib.pyplot as plt

# -5～5の範囲で100個の等差数列を作成
x = np.linspace(-5, 5, 100)

# xに対するt分布の確率密度を求める
y = stats.t.pdf(x, df=dof)
# 確率密度のラインを描画
plt.plot(x, y, label=f'dof={dof}')

# パーセント点0.025におけるt値
xnum_low = low
# パーセント点0.025におけるt値の確率密度（y軸の値）を求める
ymax_low = stats.t.pdf(xnum_low, df=dof)
# 確率密度のグラフ上にパーセント点0.025の境界線（垂直線）を引く
plt.vlines(
    x=xnum_low, ymin=0, ymax=ymax_low)

# パーセント点0.975におけるt値
xnum_upp = upp
# パーセント点0.975におけるt値の確率密度（y軸の値）を求める
ymax_upp  = stats.t.pdf(xnum_upp, df=dof)
# 確率密度のグラフ上にパーセント点0.975の境界線（垂直線）を引く
plt.vlines(
    x=xnum_upp, ymin=0, ymax=ymax_upp)

# 凡例（自由度）を表示
plt.legend()
# グリッドを表示
plt.grid()
plt.show()
```

🐍 図5.4　出力

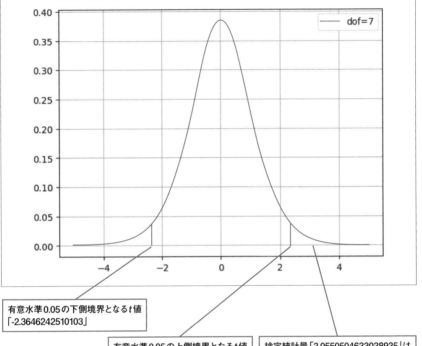

有意水準0.05の下側境界となるt値
「-2.3646242510103」

有意水準0.05の上側境界となるt値
「2.3646242510103」

検定統計量「3.0550504633038935」は
このあたりで、棄却域に入っている

6 3群の平均に差があるかを分散分析で知る

2つの標本の平均の差を調べるには、標本の性質によって「スチューデントの t 検定」または「ウェルチの t 検定」を実施します。本節では、比較する標本の数が3つで、それぞれの平均の差を調べる方法について見ていきましょう。

🐍 分散分析における対応なしのデータ

ここでは、次のデータを使用して分析を行います。

🐍 講座A、B、Cの受講者20名の模擬試験結果（100点満点）

（「practice_test.csv」をデータフレームに読み込んで表示）

	course_A	course_B	course_C
0	65	90	85
1	60	75	65
2	75	70	90
3	80	90	75
4	65	65	90
5	60	70	75
6	70	80	85
7	85	85	75
8	65	70	95
9	75	70	75
10	75	85	80
11	70	75	75
12	80	80	85
13	75	90	75
14	80	80	85
15	80	90	90
16	65	85	90
17	70	85	80
18	75	75	75
19	80	75	75

このデータは、ある進学塾で開講した講座A、B、Cを受講した人の中からそれぞれ20名ずつを選抜し、模擬試験を実施した結果です。講座Aの受講生の平均点は72.5、講座Bの受講生の平均点は79.25、講座Cの受講生の平均点は81でした。有意水準5%で分散分析を実施し、統計的な観点から、これらの平均には差があるのかどうか調べてみることにします。

🐍 t検定は2群を超える標本間の差の検定には使えない

t検定は、2つの標本間の差を調べる検定です。3つの標本をA、B、Cとすると、AとB、BとC、AとCという組み合わせで計3回のt検定を行って、それぞれ差があるかどうかを調べれば、最終的に3つの標本間に差があるかどうかがわかりそうです。しかし、この項のタイトルにあるとおり、t検定では2群を超える平均の差を調べることはできません。

「2群の平均には差がない」としたとき、「差がない」という確率は、有意水準5%で
100% − 5% ＝ 95%（0.95）
となります。これをもとにして、A、B、Cという3標本の平均に差があるかどうか調べることにした場合、t検定では2群の平均の検定しか行えないので、AとB、BとC、AとCという組み合わせで、計3回のt検定を行うことにします。このとき、「少なくとも1つの組み合わせに差が出る確率」は、全体の確率「1」から「3つの組み合わせのすべてに差が出ない確率」を引いたものになります。

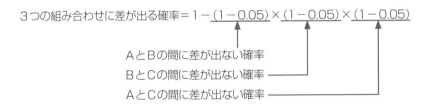

3つの組み合わせに差が出る確率＝1− $(1-0.05) \times (1-0.05) \times (1-0.05)$

AとBの間に差が出ない確率
BとCの間に差が出ない確率
AとCの間に差が出ない確率

これを計算すると、次のようになります。

1 − (0.95) × (0.95) × (0.95) ＝ 0.142625

「少なくとも1つの組み合わせに差が出る確率」は0.142625となり、1つの組み合わせだけのときの確率0.05よりも、差が出る確率が高くなっています。

つまり、「1つの組み合わせだけで検定を行ったときに差が出る確率」よりも「3通りの組み合わせで計3回、検定を行ったときに差が出る確率」のほうが3倍近く高くなります。

これは、検定を行う回数が増えれば増えるほど、差が出る（差がある）確率が増えてしまうことを意味しています。実際には差がないにもかかわらず、検定を繰り返すと「差がある確率」がどんどん増えてしまいます。

🐍 3群の平均に差があるかを分散分析で調べる

今回のケースでは、20人の得点の平均に差があるかどうか調べるのですが、正確にいうと、「それぞれの講座を受講したすべての人を母集団としたとき、その母集団において、それぞれの講座ごとに求めた模擬試験の得点平均に違いがあるか？」ということです。

標本の平均に差があるからといって、母集団にも差があるとは言い切れません。というのは、標本の母平均がまったく同じでも、たまたま得点の高い人ばかりを抽出したり、逆に得点の低い人ばかり抽出してしまう可能性があるからです。そこで、「抽出された標本が母平均の等しい3群から抽出された可能性が高いかどうか」を調べるために行われるのが**分散分析**です。

●分散分析に使用する検定統計量F

今回は、「3群の被験者に対する模擬試験の平均値」を分散分析します。「模擬試験の結果」を1つの要因として、すべての群の母分散が等しくないと仮定するので、「1要因の対応なしの分散分析」となります。1要因の分散分析を「一元配置の分散分析」と呼ぶこともありますが、どちらも同じ意味になります。

一元配置の対応なしの分散分析における検定統計量Fは、次の式で求めます。

🐍 一元配置の対応なしの分散分析における検定統計量F

$$\text{検定統計量}F = \frac{\text{群間の平方和}\big/\text{群間の自由度}}{\text{群内の平方和}\big/\text{群内の自由度}}$$

●分散分析を理解する

今回の3群のデータの平均は、次のようになっています。

今回検定を行う3群の平均

対象	平均点
講座Aの受講者	72.50
講座Bの受講者	79.25
講座Cの受講者	81.00
全受講者の平均点	77.5833...

●「群間のズレ」と「群内のズレ」

3群のそれぞれの得点は、次のような感じで分布していることになります。

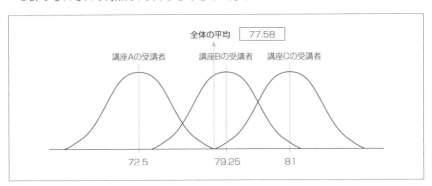

●標本平均間のズレと標本内部のデータのズレ

ここで、講座Aの受講者の中のある1つの得点について考えます。次の図の●の部分です。このデータは、3群のすべての得点の平均から、図中に示した左向きの矢印のぶんだけズレています。

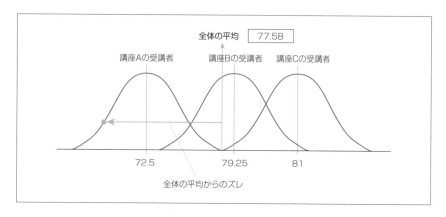

　さらに、全体の平均からのズレは、「全体の平均と講座Aの平均とのズレ」の部分、および「講座Aの平均からのズレ」に分解することができます。

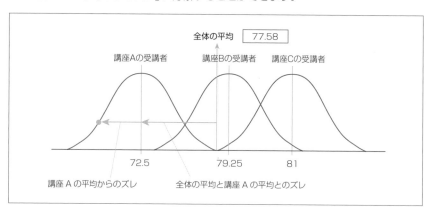

・全体の平均と標本平均とのズレは「群間のズレ」

　「全体の平均と講座Aの平均のズレ」は、全体の平均と標本集団とのズレを示しています。この章では「群」という言葉を使っていますが、これは標本集団のことを指しています。全体の平均とそれぞれの群のズレは「群間のズレ」となります。

・標本内部のズレは「群内のズレ」

　「講座Aの特定の受講者の点数と講座Aの平均とのズレ」は、「群内のズレ」になります。

・**全体の平均からのズレは「群間のズレ＋群内のズレ」**

以上より、すべてのデータにおける全体の平均からのズレは、群間のズレおよび群内のズレから構成されていることになるので、次の式が成り立ちます。

全体の平均からのズレ ＝ 群間のズレ ＋ 群内のズレ

● **群間のズレは「必然的な要素」、群内のズレは「偶然的な要素」**

上記のとおり、全体の平均からのズレは群間のズレと群内のズレを足したものですが、分散分析では、群間のズレは「必然的な要素」として考え、群内のズレは「偶然的な要素」として考えます。

「標本の平均」の「全体の平均」からのズレは必然的に起こったもの、つまり意図的な何かがあった結果だとし、「データが属する標本の平均」からのズレは偶然起こり得る結果だと考えるのです。

全体の平均からのズレ ＝ 必然（群間のズレ）＋ 偶然（群内のズレ）

「必然として得られた値が、偶然の値に対してどの程度の割合なのか」を求めるのが、検定統計量 F です。ここで、「全体のズレを群間と群内のズレにどうやって分解するのか」が大事なところなので、引き続き見ていきましょう。

● **標本平均間のズレと標本内部のデータのズレを見る**

そもそも群間のズレは標本集団の平均の差を表しているので、群間のズレが大きい場合は、それぞれの群の平均が大きく異なることになります。これに対して群内のズレは、データが属する標本集団の平均との差、つまり「偏差」です。もし、群内のズレに比べて群間のズレが大きければ、標本集団間の違いが大きいことになるので、「すべての群の平均に差がない」とした帰無仮説が棄却されることになります。

一方、群内のズレに比べて群間のズレが小さければ、標本集団間の違いは大きいとはいえないので、「すべての群の平均に差がない」という帰無仮説を棄却できないことになります。

● **平均のズレを分散のズレで分析するのが「分散分析」**

群内のズレは個々のデータと平均との差であることから、1つひとつの変量について求めなくてはなりませんが、個々に求めたズレをどうやって群内のズレとするかという問題があります。

　個々のデータを1つずつ吟味するのではなく、代表となる値を1つずつ決めておけば、その値を使って比較が行えそうです。そこで、分散分析では、代表の値として「偏差の平方和」を用います。

　偏差の平方和は、すべてのデータの「平均との差を2乗した値」を合計した値でした。このような偏差の平方和は**変動**とも呼ばれます。分散分析では、次の2つの平方和を利用します。

- 群間の平方和
- 群内の平方和

　あとは、群間の自由度と群内の自由度がわかれば、検定統計量Fを計算できます。

- 群間の自由度 ＝ 群の数 － 1
- 群内の自由度 ＝ すべての群の（群のデータの数 － 1）を合計したもの

　検定統計量Fの分子と分母は

- 分子 ＝ 群間の平方和 ÷ 群間の自由度 ＝ 群間の平均平方〔群間の不偏分散〕
- 分母 ＝ 群内の平方和 ÷ 群内の自由度 ＝ 群内の平均平方〔群内の不偏分散〕

と置き換えられるので、検定統計量Fは「群間の平均平方 ÷ 群内の平均平方」で求めることができます。これは、「群間の平均平方が群内の平均平方に比べてどれだけ大きいか」を示します。

🐍 一元配置の対応なし分散分析を実施する

　SciPyに、一元配置の対応なし分散分析を実行するstats.f_oneway()関数があります。

●scipy.stats.f_oneway()関数
　一元配置の対応なしの分散分析を実行し、検定統計量Fとp値を返します。

書式	scipy.stats.f_oneway (*samples, axis=0)	
パラメーター	*samples	分析するデータを設定します。
	axis	分析の対象となるデータの軸を指定します。デフォルトは0 (行) です。*samples が配列形式のデータの場合は、デフォルトの0を変更する必要はありません。
戻り値	statistic	検定統計量F。
	pvalue	p値。

今回の分散分析における帰無仮説と対立仮説を確認しておきます。

- 帰無仮説 :「すべての群の平均に差はない (平均が等しい)」
- 対立仮説 :「少なくとも1つの平均のペアに差がある」

新しいNotebookを作成し、「practice_test.csv」をデータフレームに読み込んで、一元配置の対応なし分散分析を実施しましょう。

🐍 セル1 (oneway_anova.ipynb)

```python
import pandas as pd
from scipy import stats

# CSVファイルのデータをデータフレームに読み込む
df = pd.read_csv('practice_test.csv')

# 対応のない3群の分散分析を実施
statistic, pvalue = stats.f_oneway(df['course_A'], df['course_B'], df['course_C'])

# 結果を出力
print('検定統計量: ', statistic)
print('p値: ', pvalue)
```

🐍 出力

```
検定統計量:  6.817439703153988
p値:  0.0022150623618005846
```

検定統計量Fは「6.817439703153988」、p値は「0.0022150623618005846」です。有意水準$\alpha = 0.05$とした場合に$p < \alpha$なので、「統計的に少なくとも1つの平均間に有意な差が見られた」ということであり、帰無仮説の「すべての群の平均に差はない（平均が等しい）」は棄却されます。講座A、B、Cのそれぞれの平均値がある中で、どれか1つのペアについて、その平均値の差は誤差の範囲ではなく、統計的に有意な差だということになります。

仮想環境を利用する②

コラム

2章末のコラム「仮想環境を利用する①」で仮想環境の作成手順について説明しました。仮想環境の作成後に、VSCodeで開いているNotebookにおいて、仮想環境のPythonインタープリターを設定するには、次のように操作します。

❶Notebookの右上に［カーネルの選択］（または［Python 3.xx.x］など）と表示されている箇所があるので、ここをクリックします。

❷Pythonインタープリターを選択する画面が表示されるので、［別のカーネルを選択］をクリックします。

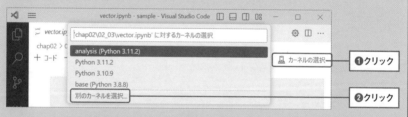

❸（❷の操作に続いて）［Python環境］をクリックすると「Python環境を選択する」が表示されるので、仮想環境のPythonインタープリターのパスを入力して［Enter］キーを押します。Pythonインタープリター（python.exe）は仮想環境のフォルダー以下の「Scripts」フォルダーに格納されています。Cドライブの「virtual」以下に仮想環境「analysis」を作成した場合のパスは「C:\virtual\analysis\Scripts\python.exe」になります。

仮想環境Pythonのライブラリをインストールする際は、まず、［ターミナル］メニューから［新しいターミナル］を選択します。仮想環境のPythonに関連付けられた状態で［ターミナル］が起動するので、「pip install ＜ライブラリ名＞」を実行してください。

第6章

予測問題における
モデリング

機械学習における予測モデルについて紹介します。

この章でできること

データの前処理の方法、予測モデルの評価方法を習得し、重回帰モデルをはじめとする各種のモデルを用いて数値の予測ができるようになります。

1 数値データの前処理 (特徴量エンジニアリング)

　分析するデータは、そのままの状態で分析(モデルを使用した学習)にかけられることもありますが、一部のデータが欠落していたり、データのサイズが大きすぎるなど、そのままの状態では分析にかけられないことも多いものです。そのような場合は、データを「前処理」することで、分析にかけられるようにします。前処理は「特徴量エンジニアリング」とも呼ばれ、次のことを行います。

・データの欠落した値(欠損値)を適切な値に置き換える
・外れ値の処理
・データの整形(データの散らばり具合の調整など)
・データの形式が適切でない場合は別の形式に変換する

欠損値の処理

　CSVファイルをPandasのデータフレームに読み込んだとき、何も入力されていない箇所があると、**欠損値**と見なされて「**NaN**」(Not a Number:非数)と表示されます。

図6.1　欠損値があるデータ

	Our	Rival
0	70	80.0
1	75	75.0
2	70	80.0
3	85	85.0
4	90	85.0
5	70	90.0
6	80	75.0
7	75	90.0
8	75	NaN
9	85	NaN

欠損値がNaNと表示されている

予測モデルのアルゴリズムである「決定木」や「ランダムフォレスト」では、欠損値そのものに意味を持たせることで、そのまま扱うことができます。一方、回帰による予測モデルでは欠損値があると分析に支障があるので、状況に応じて次の操作を行って対処することになります。

- **代表値**（平均値や中央値など）で補完する
- 他の行（または列）のデータから欠損値を予測して補完する
- 欠損値のある行（または列）ごと削除する

●欠損値を代表値で置き換える

欠損値をなくす方法のうち、最もシンプルで、よく使われるのが、「欠損値が存在する列の代表値で埋める」というものです。単純に最もありそうな値で埋めてしまえという発想なので、欠損がランダムに発生しているときに有効です。

●平均値を埋め込む

一般的によく知られている代表値に**平均値**があります。欠損値が存在する列の平均を求め、欠損している箇所にその値を埋め込みます。PandasのDataFrame.fillna()メソッドは、引数に指定した値を欠損値と置き換えるので、

```
df.fillna(df.mean())
```

とした場合、すべての欠損値が列の平均値で置き換えられます。

🐍 セル1（not_number.ipynb）

```
import pandas as pd

# CSVファイルのデータをデータフレームに読み込む
df = pd.read_csv('scoring.csv')
df
```

🐍 図6.2 出力

	A	B
0	70.0	80.0
1	70.0	75.0
2	70.0	80.0
3	NaN	85.0
4	90.0	85.0
5	70.0	90.0
6	80.0	75.0
7	70.0	NaN
8	70.0	NaN
9	85.0	90.0

欠損値

🐍 セル2

```
# すべての欠損値をその列の平均値に置き換える
df.fillna(df.mean())
```

🐍 図6.3 出力

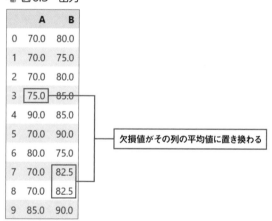

	A	B
0	70.0	80.0
1	70.0	75.0
2	70.0	80.0
3	75.0	85.0
4	90.0	85.0
5	70.0	90.0
6	80.0	75.0
7	70.0	82.5
8	70.0	82.5
9	85.0	90.0

欠損値がその列の平均値に置き換わる

● 中央値または対数変換後の平均値を埋め込む

　商品価格や年収のように、データの分布に偏りがあったり、突出した外れ値が存在する場合は、平均ではなく**中央値**を使うのが常套手段です。

セル3

```
# すべての欠損値をその列の中央値に置き換える
df.fillna(df.median())
```

図6.4　出力

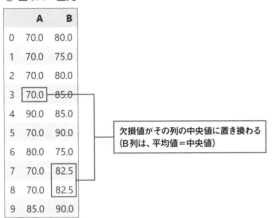

欠損値がその列の中央値に置き換わる
（B列は、平均値＝中央値）

●元のデータフレームを変更する

欠損値を置き換えた状態で元のデータフレームを変更するには、

```
df = df.fillna(df.median())
```

のように再代入するか、

```
df.fillna(df.median(), inplace=True)
```

のように引数に「inplace＝True」を設定します。

●欠損値がある行ごと（または列ごと）削除する

欠損値がある行ごと削除してしまう、あるいは欠損値がある列ごと削除してしまう、という方法もあります。データの量が十分にあり、欠損値を含むデータを除外しても分析上影響が出ないと判断できれば、この方法もよいかもしれません。

PandasのDataFrame.dropna()メソッドは、

```
df.dropna(axis=0)
```

とすると、欠損値が存在する行データをすべて削除します。axis＝0は処理対象の軸を0 (行) にするためのオプションですが、デフォルト値なので省略してもかまいません。一方、

```
df.dropna(axis=1)
```

とした場合は、処理の対象が列となり、欠損値が存在する列データをすべて削除します。

🐍 外れ値の処理

　データには、まれに極端に大きい (または小さい) 値が含まれることもあります。そういった、他のデータから極端に離れている**外れ値**があると、予測の精度を低下させる要因になります。外れ値を取り除く方法として、単純に外れ値が含まれるデータをレコード (行) ごと削除する方法がありますが、何をもって外れ値とするかを決めておくことが必要です。単純にデータの最大値 (または最小値) とするのもひとつの考え方ですが、平均値から一定の距離だけ離れているデータを取り除くという考え方もあります。

🐍 データの標準化

　データの標準化は、次の式を当てはめることで、どのようなデータでも

　平均＝0,　標準偏差＝1

のデータに変換します。

🐍 標準化の式

$$標準化 = \frac{データ〔x_i〕 - 平均〔\mu〕}{標準偏差〔\sigma〕}$$

データ〔x_i〕: 標準化を行う対象のデター

平均〔μ〕 : データの標準化前の平均

$$標準偏差〔\sigma〕 = \sqrt{分散〔\sigma^2〕}$$

$$分散〔\sigma^2〕 = \frac{(x_1 - \bar{x})^2 + (x_2 - \bar{x})^2 + (x_3 - \bar{x})^2 + \cdots + (x_n - \bar{x})^2}{n〔データの個数〕}$$

データ自体は確率を表す値になるので、0～1.0の範囲にスケーリングされます（ただし、0や1.0の極値をとることはない）。標準化の計算を行うには、データの平均値と標準偏差が必要になります。

🐍 対数変換で正規分布に近似させる

標準化を行うと、スケーリングされることでデータの分布が伸縮しますが、分布の「かたち」そのものは変化しません。一方で、データの分布は、きれいな山形を描くとは限らず、左右どちらかの裾野が長くなることがあります。例えば、商品価格のデータでは、価格の低いほうに分布が集中し、価格が高いほうに裾が伸びた分布になりがちです。このような場合、元のデータを正規分布に近似させるという特徴量エンジニアリングとして、**対数変換**を行います。

対数変換は、対象のデータの値を変えるという意味では、スケール変換と同じです。しかし、対数変換ではデータの分布が変化します。これは、「データのスケールが大きいときはその範囲が縮小され、逆に小さいときは拡大される」ためです。それによって、裾の長い分布の範囲を狭めて山のある分布に近づけたり、極度に集中している分布を押しつぶしたように裾の長い分布に近づけることができます。対数変換の際は、$\log(x+1)$のように1を加えてから対数をとります。

🐍 対数変換の例

```
import numpy as np

x = ([1.0, 10.0, 100.0, 1000.0, 10000.0])
np.log1p(x)
```

🐍 出力

```
array([0.69314718, 2.39789527, 4.61512052, 6.90875478, 9.21044037])
```

2 予測モデルの評価方法

予測モデルの性能を評価する方法として、「教師データと予測値の誤差の測定」があります。誤差が小さいほど、モデルの性能がよいことになります。ここでは、機械学習で用いられる代表的な誤差の測定方法を紹介します。

🐍 MSE（平均二乗誤差）

i番目の実測値（正解値）y_iとi番目の予測値$\hat{y}_i$の差を2乗した総和を求め、これをデータの数nで割って平均を求めます。

🐍 MSE（平均二乗誤差）

$$MSE = \frac{1}{n} \sum_{i=1}^{n} (y_i - \hat{y}_i)^2$$

🐍 RMSE（平均二乗平方根誤差）

i番目の実測値（正解値）y_iとi番目の予測値$\hat{y}_i$の差を2乗した総和を求め、これをデータの数nで割って平均を求めたものの平方根をとります。MSEでは実測値と予測値の差を2乗しているので、平方根をとることで元の単位に揃えます。

🐍 RMSE（平均二乗平方根誤差）

$$RMSE = \sqrt{\frac{1}{n} \sum_{i=1}^{n} (y_i - \hat{y}_i)^2}$$

　MSEやRMSEは、予測値と正解値の差を大きく評価するので、価格予測のように、「正解値から大きく外れるのを許容できない」場合に最適な評価方法です。使用する際の注意点として、正解値と予測値の差を2乗しているぶん、外れ値の影響が強く出てしまうので、事前に外れ値を除いておくことが必要です。

　MSEやRMSEは誤差の幅（大きさ）に着目しているので、誤差を比率または割合で知りたい場合は、次に述べるRMSLEを使うことになります。

🐍 RMSLE（対数平均二乗平方根誤差）

　「**対数平均二乗平方根誤差（RMSLE**：Root Mean Squared Logarithmic Error）」は、予測値と正解値の対数差の二乗和の平均を求め、平方根をとったものです。

🐍 RMSLE

$$RMSLE = \sqrt{\frac{1}{n}\sum_{i=1}^{n}(\log(y_i+1)-\log(\hat{y}_i+1))^2}$$

　対数をとる前に予測値と実測値の両方に+1をしているのは、予測値または実測値が0の場合に log(0) となって計算できなくなることを避けるためです。RMSLEには以下の特徴があります。

- 予測値が正解値を下回る（予測の値が小さい）場合に、大きなペナルティが与えられるので、下振れを抑えたい場合に使用されることが多いです。来客数の予測や店舗の在庫を予測するようなケースにおいて、来客数を少なめに予測したために仕入れや人員が不足してしまったり、出荷数を少なく見積もって在庫が足りなくなってしまうことを避けるために用いられたりします。
- 分析に用いるデータのバラツキが大きく、かつ分布に偏りがある場合に、データ全体を対数変換して正規分布に近似させることがあります。目的変数（正解値）を対数変換した場合は、RMSEを最小化するように学習することになりますが、これは、対数変換前のRMSLEを最小化するのと同じ処理をしていることになります。

6

予測問題におけるモデリング

🐍 MAE（平均絶対誤差）

「**平均絶対誤差**（**MAE**：Mean Absolute Error）」も回帰タスクでよく使われます。正解値と予測値の絶対差の平均をとったものであり、次の式で表されます。

🐍 MAE

$$MAE = \frac{1}{n} \sum_{i=1}^{n} |y_i - \hat{y}_i|$$

MAEは実測値と予測値の差を2乗していないので、外れ値の影響を受けにくく、外れ値を多く含んだデータを扱う際などに用いられます。

🐍 決定係数（R^2）

決定係数 R^2 は、回帰モデルの当てはまりのよさを確認する指標として用いられます。最大値は1で、1に近いほど精度の高い予測ができていることを意味します。

次の式でわかるように、分母は正解値とその平均との差（偏差）、分子は正解値と予測値との二乗誤差となっているので、この指標を最大化することは、MSEを最小化することと同じ意味を持ちます。

🐍 R^2

$$R^2 = 1 - \frac{\sum_{i=1}^{n} (y_i - \hat{y}_i)^2}{\sum_{i=1}^{n} (y_i - \bar{y})^2}$$

3　バリデーション

> 　バリデーションとは、「学習済みのモデルに実際のデータを入力し、予測性能の評価を行うこと」を指します。予測モデルの評価には前節で紹介した手法が使われますが、バリデーションを行う際に「どのデータを使えばいいのか」という問題があります。そこで、手持ちのデータからバリデーション用のデータを抽出するための、ホールドアウト検証とクロスバリデーションについて紹介します。

🐍 ホールドアウト (Hold-Out) 検証

ホールドアウト検証では、分析用として用意されたデータをランダムに分解し、その一部をバリデーション用に使用します。

🐍 図6.5　ホールドアウト検証

用意したデータ

train：モデルの学習に使用するデータ
valid：バリデーションに使用するデータ

　データ全体が何らかの規則に従って並んでいると、データ自体に偏りが生じ、正しく学習が行えないばかりか、検証もうまく行えません。そこで、用意したデータを分割する場合は、データをシャッフルしてランダムに分割することが重要です。これは、一見ランダムに並んでいるように見えるデータに対しても有効です。

　scikit-learnなどのライブラリに用意されているデータ分割用の関数やメソッドでは、オプションを指定するだけで、データのシャッフルによるランダムな抽出が行えるようになっています。

🐍 クロスバリデーション (Cross Validation：交差検証)

ホールドアウトを複数回繰り返すことで、最終的に用意したデータのすべてを使ってバリデーションを行います。

🐍 図6.6　クロスバリデーション

用意したデータ

fold1	train	train	train	valid
fold2	train	train	valid	train
fold3	valid	valid	train	train
fold4	valid	train	train	train

| valid | valid | valid | valid |

バリデーションデータを抽出することを「fold」と呼びます。上図の例では、foldを4回繰り返すことで、用意したデータのすべてがバリデーションに用いられます。計4回のバリデーションが行われることになりますが、スコアの平均をとることで、各foldで生じる偏りを極力減らします。

scikit-learnのKFoldクラスで、クロスバリデーション用のデータセットを作ることができます。用意したデータを、fold数を指定して分割し、それぞれ抽出されたバリデーションデータを使ってモデルで予測を行ってその平均をとる、という使い方をします。この場合、fold数を例えば2から4に増やすと、計算する時間は2倍になりますが、学習に用いるデータは全体の50%から75%に増えるので、そのぶんモデルの精度向上が期待できます。ただし、fold数を増やすことと学習に用いるデータ量が増えることとは比例しないので、fold数をむやみに増やしても意味がありません。一般的に、fold数は4か5で十分でしょう。

なお、手持ちのデータが大量にあるような状況では、バリデーションに使用するデータの割合を変えてもモデルの精度がほとんど変化しない、ということがあります。そのような場合は、fold数を2にするか、いっそのことホールドアウト検証にするという選択肢も有効です。

4 「カリフォルニア住宅価格」の データセット

scikit-learnには、カリフォルニア州の住宅価格に関するデータセット「California Housing」が用意されていて、プログラムから手軽に読み込んで利用することができます。データセットは8項目、20,640件のテーブルデータ（表形式データ）および「調査対象住宅が属する地区における住宅価格の中央値（10万ドル単位）」のデータで構成されます。

🐍 「California Housing」データセットをダウンロードして 中身を確認する

実際に「California Housing」データセットをデータフレームに読み込んで、どのようなデータが収録されているのか見てみることにしましょう。

●データセットをダウンロードする

California Housingは、sklearn.datasetsからfetch_california_housingをインポートし、[**fetch_california_housing** ()] を実行すると、ダウンロードすることができます。

🐍 セル1 (california_housing.ipynb)

```
import pandas as pd
# 「California Housing」データセットをインポート
from sklearn.datasets import fetch_california_housing

# データセットをダウンロードし、ndarrayを要素としたdictオブジェクトに格納
housing = fetch_california_housing()
# データセットをデータフレームに読み込む
# dictオブジェクトhousingからdataキーを指定して8項目のデータを抽出
# dictオブジェクトhousingからfeature_namesキーを指定して列名を抽出
df_housing = pd.DataFrame(
```

325

```
      housing.data, columns=housing.feature_names)
# データフレームを出力
df_housing
```

図6.7 出力

	MedInc	HouseAge	AveRooms	AveBedrms	Population	AveOccup	Latitude	Longitude
0	8.3252	41.0	6.984127	1.023810	322.0	2.555556	37.88	-122.23
1	8.3014	21.0	6.238137	0.971880	2401.0	2.109842	37.86	-122.22
2	7.2574	52.0	8.288136	1.073446	496.0	2.802260	37.85	-122.24
3	5.6431	52.0	5.817352	1.073059	558.0	2.547945	37.85	-122.25
4	3.8462	52.0	6.281853	1.081081	565.0	2.181467	37.85	-122.25
...	...	...	...	...	...	...	...	...
20635	1.5603	25.0	5.045455	1.133333	845.0	2.560606	39.48	-121.09
20636	2.5568	18.0	6.114035	1.315789	356.0	3.122807	39.49	-121.21
20637	1.7000	17.0	5.205543	1.120092	1007.0	2.325635	39.43	-121.22
20638	1.8672	18.0	5.329513	1.171920	741.0	2.123209	39.43	-121.32
20639	2.3886	16.0	5.254717	1.162264	1387.0	2.616981	39.37	-121.24

20640 rows × 8 columns

　カリフォルニアの住宅価格のデータセットは、1990年に行われた米国国勢調査で得られた情報をもとにして作成されたものです。カリフォルニア州の延べ20,640地区における8項目のデータと、地区ごとの住宅価格の中央値（10万ドル単位）のデータで構成されています。

表6.1 California Housingの8列のデータ（説明変数）

カラム（列）名		内容
MedInc	世帯ごとの所得	各地区における、世帯ごとの所得の中央値。単位は1万ドル。
HouseAge	住宅の築年数	各地区における、住宅の築年数の中央値。単位は年。
AveRooms	部屋の平均数	各地区における、平均の部屋数。
AveBedrms	寝室の平均数	各地区における、平均の寝室数。
Population	人口	各地区の人口（地区ごとの人口は600〜3,000人）。
AveOccup	世帯人数の平均	各地区における、世帯人数の平均。

カラム (列) 名		内容
Latitude	平均緯度	各地区の中心点の緯度。値がプラス方向に大きいほど、その地区は北にある。
Longitude	平均経度	各地区の中心点の経度。値がマイナス方向に大きいほど、その地区は西にある。

🌿 表6.2　California Housing の目的変数

カラム (列) 名	内容
MedHouseVal	各地区の住宅価格の中央値 (10万ドル単位)。

●住宅価格の中央値をデータフレームに追加する

　目的変数 (各地区の住宅価格の中央値) は、ダウンロードしたデータから target キーを指定して取り出すことができます。各地区の住宅価格の中央値を抽出して、データフレームに追加します。

🌿 セル2

```
# 目的変数 housing.target を「Price」列としてデータフレームに追加
df_housing['Price'] = housing.target
# データフレームの冒頭5件を出力
df_housing.head()
```

🌿 図6.8　出力

	MedInc	HouseAge	AveRooms	AveBedrms	Population	AveOccup	Latitude	Longitude	Price
0	8.3252	41.0	6.984127	1.023810	322.0	2.555556	37.88	-122.23	4.526
1	8.3014	21.0	6.238137	0.971880	2401.0	2.109842	37.86	-122.22	3.585
2	7.2574	52.0	8.288136	1.073446	496.0	2.802260	37.85	-122.24	3.521
3	5.6431	52.0	5.817352	1.073059	558.0	2.547945	37.85	-122.25	3.413
4	3.8462	52.0	6.281853	1.081081	565.0	2.181467	37.85	-122.25	3.422

●欠損値、基本統計量の確認

PandasのDataFrame.info()を実行して、データの総数やデータ型、欠損値の数を確認します。

🐍 セル3

```
# データの総数やデータ型、欠損値の数を確認
df_housing.info()
```

🐍 図6.9　出力

```
<class 'pandas.core.frame.DataFrame'>
RangeIndex: 20640 entries, 0 to 20639
Data columns (total 9 columns):
 #   Column      Non-Null Count   Dtype
---  ------      --------------   -----
 0   MedInc      20640 non-null   float64
 1   HouseAge    20640 non-null   float64
 2   AveRooms    20640 non-null   float64
 3   AveBedrms   20640 non-null   float64
 4   Population  20640 non-null   float64
 5   AveOccup    20640 non-null   float64
 6   Latitude    20640 non-null   float64
 7   Longitude   20640 non-null   float64
 8   Price       20640 non-null   float64
dtypes: float64(9)
memory usage: 1.4 MB
```

すべてfloat型のデータで、欠損値は含まれていません。続いてPandasのDataFrame.describe()を実行して、各列の基本統計量を確認します。

🐍 セル4

```
# 各列の基本統計量を確認
df_housing.describe()
```

🐍 図6.10　出力

	MedInc	HouseAge	AveRooms	AveBedrms	Population	AveOccup	Latitude	Longitude	Price
count	20640.000000	20640.000000	20640.000000	20640.000000	20640.000000	20640.000000	20640.000000	20640.000000	20640.000000
mean	3.870671	28.639486	5.429000	1.096675	1425.476744	3.070655	35.631861	-119.569704	2.068558
std	1.899822	12.585558	2.474173	0.473911	1132.462122	10.386050	2.135952	2.003532	1.153956
min	0.499900	1.000000	0.846154	0.333333	3.000000	0.692308	32.540000	-124.350000	0.149990
25%	2.563400	18.000000	4.440716	1.006079	787.000000	2.429741	33.930000	-121.800000	1.196000
50%	3.534800	29.000000	5.229129	1.048780	1166.000000	2.818116	34.260000	-118.490000	1.797000
75%	4.743250	37.000000	6.052381	1.099526	1725.000000	3.282261	37.710000	-118.010000	2.647250
max	15.000100	52.000000	141.909091	34.066667	35682.000000	1243.333333	41.950000	-114.310000	5.000010

　小さくて少し見づらいですが、countはデータ数、meanは平均値、stdは標準偏差、minは最小値、25%は第1四分位数、50%は第2四分位数、75%は第3四分位数、maxは最大値となります。

●ヒストグラムを作成してデータの分布を確認する

　すべてのデータをヒストグラムにして、データの分布状況を見てみましょう。

🐍 セル5

```
import matplotlib.pyplot as plt

# pandas.DataFrame.hist() で
# ビンの数を50にして全体を10×10（インチ）でプロット
df_housing.hist(bins=50, figsize=(10, 10))
plt.show()
```

　次ページの図6.11の出力を見ると、目的変数のPriceは20万ドルを超えたあたりから度数が減少していますが、50万ドルの度数が突出して高くなっています。恐らく、住宅価格の中央値が50万ドル以上のものを、上限値を50万ドルとしてまとめていると思われます。

　一方、説明変数のHouseAge（築年数の中央値）についても52年の度数が突出して高くなっています。恐らくは52年以上のものを、上限値を52年としてまとめていると思われます。

　ほかに気になる点として、AveRooms（部屋の平均数）、AveBedrms（寝室の平均数）、Population（人口）、AveOccup（世帯人数の平均）では、右側が大きく開いています。一定の数を超えると、広い範囲に小数のデータが分布していることが見てとれます。

🐍 図6.11　出力

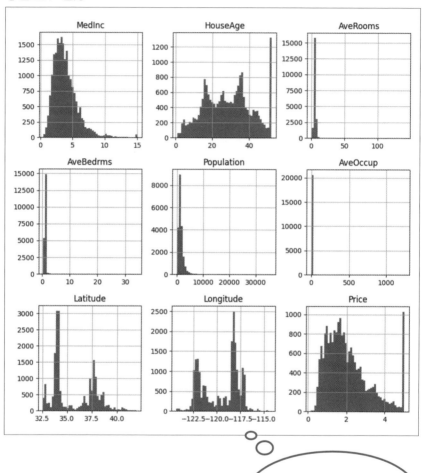

説明変数ごとに様々な形で
データが分布しています。

🐍 すべての項目間について相関係数を確認する

PandasのDataFrame.corr()を使って、目的変数「Price」との相関係数を確認してみましょう。

🐍 セル6 (California_housing.ipynb)

```
# 'Price'との相関係数を出力
df_housing.corr()['Price'].sort_values()
```

🐍 出力

```
Latitude      -0.144160
AveBedrms     -0.046701
Longitude     -0.045967
Population    -0.024650
AveOccup      -0.023737
HouseAge       0.105623
AveRooms       0.151948
MedInc         0.688075
Price          1.000000
Name: Price, dtype: float64
```

プラスの値が「正の相関関係」を示し、マイナスの値が「負の相関関係」を示します。目的変数「Price」との正の相関関係が最も強いのがMedInc (所得の中央値) で、所得が上がれば住宅価格も上がることになります。

一方、目的変数「Price」との負の相関関係はLatitude (平均緯度) の「−0.144160」が最も強く、南へ下がるにつれて住宅価格が上がる傾向が少しあるようです。Longitude (平均経度)、Population (人口)、AveOccup (世帯人数の平均) は、軒並み係数の絶対値が小さくなっています。AveBedrms (寝室数の平均)、AveOccup (世帯人数の平均) は、一定の値を超えるとわずかなデータが広い範囲に分布しているうえに、相関係数の絶対値も0.1に満たない小さい値になっています。

🐍 対数変換で分布の形を変える

データの分布は、きれいな山形を描くとは限らず、左右どちらかの裾野が長くなることがあります。AveRooms（部屋の平均数）、AveBedrms（寝室の平均数）、Population（人口）、AveOccup（世帯人数の平均）のヒストグラムを見ると、右側が大きく開いていました。

このような場合、元のデータを正規分布に近似させる手段として**非線形変換**が使われます。ここでは非線形変換の手法の1つである**対数変換**について取り上げます。

●対数関数

指数関数（コラム参照）とペアとなる関数、それが**対数関数**です。対数関数は$y = \log_a x$のように表されます。logは「ログ」と読み、$\log_a x$は「aを何乗したらxになるかを表す数」です。例えば、$\log_3 27$は「3を何乗したら27になるかを表す数」なので、$\log_3 27 = 3$です（$27 = 3^3$）。

指数は、同じ数を繰り返し掛け算することを表すのに便利であり、$10 \times 10 \times 10 = 10^3$のように、「掛け算する数（底）」と「掛け算を繰り返す回数（指数）」を指定すれば結果がわかります。これに対して対数は、「掛け算する数（底）」と「掛け算を繰り返すことで出た数」があらかじめわかっていて、「1000は10を何回掛け算した数なのか？」というように、「掛け算を繰り返す回数（指数）」を求めます。$1000 = 10^3$の場合は$\log_{10} 1000 = 3$となり、このことから対数は指数と表裏一体の関係にあることがわかります。

対数関数$y = \log_a x$におけるxとyの関係をグラフにすると、指数関数とは逆に、x軸を右に行くほどカーブが緩やかになる曲線が描かれます。例えば、$y = \log_{10} x$では$x = 10$で$y = 1$ですが、$x = 100$でも$y = 2$にしかならず、$y = 3$にするには$x = 1000$までxを増やす必要があります。これを別の視点で見ると、10から100への10倍の変化と、100から1000への10倍の変化が同じ幅で表されるため、絶対的な値の大きさに関係なく、相対的な変化がよく見えるようになります。

データをヒストグラムにしたとき、分布が左右どちらかに極端に偏っていたり、裾が長くて変化に乏しかったりした場合、データの特徴をよりつかみやすくするための処理が「対数変換」です。

●NumPyの対数変換関数

対数変換ではデータの分布が変化します。これは、データのスケールが大きいときはその範囲が縮小され、逆に小さいときは拡大されるためです。それによって、裾の長い分布の範囲を狭めて山のある分布に近づけたり、極度に集中している分布を押しつぶしたように裾の長い分布に近づけることができます。NumPyには、対数に関する4種類の関数が用意されています。

🐍 表6.3 NumPyの対数変換関数

関数の書式	説明	使用される式
np.log(x)	底をネイピア数eとするxの対数。	$\log_e(x)$
np.log2(a)	底を2とするxの対数。	$\log_2(x)$
np.log10(a)	底を10とするxの対数。	$\log_{10}(x)$
np.log1p(a)	底をeとするx+1の対数。対数変換後の値が0にならない。	$\log_e(x+1)$

指数関数

 コラム

ニュースの中で「○○の感染者が指数関数的に増加」というフレーズを耳にしたことがあると思います。指数関数的な増加とは、ある期間ごとに定数倍（a倍）されていくような増加のことです。これを数式で表すと、

$y = a^x$

となります。a^xを10^3と置いた場合、数字の右上に置かれた小さな数字が「指数」で、10^3は「10の3乗」と読み、「10を3回掛け合わせた数」を意味します。つまり、

$10^3 = 10 \times 10 \times 10 = 1000$

です。このように指数は「同じ数を繰り返し掛け算する回数」を表します。また、繰り返し掛け算される数、a^xのa、10^3の10を「底」と呼びます。このように、$y = a^x$で表される「指数関数」は、aの値が少しでも変わると増加のペースが一気に上がります。倍々に増えていく現象を指数関数で表すと、$y = 2^x$です。このとき、yを感染者数、xを経過時間（分）とすると、xに好きな時間（分）を入れることで、そのときの感染者数yを知ることができます。x軸（経過時間）とy軸（感染者数）の関係をグラフにすると、x軸を右に行くほど急激に立ち上がる曲線が描かれます。

●Population（地区の人口）を対数変換してみる

カリフォルニア住宅価格のデータセットのPopulation（地区の人口）を、対数変換してみましょう。まずは、ヒストグラムにして基本統計量を確認します。

📔 セル7（california_housing.ipynb）

```
# Populationの基本統計量を出力
print(df_housing['Population'].describe())
# Populationのデータをヒストグラムにする
df_housing['Population'].hist(bins=50)
plt.show()
```

📔 出力

count	20640.000000
mean	1425.476744
std	1132.462122
min	3.000000
25%	787.000000
50%	1166.000000
75%	1725.000000
max	35682.000000
Name: Population, dtype: float64	

📔 図6.12　Population（地区の人口）のヒストグラム

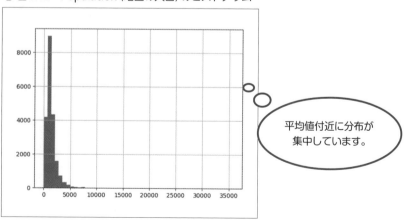

平均値付近に分布が
集中しています。

　1ブロックあたりの人口は3〜35,682人とかなり開きがあります。ヒストグラムを見ると、平均値のまわりにデータが集中し、右側に裾野が薄く伸びている分布になっていることがわかります。

　$y = \log_{10} x$のように底を10とした対数変換を行うNumPyの関数log10()を使って、Populationのデータを対数変換します。

🐍 セル8

```
import numpy as np

# Populationのデータを対数変換 (底10)
x_log = np.log10(df_housing['Population'])
# 対数変換後の基本統計量を出力
print(x_log.describe())
# 対数変換後のヒストグラムを出力
x_log.hist(bins=50)
plt.show()
```

🐍 出力

```
count    20640.000000
mean         3.050535
std          0.320737
min          0.477121
25%          2.895975
50%          3.066699
75%          3.236789
max          4.552449
Name: Population, dtype: float64
```

● 図6.13　Population（地区の人口）を対数変換したあとのヒストグラム

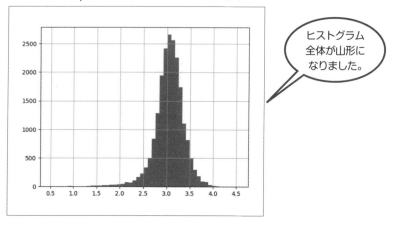

ヒストグラム
全体が山形に
なりました。

　ヒストグラムが、3.0あたりを頂点とする山形になっています。絶対的な値の大きさ
に関係なく、相対的な変化がよく見えるようになりました。

「California Housing」データセットの前処理

　「California Housing」データセットを分析にかけられるように、次の前処理を行い
ます。

●訓練データとテストデータへの分割
　予測を行うモデルの学習（訓練）に使用する訓練データと、学習済みモデルによる予
測精度の検証に使用するテストデータに分割します。

●AveRooms、AveBedrms、Population、AveOccup
　データの分布に偏りがある列のデータを対数変換して、分布の形を整えます。

●すべてのデータを標準化
　すべての説明変数のデータに対して標準化を行い、スケーリングします。

　次が前処理を行うプログラムです。このプログラムは、このあとの節で共通して使用
します。

🐍 セル1 (preprocessing.ipynb)

```python
"""「California Housing」の前処理
"""
import pandas as pd
import numpy as np
from sklearn.datasets import fetch_california_housing
from sklearn.model_selection import train_test_split
from sklearn.preprocessing import StandardScaler


# データセットをダウンロードし、ndarrayを要素としたdictオブジェクトに格納
housing = fetch_california_housing()
# データセットをデータフレームに読み込む
# dictオブジェクトhousingからdataキーを指定して8項目のデータを抽出
# dictオブジェクトhousingからfeature_namesキーを指定して列名を抽出
df_housing = pd.DataFrame(
    housing.data, columns=housing.feature_names)

# 説明変数のデータをNumPy配列に格納
X = df_housing.values
# 目的変数のデータをNumPy配列に格納
y = housing.target

# 説明変数のデータと目的変数のデータを8:2の割合で分割する
X_train, X_test, y_train, y_test = train_test_split(
    X, y, test_size=0.2, random_state=0)

"""対数変換
"""
# 'AveBedrms''AveOccup''Population''AveRooms'の列インデックスを取得
bed_index = (df_housing.columns.get_loc('AveBedrms'))
occ_index = (df_housing.columns.get_loc('AveOccup'))
pop_index = (df_housing.columns.get_loc('Population'))
room_index = (df_housing.columns.get_loc('AveRooms'))
# 訓練データの'AveBedrms''AveOccup''Population''AveRooms'のデータを対数変換
X_train[:,bed_index] = np.log10(X_train[:,bed_index])
```

```
X_train[:,occ_index] = np.log10(X_train[:,occ_index])
X_train[:,pop_index] = np.log10(X_train[:,pop_index])
X_train[:,room_index] = np.log10(X_train[:,room_index])
# テストデータの'AveBedrms''AveOccup''Population''AveRooms'のデータを対数変換
X_test[:,bed_index] = np.log10(X_test[:,bed_index])
X_test[:,occ_index] = np.log10(X_test[:,occ_index])
X_test[:,pop_index] = np.log10(X_test[:,pop_index])
X_test[:,room_index] = np.log10(X_test[:,room_index])

"""標準化
"""
# 標準化を行うStandardScalerを生成
scaler = StandardScaler()
# 訓練データを標準化する
X_train_std = scaler.fit_transform(X_train)
# 訓練データの標準化に使用したStandardScalerでテストデータを標準化する
X_test_std = scaler.transform(X_test)
```

訓練データとテストデータのサイズを確認しておきましょう。

🐍セル2

```
print(X_train.shape, X_test.shape)
print(y_train.shape, y_test.shape)
```

🐍出力

```
(16512, 8) (4128, 8)
(16512,) (4128,)
```

5 重回帰

線形回帰アルゴリズムの「重回帰」は、説明変数の数が2以上の場合に使用されるモデルです。

重回帰モデルの式

線形単回帰分析では、次の式を立ててモデルを作りました。

線形単回帰モデルの式

$$y = ax + b$$

xは「説明変数」、yは「目的変数」です。aが「回帰係数」、bは「切片」です。次が重回帰モデルの式になります。

重回帰モデルの式

n個の説明変数：$\{x_1, x_2, \cdots, x_n\}$
$y = a_1x_1 + a_2x_2 + \cdots + a_nx_n + b$

説明変数の数が2以上なので、これに対応して、回帰係数aもa_1、a_2、…のように増えます。単回帰モデルにおけるbは「切片」と呼んでいましたが、重回帰モデルの式のbは**定数項**と呼ばれたりします。

n個の回帰係数a_1、a_2、…、a_nと定数項bは、線形単回帰モデルのときと同様に、モデルが出力する予測値と目的変数との差の二乗和が最小になるような方法で推測されます。重回帰モデルにおける最小二乗法の式は、次のように表されます。

🐍 重回帰モデルにおける最小二乗法の式

$$E(\theta) = \sum_{i=1}^{n} (y_i - f_\theta(x_i))^2$$
$$f_\theta(X) = \theta_0 + \theta_1 x_1 + \theta_2 x_2 + \cdots + \theta_n x_n$$

$f_\theta(x)$ は、θ というパラメーターを持っていて、説明変数 x の関数であることを表しています。ここでは、回帰係数も定数項も θ（シータ）の記号で表記しました。θ_0 は定数項です。

[🐍 重回帰による予測モデル]

重回帰モデルを作成し、学習を行って予測してみましょう。まずは Notebook を作成し、前節末で紹介した、データセットの読み込みと前処理を行うコードを入力して実行します。

🐍 セル1 (houseprice_multireg.ipynb)

6-4節内「『California Housing』データセットの前処理」のセル1（本文337ページ）のコードを入力・実行

scikit-learn の LinearRegression() 関数によって重回帰モデルを実装することができます。セル2に次のように入力して、重回帰モデルの学習を実行しましょう。

🐍 セル2

```
from sklearn.linear_model import LinearRegression

# 重回帰モデルを作成
model = LinearRegression()
# モデルの訓練（学習）
model.fit(X_train_std, y_train)
model = LinearRegression()
```

で、重回帰モデルのインスタンスを生成します。また、

```
model.fit (説明変数のデータ, 目的変数のデータ)
```

のようにfit () メソッドを実行すると、学習 (訓練) が開始され、モデルが出力する予測値の誤差を最小にする係数と定数項が求められ、モデル (のインスタンス) の内部に記録されます。

では、実際にどのような値が求められたのかを確認してみましょう。

🐍 セル3

```
# 学習済みモデルから係数と定数項を抽出して出力
print('係数', model.coef_)
print('定数項', model.intercept_)
```

🐍 出力

```
係数 [ 0.82976726  0.13883751 -0.14726628  0.17097022
       0.04033572 -0.25965602 -0.89131234 -0.83114904]
定数項 2.0724989589388403
```

●学習済みモデルで予測して精度を調べる

学習済みモデルに訓練データ (説明変数) を入力して、出力された予測値を取得します。同じように、テストデータ (説明変数) を入力して、出力された予測値を取得します。それぞれの予測値を取得したら、それぞれの目的変数のデータとの誤差を求めて、RMSEを計算します。scikit-learnのmean_squared_error () 関数は、

```
mean_squared_error (目的変数のデータ, 予測値)
```

とすると、平均二乗誤差 (MSE) を返します。

🐍 セル4

```
from sklearn.metrics import mean_squared_error
import numpy as np

# 訓練データを学習済みモデルに入力して予測値を取得
```

```
y_train_pred = model.predict(X_train_std)
# テストデータを学習済みモデルに入力して予測値を取得
y_test_pred = model.predict(X_test_std)

# mean_squared_error()でMSEを求め、平方根をとってRMSEを求める
print('RMSE(train): %.4f' % (
    np.sqrt(mean_squared_error(y_train, y_train_pred)))
)
print('RMSE(test) : %.4f' % (
    np.sqrt(mean_squared_error(y_test, y_test_pred)))
)
```

🐍 出力

```
RMSE(train): 0.6688
RMSE(test) : 0.6715
```

　目的変数は10万ドル単位でしたから、訓練データで予測したときの平均誤差は約6万6900ドル、テストデータで予測したときの平均誤差は約6万7200ドルという結果になりました。平均の誤差ですので、すべての予測値について目的変数との残差を求め、グラフにして確かめてみましょう。

🐍 セル5

```
import matplotlib.pyplot as plt

# グラフの描画領域を設定
plt.figure(figsize=(8, 4))

# 訓練データを使用した予測値の残差をプロット
# x軸を予測値、y軸を残差にする
plt.scatter(
    y_train_pred,
    y_train - y_train_pred,
    color='blue', marker='o', edgecolor='white',
    label='Training data'
```

```
)

# テストデータを使用した予測値の残差をプロット
# x軸を予測値、y軸を残差にする
plt.scatter(
    y_test_pred,
    y_test - y_test_pred,
    color='red', marker='s', edgecolor='white',
    label='Test data'
)

# 残差0の水平線をプロット
plt.hlines(y=0, xmin=-5, xmax=10, color='black')
plt.xlim([-5, 10])
plt.ylim([-6, 6])
plt.legend()
plt.show()
```

図6.14 出力

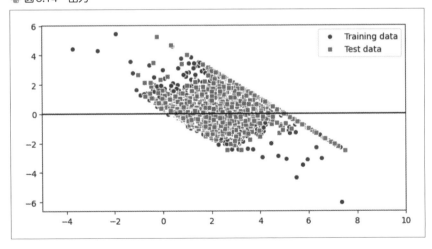

　y軸が残差ですので、y＝0の水平線の上下に分布していることが見てとれます。予測値（x軸）がマイナスの値になっているものもあり、その残差は水平線（誤差0）から大きく離れています。

6　多項式回帰

重回帰モデルの回帰式では説明変数との関係を直線で表すため、複雑な関係に対応できないという問題があります。そこで、説明変数を2乗、3乗、…とすることで、非線形の関係にあるデータを表現できるようにしたのが「多項式回帰」です。

🐍 多項式回帰モデルの式

多項式回帰では、次の式を立ててモデルを作ります。

🐍 多項式回帰モデルの式

n個の説明変数：$\{x_{(1)}, x_{(2)}, \cdots, x_{(n)}\}$

m：各説明変数共通のデータ数（目的変数のデータ数と同じ）

L：1つの式における項の数

$$y_{(1)} = a_{(1,1)}x_{(1)} + a_{(1,2)}x_{(1)}^2 + \cdots + a_{(1,L)}x_{(1)}^L + b$$

$$y_{(2)} = a_{(2,1)}x_{(2)} + a_{(2,2)}x_{(2)}^2 + \cdots + a_{(2,L)}x_{(2)}^L + b$$

$$\vdots$$

$$y_{(n)} = a_{(n,1)}x_{(n)} + a_{(n,2)}x_{(n)}^2 + \cdots + a_{(n,L)}x_{(n)}^L + b$$

1つの説明変数に対して、2乗の項、3乗の項、…、L乗の項までを追加します。$x_{(1)}$は1番目の説明変数であることを示し、m個のデータがあります。$y_{(1)}$は$x_{(1)}$に対応する目的変数で、データ数もm個あります。

一方、回帰係数aは、1つの説明変数に対して項の数Lと同じだけ用意されるので、$x_{(1)}$のaは、$a_{(1,1)}\sim a_{(1,L)}$のように表記しています。説明変数がn個なので式が複雑ですが、説明変数を1つにすると式を簡単にできます。その場合は、

$$y = a_{(1)}x + a_{(2)}x^2 + \cdots + a_{(L)}x^L + b$$

となります。

多項式回帰モデルにおける最小二乗法の式は、次のように表されます。θ_0は定数項です。

🐍 多項式回帰モデルにおける最小二乗法の式

$$E(\theta) = \sum_{i=1}^{n} (y_i - f_\theta(x_i))^2$$
$$f_\theta(x_i) = \theta_{(0)} + \theta_{(1)}x + \theta_{(2)}x^2 + \cdots + \theta_{(n)}x^L$$

🐍 多項式回帰の予測モデル

多項式回帰がどのようなものなのか、説明変数を1つにしたシンプルな例で確かめてみましょう。

多項式回帰の予測モデルにおける学習までの手順は、次のようになります。

❶ sklearn.preprocessing.PolynomialFeatures()で多項式の計算行列を生成

```
poly = PolynomialFeatures (degree=次数の最大値,
                           include_bias=TrueまたはFalse)
```

のようにすると、多項式の計算を行うための行列が生成され、polyに格納されます。

❷ PolynomialFeatures.fit_transform()で、説明変数のデータを多項式で計算

```
X_pol = poly.fit_transform(X)
```

とすると、❶で生成した多項式の計算行列にX（説明変数のデータ）が入力されて計算が行われ、X_polに格納されます。

❸ 線形回帰モデルを作成し、fit()メソッドで学習を行う

```
model = LinearRegression()
```

で線形回帰モデルを作成し、

```
model.fit(X_pol, y)
```

のように、❷で求めたX_polと目的変数yを設定して学習を行います。

🐍 セル1 (polynomial_regression.ipynb)

```python
from sklearn.preprocessing import PolynomialFeatures
from sklearn.linear_model import LinearRegression
import numpy as np

# 0.0～5.0の範囲で乱数を20生成し、(20行,1列)の行列に格納
# これを説明変数のデータとする
X = np.random.uniform(0.0, 5.0, (20, 1))

# 1/4*2*np.pi*Xの正弦(サイン)を求めて1次元配列に変換し、
# ノイズを加えて20個の目的変数を作成する
y = np.sin(1/4*2*np.pi*X).ravel() + np.random.normal(0, 0.2, 20)

# 3次の多項式(の行列)を生成する
# include_bias=Falseで、バイアスパラメーターを設定しないようにする
poly = PolynomialFeatures(degree=3, include_bias=False)

# 多項式に説明変数を入力して計算する
X_pol = poly.fit_transform(X)

# 線形回帰モデルを生成
model = LinearRegression()
# 多項式の計算結果と目的変数を設定して学習を開始
model.fit(X_pol, y)

# 回帰係数と定数項を出力
print('係数', model.coef_)
print('定数項', model.intercept_)
```

出力

```
係数 [ 1.4833189  -1.20870813   0.19927054]
定数項 0.30318969659570144
```

学習済みのモデルで予測を行って、結果をグラフにしてみます。

セル2

```python
import matplotlib.pyplot as plt

# グラフ領域のサイズを指定
plt.figure(figsize=(8, 4))

# 予測に使用する説明変数のデータを50個生成し、(50行，1列)の行列にする
X_test = np.arange(0, 5, 0.1)[:, np.newaxis]
# 多項式の計算行列にX_testを入力して計算のみを行う
X_test_poly = poly.transform(X_test)
# モデルにX_test_polyを入力して予測する
y_pred = model.predict(X_test_poly)
# 正解値を作成
y_true = np.sin(1/4*2*np.pi*X_test).ravel()

# 元の説明変数Xと目的変数yの交点にドットをプロット
plt.scatter(X, y)
# 予測値のラインをプロット
plt.plot(X_test, y_true, color='red')
plt.show()
```

予測に用いる説明変数の行列X_testを多項式に入力して計算する際は、fit_transform()ではなく、transform()メソッドで、

```python
X_test_poly = poly.transform(X_test)
```

のように計算のみを行う点に注意です。

図6.15 出力

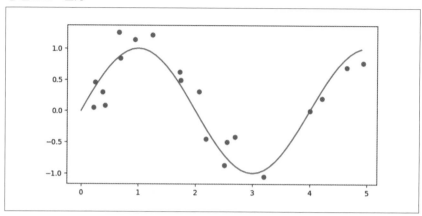

　訓練データの説明変数と目的変数の交点に、丸いドットが表示されています。3次の多項式で拡張した説明変数のお陰で、予測値とテスト用の説明変数の交点を結ぶラインが曲線になり、データによくフィットしたモデルになっていることがわかります。

多項式回帰モデルで住宅価格を予測する

　多項式回帰モデルを作成し、「California Housing」の住宅価格（地区ごとの中央値）を予測してみましょう。Notebookを作成し、データセットの読み込みと前処理を行うコードを入力して実行します。

セル1 (houseprice_polynormialreg.ipynb)

> 6-4節内「『California Housing』データセットの前処理」のセル1（本文337ページ）のコードを入力・実行

　3次の多項式を作成し、訓練データとテストデータを計算します。

セル2

```
from sklearn.preprocessing import PolynomialFeatures
```

```python
# 3次の多項式 (の行列) を生成する
# include_bias=Falseでバイアスパラメーターを設定しないようにする
poly = PolynomialFeatures(degree=3, include_bias=False)
# 多項式に訓練データを入力して計算する
X_train_pol = poly.fit_transform(X_train_std)
# 多項式でテストデータを計算する
X_test_pol = poly.transform(X_test_std)
```

多項式回帰の予測モデルを作成し、学習を行います。

🐍 セル3

```python
from sklearn.linear_model import LinearRegression

# 線形回帰モデルを生成
model = LinearRegression()
# 多項式の計算結果と目的変数を設定して学習を開始
model.fit(X_train_pol, y_train)
```

学習済みモデルに、多項式で計算処理後の訓練データ（説明変数）を入力して、出力された予測値を取得します。同じように、多項式で計算処理後のテストデータ（説明変数）を入力して、出力された予測値を取得します。

それぞれの予測値を取得したら、それぞれの目的変数のデータとの誤差を求めて、RMSEを計算します。

🐍 セル4

```python
from sklearn.metrics import mean_squared_error

# 多項式で計算後の訓練データをモデルに入力して予測値を取得
y_train_pred = model.predict(X_train_pol)
# 多項式で計算後のテストデータをモデルに入力して予測値を取得
y_test_pred = model.predict(X_test_pol)

# mean_squared_error()でMSEを求め、平方根をとってRMSEを求める
print('RMSE(train): %.4f' %(
```

```
    np.sqrt(mean_squared_error(y_train, y_train_pred)))
)
print('RMSE(test) : %.4f' %(
    np.sqrt(mean_squared_error(y_test, y_test_pred)))
)
```

🐍 出力

```
RMSE(train): 0.5686
RMSE(test) : 0.6832
```

　訓練データで予測したときの平均誤差は5万6900ドル付近にまで減少しましたが、テストデータで予測したときの平均誤差は約6万8300ドルになっています。これは「**オーバーフィッティング**(**過剰適合**)」と呼ばれる現象であり、モデルが訓練データに過剰にフィットしていることになります。訓練データに適合しすぎているため、未知のデータ(テストデータ)に対応できていないのです。この問題を解決する方法については、次節以降で見ていくことにします。

　前節と同様に、すべての予測値について目的変数との残差を求め、グラフにしてみましょう。

🐍 セル5

```
import matplotlib.pyplot as plt

# グラフの描画領域を設定
plt.figure(figsize=(8, 4))

# 訓練データを使用した予測値の残差をプロット
# x軸を予測値、y軸を残差にする
plt.scatter(
    y_train_pred,
    y_train - y_train_pred,
    color='blue', marker='o', edgecolor='white',
    label='Training data'
)
```

```
# テストデータを使用した予測値の残差をプロット
# x軸を予測値、y軸を残差にする
plt.scatter(
    y_test_pred,
    y_test - y_test_pred,
    color='red', marker='s', edgecolor='white',
    label='Test data'
)

# 残差0の水平線をプロット
plt.hlines(y=0, xmin=-5, xmax=10, color='black')
plt.xlim([-5, 10])
plt.ylim([-6, 6])
plt.legend()
plt.show()
```

🐍 図6.16　出力

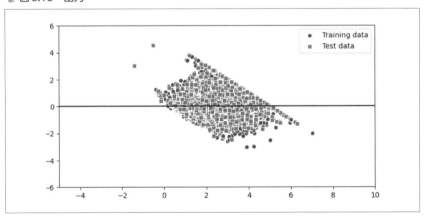

　y軸が残差ですので、y=0の水平線における分布が前節の重回帰モデルよりもやや狭くなっている印象です。予測値（x軸）がマイナスの値になっている数も、かなり少なくなっています。

7　Ridge回帰

機械学習では、訓練データを用いてモデルを作成し、テストデータを用いてモデルの性能を評価します。モデルをデータにフィットさせる作業を「学習」または「訓練」と呼び、学習がうまくいけば「データによくフィットしたモデル」を手に入れることができます。

ただし、訓練データにはよくフィットして誤差が小さくても、テストデータで予測を行うと大きな誤差が出ることがあります。このように、モデルが訓練データに過度にフィットすることを「過剰適合（オーバーフィッティング）」または「過学習」と呼びます。多項式回帰で考えると、回帰式の係数が訓練データの予測のみに特化している状態です。

このような過剰適合を抑制するための手法に「正則化」があります。正則化には、「L1正則化」と「L2正則化」の2つがあり、L1正則化を用いる回帰分析を「Lasso（ラッソ）回帰」、L2正則化を用いる回帰分析を「Ridge（リッジ）回帰」と呼びます。

多項式回帰モデルのオーバーフィッティング

一般的に、次数の数が多いほど、関数の表現力すなわち記述できる関数の幅が広がります。そのため、できるだけ次数を増やすことで、データの分布に沿った曲線を求められるようになります。例えば、多項式を用いた回帰分析では、次の式を使って予測を行います。

多項式を2次までとする回帰モデルの式

$$f_\theta(x) = \theta_{(0)} + \theta_{(1)}x + \theta_{(2)}x^2$$

この式は、次数を増やすことで、さらに複雑な曲線にも対応できます。

$$f_\theta(x) = \theta_{(0)} + \theta_{(1)}x + \theta_{(2)}x^2 + \cdots + \theta_{(n)}x^L$$

例として、説明変数が1つの場合において、求めたθを使って

$$f_\theta(x) = \theta_0 + \theta_1 x + \theta_2 x^2$$

のグラフを描くと、次のようになったとします。

📘 図6.17　$f_\theta(x) = \theta_0 + \theta_1 x + \theta_2 x^2$のグラフ

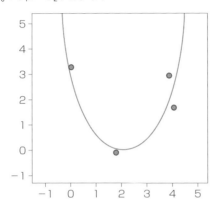

　データにうまくフィットした曲線が描かれています。では、次数を1つ増やして
$$f_\theta(x) = \theta_0 + \theta_1 x + \theta_2 x^2 + \theta_3 x^3$$
にした場合を考えてみます。計算が面倒ですが、これをうまく解いたとすると、$f_\theta(x)$
は次のような曲線を描くようになります。

📘 図6.18　$f_\theta(x) = \theta_0 + \theta_1 x + \theta_2 x^2 + \theta_3 x^3$のグラフ

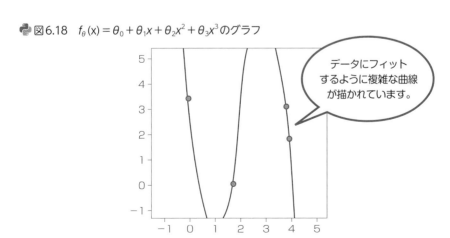

データにフィット
するように複雑な曲線
が描かれています。

データにかなりフィットした曲線になりました。このように極端にフィットした状態がオーバーフィッティングです。訓練データにのみフィットするので、テスト用のデータを入力して予測しようとしてもうまくいきません。オーバーフィッティングの原因として、主に次の2つが挙げられます。

- 多項式回帰の次数の項が多すぎる。
- 学習データが少ない。

🐍 Ridge回帰の損失関数

オーバーフィッティングを解消するための**L2正則化**を用いる「**Ridge（リッジ）回帰**」から取りかかることにしましょう。

L2正則化は「荷重減衰（Weight decay）という手法を用いて、モデルを構築する過程においてパラメーター（回帰係数）の値が大きくなりすぎたら「ペナルティ」を課します。そもそもオーバーフィッティングは、「重み」としての係数値が大きな値をとることによって発生することが多いためです。値が大きくなりすぎた係数のペナルティは、次の「正則化項」で行います。

🐍 正則化項

$$\frac{1}{2} \alpha \sum_{j=1}^{m} w_j^2$$

α（アルファ）は、正則化の影響を決める正の定数で、「**ハイパーパラメーター**」と呼ばれることがあります。1/2が付いているのは、誤差を最小にする際の計算式を簡単にするためで、特に深い意味はありません。w_j^2は、j個の重みです。重みは回帰式における係数に相当します。L2正則化項を用いたRidge回帰の式（正確には「損失関数」といいます）は次のようになります。

🐍 Ridge回帰の損失関数

$$E(\theta) = \frac{1}{2m}\left[\sum_{i=1}^{n}((\theta_{(0)}+\theta_{(1)}x+\theta_{(2)}x^2+\cdots+\theta_{(n)}x^L)-y_{(i)})^2 + \alpha(\theta_{(1)}^2+\cdots+\theta_{(n)}^2)\right]$$

m個の訓練データの数に対し、損失関数の平均二乗誤差の項は説明変数の数をnとしています。$y_{(i)}$は目的変数です。$\theta_{(0)}$は定数項、$\theta_{(1)}$〜$\theta_{(n)}$は係数を表しています。上記の式の

$$\frac{1}{2m}\left[\sum_{i=1}^{n}((\theta_{(0)}+\theta_{(1)}x+\theta_{(2)}x^2+\cdots+\theta_{(n)}x^L)-y_{(i)})^2\right]$$

の部分は、平均二乗誤差（MSE）の式に、計算を簡単にするための1/2を付加したものとなっています。

L2正則化項である$\alpha(\theta_{(1)}^2+\cdots+\theta_{(n)}^2)$は、インデックスn＝1から開始します。定数項$\theta_{(0)}$は含めません。定数項は機械学習において「**バイアス**」と呼ばれ、定数の1を前提としているので、正則化の対象にはならないためです。

モデルがオーバーフィッティングになると、パラメーター（係数）θの絶対値が大きくなる傾向があります。平均二乗誤差の損失関数の値を下げるために、θの絶対値を大きくするからです。L2正則化項は、パラメーターθの2乗にαを適用した値を持つので、θそのものの値が大きくなるのを抑制する効果が期待できます。

この抑制の強さをコントロールするのがハイパーパラメーターαの役目で、αが大きいほど正則化が強くなります。

🐍 Ridge回帰モデルで住宅価格を予測する

Ridge回帰モデルを作成し、「California Housing」の住宅価格（地区ごとの中央値）を予測してみましょう。Notebookを作成し、データセットの読み込みと前処理を行うコードを入力して実行します。

🐍 セル1 (houseprice_ridge.ipynb)

6-4節内「『California Housing』データセットの前処理」のセル1（本文337ページ）のコードを入力・実行

3次の多項式を作成し、訓練データとテストデータを計算します。

🐍 セル2

```
from sklearn.preprocessing import PolynomialFeatures

# 3次の多項式 (の行列) を生成する
# include_bias=Falseでバイアスパラメーターを設定しないようにする
poly = PolynomialFeatures(degree=3, include_bias=False)
# 多項式に訓練データを入力して計算する
X_train_pol = poly.fit_transform(X_train_std)
# 多項式でテストデータを計算する
X_test_pol = poly.transform(X_test_std)
```

scikit-learnのsklearn.linear_model.Ridgeを使って Ridge回帰の予測モデルを作成します。Ridge ()では、ハイパーパラメーターαの値が「alpha = 1.0」に設定されているので、これをそのまま使用します。

🐍 セル3

```
from sklearn.linear_model import Ridge

# RIdge回帰モデルを生成
model = Ridge()
# 多項式の計算結果と目的変数を設定して学習を開始
model.fit(X_train_pol, y_train)
```

学習済みモデルに、多項式で計算処理後の訓練データ (説明変数) を入力して、出力された予測値を取得します。同じように、多項式で計算処理後のテストデータ (説明変数) を入力して、出力された予測値を取得します。
　それぞれの予測値を取得したら、それぞれの目的変数のデータとの誤差を求めて、RMSEを計算します。

🐍セル4

```
from sklearn.metrics import mean_squared_error

# 多項式で計算後の訓練データをモデルに入力して予測値を取得
y_train_pred = model.predict(X_train_pol)
# 多項式で計算後のテストデータをモデルに入力して予測値を取得
y_test_pred = model.predict(X_test_pol)

# mean_squared_error()でMSEを求め、平方根をとってRMSEを求める
print('RMSE(train): %.4f' %(
    np.sqrt(mean_squared_error(y_train, y_train_pred)))
)
print('RMSE(test) : %.4f' %(
    np.sqrt(mean_squared_error(y_test, y_test_pred)))
)
```

🐍出力

```
RMSE(train): 0.5686
RMSE(test) : 0.6852
```

　訓練データのRMSE、テストデータのRMSEともに、多項式回帰モデルとほぼ同じ値になっています。「California Housing」データセットにおける住宅価格の予測では、L2正則化による効果はなかったようです。

8 Lasso回帰

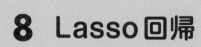

> **L2正則化は、パラメーター$\theta_{(0)}$を除くすべてのパラメーター$\theta_{(1)}$～$\theta_{(n)}$に対して、ペナルティを課しました。一方、ここで紹介するL1正則化は、重要度が低いと判断される説明変数を除外し、重要度が高い説明変数に対してのみペナルティを課します。したがって、パラメーター$\theta_{(1)}$～$\theta_{(n)}$のうち、重要度が高いものだけがペナルティの対象となります。**

🐍 Lasso回帰の損失関数

L1正則化項を用いたLasso（ラッソ）回帰の損失関数の一般式は、次のようになります。

🐍 Lasso回帰の損失関数

$$E(\theta) = \frac{1}{2m}\left[\sum_{i=1}^{n}((\theta_{(0)}+\theta_{(1)}x+\theta_{(2)}x^2+\cdots+\theta_{(n)}x^L)-y_{(i)})^2+\alpha(|\theta_{(1)}|+\cdots+|\theta_{(n)}|)\right]$$

m個の訓練データの数に対し、損失関数の平均二乗誤差の項は説明変数の数をnとしています。$y_{(i)}$は目的変数です。$\theta_{(0)}$は定数項、$\theta_{(1)}$～$\theta_{(n)}$は係数を表しています。

正則化項である$\alpha(|\theta_{(1)}|+\cdots+|\theta_{(n)}|)$は、バイアス$\theta_{(0)}$を除く、パラメーター$\theta_{(1)}$～$\theta_{(n)}$の絶対値となっています。

L1正則化では、回帰係数に相当するパラメーターθの一部をぴったり0と推定します。そのことにより、「重要度の低い説明変数」すなわち「取り除いても影響がない説明変数」を除外します。

ハイパーパラメーターαが0のときは、損失関数の値は平均二乗誤差の1/2と同じ値になります。αの値が大きいと「0と推定される回帰係数の数」が増え、逆にαの値が小さいと「0と推定される回帰係数の数」が減ります。

Lasso回帰モデルで住宅価格を予測する

Lasso回帰モデルを作成し、「California Housing」の住宅価格（地区ごとの中央値）を予測してみましょう。Notebookを作成し、データセットの読み込みと前処理を行うコードを入力して実行します。

セル1 (houseprice_lassoreg.ipynb)

6-4節内「『California Housing』データセットの前処理」のセル1（本文337ページ）のコードを入力・実行

3次の多項式を作成し、訓練データとテストデータを計算します。

セル2

```
from sklearn.preprocessing import PolynomialFeatures

# 3次の多項式（の行列）を生成する
# include_bias=Falseでバイアスパラメーターを設定しないようにする
poly = PolynomialFeatures(degree=3, include_bias=False)
# 多項式に訓練データを入力して計算する
X_train_pol = poly.fit_transform(X_train_std)
# 多項式でテストデータを計算する
X_test_pol = poly.transform(X_test_std)
```

scikit-learnのsklearn.linear_model.Lassoを使ってLasso回帰の予測モデルを作成します。Lasso()では、ハイパーパラメーターαの値が「alpha = 1.0」に設定されていますが、この設定のまま試してみたところ結果が思わしくなかったため、ここでは「alpha = 0.01」を設定することにします。

セル3

```
from sklearn.linear_model import Lasso
# Lasso回帰モデルを生成
model = Lasso(alpha=0.01)
```

```
# 多項式の計算結果と目的変数を設定して学習を開始
model.fit(X_train_pol, y_train)
```

　学習済みモデルに、多項式で計算処理後の訓練データ（説明変数）を入力して、出力された予測値を取得します。同じように、多項式で計算処理後のテストデータ（説明変数）を入力して、出力された予測値を取得します。

　それぞれの予測値を取得したら、それぞれの目的変数のデータとの誤差を求めて、RMSEを計算します。

🐍セル4

```
from sklearn.metrics import mean_squared_error

# 多項式で計算後の訓練データをモデルに入力して予測値を取得
y_train_pred = model.predict(X_train_pol)
# 多項式で計算後のテストデータをモデルに入力して予測値を取得
y_test_pred = model.predict(X_test_pol)

# mean_squared_error()でMSEを求め、平方根をとってRMSEを求める
print('RMSE(train): %.4f' %(
    np.sqrt(mean_squared_error(y_train, y_train_pred)))
)
print('RMSE(test) : %.4f' %(
    np.sqrt(mean_squared_error(y_test, y_test_pred)))
)
```

🐍出力

```
RMSE(train): 0.6005
RMSE(test) : 0.6285
```

　訓練データのRMSEは、平均約6万ドルの誤差になっていますが、テストデータのRMSEは約6万2900ドルまで低下しています。「California Housing」データセットにおける住宅価格の予測では、L1正則化による効果が認められました。

9 線形サポートベクター回帰

サポートベクターマシンは、回帰と分類の両方に使えるアルゴリズムです。こ
こでは、サポートベクターマシンを利用した「線形サポートベクター回帰」による
予測について紹介します。

線形サポートベクター回帰と損失関数

サポートベクターマシン（**SVM**：Support Vector Machine）は、機械学習において
従来から広く使われていた手法です。各データ点との距離が最大になる境界を求める
のが特徴で、汎化性能が高いといわれています。

サポートベクターマシンを回帰に用いる**サポートベクター回帰**のモデルの式は、次の
ようになります。

サポートベクター回帰の式

$$f_\theta(x_i) = \theta_0 + \theta_1 x_1 + \theta_2 x_2 + \cdots + \theta_n x_n$$

回帰ですので、線形重回帰の式と同じです。損失関数を最小化するパラメーター θ_1
$\sim \theta_n$ の値を計算し、予測を行います。次に、線形サポートベクター回帰の損失関数につ
いて見てみましょう。

線形サポートベクター回帰の損失関数

$$E(\theta) = C \sum_{i=1}^{n} (\xi_{(i)} + \hat{\xi}_{(i)}) + \frac{1}{2} \sum_{j=1}^{m} \theta_j^2$$

損失関数 $E(\theta)$ は、マージン違反の損失関数とL2正則化の損失関数の合計値で構成
されています。ξ は「グザイ」と読みます。マージン違反の損失関数には、次の4つの式
で表される制約条件があります。

$$y_{(i)} \leq f_{\theta}(x_i) + \xi + \hat{\xi}_{(i)}$$
$$y_{(i)} \geq f_{\theta}(x_i) - \xi - \hat{\xi}_{(i)}$$
$$\xi_{(i)} \geq 0$$
$$\hat{\xi}_{(i)} \geq 0$$

ここで、サポートベクター回帰で重要な概念であるモデルの予測とチューブについて確認しておきましょう。

サポートベクターとは

サポートベクター（サポートベクトル）とは、予測値の分布を示す「点」において、線形または非線形で表されるライン（境界線）に最も近いデータの点のことです。サポートベクターによる予測モデルでは、境界線の近くに許容範囲（マージン）を示すラインを引き、境界線から外れた予測値をできるだけ許容範囲に収めることを試みます。

グラフを見ながら確認しましょう。2次元の平面のグラフで確認できるように、説明変数の数が2の場合を例に説明します。

図6.19　モデルの予測とチューブの領域

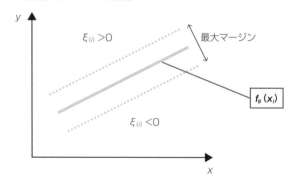

マージンが作る帯の領域を「**チューブ**」と呼びます。チューブを形成するマージン上側の誤差ξと下側の誤差$\hat{\xi}$は、それぞれ次のように表すことができます。

- マージン上側の誤差：$\xi = y - (f_\theta(x) + \varepsilon)$
- マージン下側の誤差：$\hat{\xi} = (f_\theta(x) - \varepsilon) - y$

　マージン上側の誤差、言い換えるとチューブ上側のξは、訓練データにおける予測値が正解値（目的変数）yより上側に離れた距離になります。一方、チューブ下側の$\hat{\xi}$は、予測値が正解値yより下側に離れた距離になります。

　サポートベクター回帰のモデルは、x_iの予測値として先の図の$f_\theta(x_i)$にεのマージンを追加して、上下の点線で示される領域（チューブ）を予測します。チューブの端を含む領域の中に正解値$y_{(i)}$が含まれていれば、誤差は0になります。対して正解値$y_{(i)}$がチューブの外の場合は誤差が発生し、マージン違反が発生します。このときのマージン違反の誤差は、正解値yとチューブのy軸方向の距離ξに比例します。

　ここでもう一度、マージン違反の損失関数を見てみましょう。Cという定数がありますが、これを**コスト値**と呼び、マージン違反と正則化の強さのバランスを調整する働きをします。Cが大きいほど、正解値yがチューブから外れたときの誤差（$\xi_{(i)} + \hat{\xi}_{(i)}$）が大きくなるので、マージン違反の損失関数の影響も大きくなります。

6

予測問題におけるモデリング

サポートベクターマシンのカーネル関数　コラム

　ここでは線形サポートベクター回帰について取り上げていますが、現実のデータは説明変数間の関係が線形ではなく、非線形であることが多いです。そのため、サポートベクター回帰では、線形回帰を行う関数のほかに、非線形の回帰を行う関数が用いられます。これらの関数のことを「**カーネル関数**」と呼びます。

カーネル関数には、「線形カーネル関数」や「多項式カーネル関数」、「ガウスカーネル関数」があります。線形カーネル関数を持つサポートベクター回帰が、本節で取り上げている線形サポートベクター回帰です。次は、カーネル関数を一般化した式です。

🐍 カーネル関数の一般式

$$K(\bar{x}_i, \bar{x}_j) = \Phi(\bar{x}_i) \cdot \Phi(\bar{x}_j)$$

説明変数間の関係が非線形の場合は、説明変数のデータから新たなデータを作り出す必要があります。上の式では、新しい次元（別の空間）へのデータの写像を行う関数を$\Phi(x)$として、説明変数のデータx_iに$\Phi(\bar{x}_i)$を適用し、もう1つの説明変数のデータx_jに$\Phi(\bar{x}_j)$を適用し、その積を求めることを示しています。

●線形カーネル関数

線形のカーネル関数は、データをまったく変換せずに、説明変数のデータをそのまま返します。

$$K(\bar{x}_i, \bar{x}_j) = \bar{x}_i \cdot \bar{x}_j$$

●多項式カーネル関数

多項式カーネル関数は、データの単純な非線形変換を追加します。

$$K(\bar{x}_i, \bar{x}_j) = (\bar{x}_i \cdot \bar{x}_j + 1)^d$$

●ガウスカーネル関数

ガウスカーネル関数は、正規分布の確率密度関数です。

$$K(\bar{x}_i, \bar{x}_j) = e^{\frac{-||\bar{x}_i - \bar{x}_j||^2}{2\sigma^2}}$$

「学習にあたって、どのカーネル関数を組み合わせるか」を決める確かな法則は存在しません。そのため、多くの場合は、カーネル関数を組み替えての試行錯誤が求められます。

🐍 線形サポートベクター回帰で住宅価格を予測する

scikit-learnの**sklearn.svm.SVR**で、線形サポートベクター回帰による予測モデルを作成することができます。デフォルトでガウスカーネルを用いたサポートベクター回帰を行うので、線形サポートベクター回帰の場合はオプションで「kernel='linear'」を指定します。

🐍 表6.4 sklearn.svm.SVR

書式		sklearn.svm.SVR(
		    kernel='rbf', degree=3, gamma='scale', coef0=0.0,
		    tol=0.001, C=1.0, epsilon=0.1, shrinking=True,
		    cache_size=200, verbose=False, max_iter=-1)

主なパラメーター	kernel	カーネル関数を指定します。 'linear'（線形カーネル関数） 'poly'（多項式カーネル関数） 'rbf'（ガウスカーネル関数） 'sigmoid'（シグモイドカーネル関数） 'precomputed'（事前変換済みカーネルを使う） デフォルトは'rbf'（ガウスカーネル関数）です。
	C	制約に違反したときのコストを表す数値を指定します。デフォルトは「1」。
	epsilon	「チューブ」の縦の幅。デフォルトは「0.1」。

線形サポートベクター回帰のモデルを作成し、「California Housing」の住宅価格（地区ごとの中央値）を予測してみましょう。Notebookを作成し、データセットの読み込みと前処理を行うコードを入力して実行します。

🐍 セル1 (housingprice_svm.ipynb)

> 6-4節内「『California Housing』データセットの前処理」のセル1（本文337ページ）のコードを入力・実行

sklearn.svm.SVR()に「kernel='linear'」を指定して線形サポートベクター回帰のモデルを作成し、学習を行います。

6

予測問題におけるモデリング

セル2

```
from sklearn.svm import SVR

# 線形サポートベクター回帰のモデルを生成
# kernel='linear' を指定する
model = SVR(kernel='linear')
# 学習開始
model.fit(X_train_std, y_train)
```

学習済みモデルに訓練データ（説明変数）を入力して出力された予測値を取得し、同じようにテストデータ（説明変数）を入力して出力された予測値を取得します。続いてそれぞれの予測値と目的変数のデータとの誤差を求めて、RMSEを計算します。

セル3

```
from sklearn.metrics import mean_squared_error
import numpy as np

# 訓練データ、テストデータをそれぞれモデルに入力して予測値を取得
y_train_pred = model.predict(X_train_std)
y_test_pred = model.predict(X_test_std)
# 訓練データ、テストデータのRMSEを求める
print(np.sqrt(mean_squared_error(y_train, y_train_pred)))
print(np.sqrt(mean_squared_error(y_test, y_test_pred)))
```

出力

```
RMSE(train): 0.6785
RMSE(test) : 0.6779
```

訓練データ、テストデータともに、重回帰モデルのときとほぼ同じ値になっています。続いて次節では、ガウスカーネルを用いたサポートベクター回帰について見ていきます。

10 ガウスカーネルの
サポートベクター回帰

前節では、線形カーネル関数を用いたサポートベクター回帰について取り上げました。ここでは、sklearn.svm.SVRのデフォルトになっているガウスカーネル関数を用いる非線形のサポートベクター回帰について見ていきます。

ガウスカーネルの非線形サポートベクター回帰で
住宅価格を予測する

ガウスカーネル関数は、「正規分布の確率密度関数」です。

正規分布の確率密度関数

$$f(x) = \frac{1}{\sigma\sqrt{2\pi}} \exp\left\{ -\frac{1}{2}\left(\frac{X-\mu}{\sigma}\right)^2 \right\}$$

　ガウスカーネル関数はsklearn.svm.SVRのデフォルトになっているので、サポートベクター回帰モデルに用いた場合、どのような性能を発揮するのか確かめてみましょう。

　Notebookを作成し、データセットの読み込みと前処理を行うコードを入力して実行します。

セル1 (housingprice_svm_gaussian.ipynb)

6-4節内「『California Housing』データセットの前処理」のセル1（本文337ページ）のコードを入力・実行

　sklearn.svm.SVR () に「kernel = 'rbf'」を指定してガウスカーネルのサポートベクター回帰モデルを作成し、学習を行います。

🐍 セル2

```
from sklearn.svm import SVR

# ガウスカーネルのサポートベクター回帰モデルを生成
# kernel='rbf' を指定する
model = SVR(kernel='rbf')
# 学習開始
model.fit(X_train_std, y_train)
```

　学習済みモデルに訓練データ（説明変数）を入力して出力された予測値を取得し、同じようにテストデータ（説明変数）を入力して出力された予測値を取得します。続いてそれぞれの予測値と目的変数のデータとの誤差を求めて、RMSEを計算します。

🐍 セル3

```
from sklearn.metrics import mean_squared_error
import numpy as np

# 訓練データ、テストデータをそれぞれモデルに入力して予測値を取得
y_train_pred = model.predict(X_train_std)
y_test_pred = model.predict(X_test_std)
# 訓練データ、テストデータのRMSEを求める
print(np.sqrt(mean_squared_error(y_train, y_train_pred)))
print(np.sqrt(mean_squared_error(y_test, y_test_pred)))
```

🐍 出力

```
RMSE(train): 0.5236
RMSE(test) : 0.5443
```

　訓練データの誤差の平均は約5万2000ドル、テストデータの誤差の平均は約5万4000ドルまで減少しました。SVRのパラメーター値はすべてデフォルトのままで、いっさいチューニングをしていませんが、これまでの予測モデルの中でベストの精度が出ました。

すべての予測値について目的変数との残差を求め、グラフにしてみましょう。

🐍 セル4

6-6節内「多項式回帰モデルで住宅価格を予測する」のセル5（本文350ページ）のコードを入力・実行

🐍 図6.20　出力

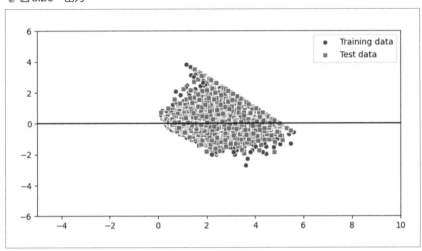

視覚的にも、誤差のバラツキが小さくなっていることが確認できます。

11 決定木回帰

> 「決定木 (decision tree)」は、「木構造 (tree structure)」を使って説明変数と目的変数との関係をモデル化します。本物の木のように、太い枝から細かく枝分かれしていく構造をしていることから、このような名前が付けられています。

「決定木」のアルゴリズム

　決定木のモデルの入り口は条件となる部分で、木構造の頂点となることから**ルートノード** (root node) と呼びます。ルートノード以下には、説明変数ごとに選択を行う**決定ノード** (decision node) が、ルートノードにぶら下がるように配置されます。

　決定ノードからは結果を表す枝 (branch) が伸びていて、枝の結果のみで終わるもの、枝の結果が次の決定ノードに伸びていくものに分かれます。このように、ルートノードにぶら下がるように配置された決定ノードは、最終的に**終端ノード** (terminal node) で終わります。分類問題の場合は、終端ノードの判定がそのまま分類の結果になります。予測問題の場合、終端ノードは「決定木の一連の事象からどのような結果が期待されるか」を表すものになります。

●決定木を使うメリット

　決定木は、目的変数がカテゴリの場合にも数値の場合にも使うことができる、汎用性の高い手法です。

決定木のメリット

- 欠損値を欠損値として扱えるので、データの前処理が少なくて済む。
- 統計や数学に関する知識がなくても、結果を容易に理解できる。
- 条件分岐の様子を示すことができる。
- モデルを適用するための前提条件として、値の分布や線形・非線形などをあまり気にする必要がない。
- データ数が多くなっても、予測に必要な計算量が少なくて済む。

このように決定木には多くのメリットがありますが、一方で次の問題も存在します。

決定木の短所

- 条件分岐が複雑になりやすく、過学習しやすい。
- データが少し変わっただけで、まったく異なる決定木が構築される。
- 最も適した決定木を構築するのが難しい。

このような問題を解決するための手段として、**アンサンブル学習**が用いられます。アンサンブル学習を用いる決定木については、次節で紹介します。

6

予測問題におけるモデリング

決定木回帰で住宅価格を予測する

決定木回帰のモデルを作成し、「California Housing」の住宅価格（地区ごとの中央値）を予測してみましょう。Notebook を作成し、データセットの読み込みと前処理を行うコードを入力して実行します。

セル1 (housingprice_decision_tree.ipynb)

6-4節内「『California Housing』データセットの前処理」のセル1（337ページ）のコードを入力・実行

scikit-learn の **sklearn.tree.DecisionTreeRegressor** で、決定木回帰による予測モデルを作成することができます。

表6.5　sklearn.tree.DecisionTreeRegressor

書式	sklearn.tree.DecisionTreeRegressor(criterion='squared_error', splitter='best', max_depth=None, min_samples_split=2, min_samples_leaf=1, min_weight_fraction_leaf=0.0, max_leaf_nodes=None[, …以下省略])

パラメーター	criterion	誤差の測定を行う損失関数を指定します。 'squared_error' (平均二乗誤差) 'friedman_mse' (平均二乗誤差とフリードマンの改善スコアを使用) 'absolute_error' (平均絶対誤差) 'poisson' (ポアソン逸脱度の減少を使用する) デフォルトは'squared_error' (平均二乗誤差) です。
	splitter	各決定ノードで分割を選択するために使用される手法。最適な分割を選択する'best'と、ランダム分割を選択する'random'がサポートされています。デフォルトは'best'。
	max_depth	ツリー (決定木) の最大深度 (int)。デフォルトのNone の場合、すべての決定ノードが展開されます。
	min_samples_split	決定ノードを分割するために必要なサンプルの最小数。デフォルトは「2」。
	min_samples_leaf	決定ノードに必要なサンプルの最小数。デフォルトは「1」。
	min_weight_fraction_leaf	決定ノード重みの合計の最小値。デフォルトは「0.0」。
	max_leaf_nodes	決定ノードの最大数。デフォルトのNoneでは、決定ノードの数は無制限になります。

DecisionTreeRegressor () のパラメーター値がすべてデフォルトの状態で、決定木回帰の予測モデルを作成し、学習を行います。

📎 セル2

```
from sklearn.tree import DecisionTreeRegressor

# 決定木回帰モデルを生成
model = DecisionTreeRegressor()
# 訓練データを設定して学習を実行
model.fit(X_train_std, y_train)
```

　学習済みモデルに訓練データ（説明変数）を入力して出力された予測値を取得し、同じようにテストデータ（説明変数）を入力して出力された予測値を取得します。続いてそれぞれの予測値と目的変数のデータとの誤差を求めて、RMSEを計算します。

🐍 セル3

```
from sklearn.metrics import mean_squared_error

# 多項式で計算後の訓練データをモデルに入力して予測値を取得
y_train_pred = model.predict(X_train_pol)
# 多項式で計算後のテストデータをモデルに入力して予測値を取得
y_test_pred = model.predict(X_test_pol)

# mean_squared_error()でMSEを求め、平方根をとってRMSEを求める
print('RMSE(train): %.4f' %(
    np.sqrt(mean_squared_error(y_train, y_train_pred)))
)
print('RMSE(test) : %.4f' %(
    np.sqrt(mean_squared_error(y_test, y_test_pred)))
)
```

🐍 出力

```
RMSE(train): 0.0000
RMSE(test) : 0.7326
```

　訓練データで予測したときの平均誤差は0になりましたが、テストデータで予測したときの平均誤差は約7万3000ドルになっています。明らかにオーバーフィッティング（過学習）が発生しています。

12 ランダムフォレスト回帰

予測問題や分類問題に使われる手法に「アンサンブル」というものがあります。複数のモデルで同じデータを学習し、多数決あるいは平均をとって予測値や分類結果を返すというものです。ここで紹介する「ランダムフォレスト (random forest)」は、複数あるいは大量の決定木を構築して、アンサンブルを行います。そのため、ランダムフォレストは「決定森 (decision tree forest)」と呼ばれることもあります。

ランダムフォレスト

ランダムフォレストは、極めて大規模なデータセットを処理でき、オーバーフィッティング (過学習) を起こしにくいアルゴリズムです。

ランダムフォレストの主な長所

- 予測問題・分類問題の両方でよい性能が得られる、汎用的なモデルです。
- 連続値やカテゴリ値からなるデータに対応しています。
- 欠損値があってもそのまま使えます。また、ノイズを含んでいるデータもそのまま使えます。
- 重要なデータだけを選択するので、大量のデータにも対処できます。

決定木の長所と同じ点が多いですが、オーバーフィッティングに対処できるのが最も注目すべき点です。

ランダムフォレスト回帰で住宅価格を予測する

ランダムフォレスト回帰のモデルを作成し、「California Housing」の住宅価格 (地区ごとの中央値) を予測してみましょう。Notebookを作成し、データセットの読み込みと前処理を行うコードを入力して実行します。

セル1 (housingprice_randomforest.ipynb)

> 6-4節内「『California Housing』データセットの前処理」のセル1（本文337ページ）のコードを入力・実行

scikit-learnの**sklearn.ensemble.RandomForestRegressor**で、ランダムフォレスト回帰による予測モデルを作成することができます。

表6.6　sklearn.ensemble.RandomForestRegressor

書式	colspan	`sklearn.ensemble.RandomForestRegressor(`
		`    n_estimators=100, criterion='squared_error',`
		`    max_depth=None,`
		`    min_samples_split=2, min_samples_leaf=1,`
		`    min_weight_fraction_leaf=0.0,`
		`    max_leaf_nodes=None[, …以下省略])`

パラメーター	n_estimators	決定木の数を整数で指定します。デフォルト値は100。
	criterion	誤差の測定を行う損失関数を指定します。 'squared_error'（平均二乗誤差） 'friedman_mse'（平均二乗誤差とフリードマンの改善スコアを使用） 'absolute_error'（平均絶対誤差） 'poisson'（ポアソン逸脱度の減少を使用する） デフォルトは'squared_error'（平均二乗誤差）です。
	max_depth	ツリー（決定木）の最大深度(int)。デフォルトのNoneの場合、すべての決定ノードが展開されます。
	min_samples_split	決定ノードを分割するために必要なサンプルの最小数。デフォルトは「2」。
	min_samples_leaf	決定ノードに必要なサンプルの最小数。デフォルトは「1」。
	min_weight_fraction_leaf	決定ノード重みの合計の最小値。デフォルトは「0.0」。
	max_leaf_nodes	決定ノードの最大数。デフォルトのNoneでは、決定ノードの数は無制限になります。

　RandomForestRegressor()のパラメーター値がすべてデフォルトの状態で、ランダムフォレスト回帰の予測モデルを作成し、学習を行います。

🐍 セル2

```
from sklearn.tree import RandomForestRegressor

# 決定木回帰モデルを生成
model = RandomForestRegressor()
# 訓練データを設定して学習を実行
model.fit(X_train_std, y_train)
```

　学習済みモデルに訓練データ（説明変数）を入力して出力された予測値を取得し、同じようにテストデータ（説明変数）を入力して出力された予測値を取得します。続いてそれぞれの予測値と目的変数のデータとの誤差を求めて、RMSEを計算します。

🐍 セル3

```
from sklearn.metrics import mean_squared_error

# 多項式で計算後の訓練データをモデルに入力して予測値を取得
y_train_pred = model.predict(X_train_pol)
# 多項式で計算後のテストデータをモデルに入力して予測値を取得
y_test_pred = model.predict(X_test_pol)

# mean_squared_error()でMSEを求め、平方根をとってRMSEを求める
print('RMSE(train): %.4f' %(
    np.sqrt(mean_squared_error(y_train, y_train_pred)))
)
print('RMSE(test) : %.4f' %(
    np.sqrt(mean_squared_error(y_test, y_test_pred)))
)
```

🐍 出力

```
RMSE(train): 0.1895
RMSE(test) : 0.5091
```

　訓練データで予測したときの平均誤差は約1万9000ドルと低い値でありながら、テストデータで予測したときの平均誤差も約5万ドルと低い値を示しています。決定木回帰のときに発生したオーバーフィッティング（過学習）が改善されているようです。

　すべての予測値について目的変数との残差を求め、グラフにしてみましょう。

🐍 セル4

6-6節内「多項式回帰　多項式回帰モデルで住宅価格を予測する」のセル5（本文350ページ）のコードを入力・実行

🐍 図6.21　出力

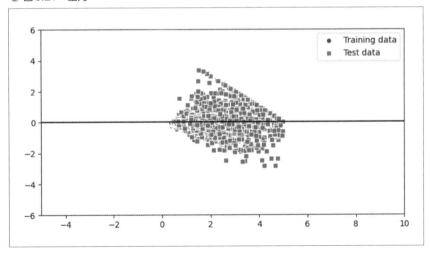

　訓練データの残差点のほとんどがテストデータのものに隠れてしまっていますが、視覚的にも、誤差のバラツキがこれまでで最も小さくなっていることが確認できます。

13 勾配ブースティング決定木

本章の最後に、勾配ブースティング決定木を用いた回帰モデルについて紹介します。勾配ブースティング決定木は、決定木を利用したアルゴリズムです。

勾配ブースティング決定木 (GBDT)

　勾配ブースティング決定木 (**GBDT** : Gradient Boosting Decision Tree) では、学習アルゴリズムにあまり高性能なものは使われません。その代わりに、「予測値の誤差を、新しく作成した学習アルゴリズムが次々に引き継いでいきながら、誤差を小さくしていく」という手法が用いられます。

　ランダムフォレストでは、例えば3つの決定木 (学習器) があれば、それを一斉に実行して多数決で予測値を決定します。それに対して勾配ブースティングは、決定木が増えるに従って、その決定木が持つ誤差を小さくしていくようにします。

図6.22　GBDTの予測

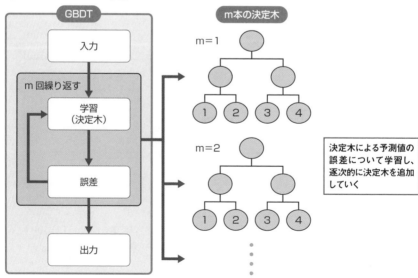

GBDTではまず、決定木を利用して1回目の予測を行います。続いて、予測値と目的変数との差を測定して誤差（残差）を算出します。この誤差を正解値として2回目の予測を行います。ここでは、予測値と1回目の予測で求めた正解値との誤差を求め、これを3回目の予測の正解値として使用して、3回目の予測を行います。この流れを何回も繰り返すことで学習を進めます。

🐍 GBDT の実装

scikit-learnにはGBDTの実装として、予測問題用の「GradientBoostingRegressor」と分類問題用の「GradientBoostingClassifier」が用意されています。

🐍 GBDT 回帰で住宅価格を予測する

scikit-learnの**sklearn.ensemble.GradientBoostingRegressor**で、勾配ブースティング決定木回帰の予測モデルを作成します。

🐍 表6.7　sklearn.ensemble.GradientBoostingRegressor

書式	sklearn.ensemble.GradientBoostingRegressor (loss='squared_error', learning_rate=0.1, n_estimators=100, subsample=1.0, criterion='friedman_mse', min_samples_split=2, min_samples_leaf=1, min_weight_fraction_leaf=0.0, max_leaf_nodes=None, max_depth=3, random_state=None, n_iter_no_change=None, tol=0.0001[, …以下省略])	
パラメーター	loss	損失関数を指定します。 'squared_error' (平均二乗誤差) 'absolute_error' (平均絶対誤差) 'huber' (平均二乗誤差と平均絶対誤差の組み合わせ) 'quantile' (分位点回帰による誤差) デフォルトは'squared_error' (平均二乗誤差)です。
	learning_rate	学習率。デフォルトは「0.1」。
	n_estimators	決定木の数。学習回数に相当するので、通常、数値が大きいほどパフォーマンスが向上します。デフォルトは「100」。

6

予測問題におけるモデリング

パラメーター	subsample	個々の基本学習器のフィッティングに使用されるサンプルの割合。1.0 より小さい場合、確率的勾配ブースティングになります。デフォルトは「1.0」。
	criterion	各ノードにおいて誤差を測定する方法。フリードマンによる改善スコアを含む平均二乗誤差の'friedman_mse'、平均二乗誤差の'squared_error' が設定できます。デフォルトは 'friedman_mse' です。
	min_samples_split	決定ノードを分割するために必要なサンプルの最小数。デフォルトは「2」。
	min_samples_leaf	決定ノードに必要なサンプルの最小数。デフォルトは「1」。
	min_weight_fraction_leaf	決定ノード重みの合計の最小値。デフォルトは「0.0」。
	max_leaf_nodes	決定ノードの最大数。デフォルトのNoneでは、決定ノードの数は無制限になります。
	max_depth	ツリー（決定木）の最大深度 (int)。None の場合、すべての決定ノードが展開されます。
	random_state	ブースティングの反復ごとに生成される乱数のシード値（種）を設定します。
	n_iter_no_change	早期学習停止（アーリーストッピング）を発動する際の監視対象の学習回数を指定します。デフォルトはNoneです。
	tol	早期学習停止（アーリーストッピング）の許容範囲とする誤差を指定します。n_iter_no_changeの回数だけ学習を繰り返してもtolの値より誤差が小さくならなければ、学習が停止されます。

●GradientBoostingRegressor() のパラメーターチューニングのポイント

GradientBoostingRegressor () には様々なパラメーターがあるので、主なパラメーターの設定値の目安についてまとめておきます。

●learning_rate（学習率）

学習率を小さくし、決定木の数を増やすことで、継続的に精度を上げることが期待できますが、そのぶん収束までに時間がかかるようになります。最初はデフォルトの0.1 から始め、0.01 や0.05などの小さい値を試すとよいでしょう。

● n_estimators（決定木の数）

いわゆる学習回数ですが、デフォルトの100から始めて、結果を観察しながら大きな値を試します。

● n_iter_no_change（監視回数）

早期学習停止（アーリーストッピング）における監視対象の学習回数ですが、一般的に50程度がよいとされています。ただし、「学習が進まないのになかなか停止しない」場合は値を小さくし、逆に「学習の途上で早期に停止してしまう」場合は値を大きくする、といった措置を行います。

● max_depth

決定木の深さを設定することでモデルの複雑さを調整できます。

● GradientBoostingRegressorでモデルを作成して住宅価格を予測する

GBDT回帰のモデルを作成し、「California Housing」の住宅価格（地区ごとの中央値）を予測してみましょう。Notebookを作成し、データセットの読み込みと前処理を行うコードを入力して実行します。

🔹 セル1（housingprice_gbr.ipynb）

> 6-4節内「『California Housing』データセットの前処理」のセル1（本文337ページ）のコードを入力・実行

学習率を0.9にして学習を行ってみます。

🔹 セル2

```python
from sklearn.ensemble import GradientBoostingRegressor

# 学習率のみ0.9に設定してGBDT回帰の予測モデルを生成
model = GradientBoostingRegressor(learning_rate=0.9)
# 訓練データを設定して学習を開始
model.fit(X_train_std, y_train)
```

右側縦書き：6 予測問題におけるモデリング

　学習済みモデルに訓練データ（説明変数）を入力して出力された予測値を取得し、同じようにテストデータ（説明変数）を入力して出力された予測値を取得します。続いてそれぞれの予測値と目的変数のデータとの誤差を求めて、RMSEを計算します。

🐍 セル3

```
from sklearn.metrics import mean_squared_error

# 多項式で計算後の訓練データをモデルに入力して予測値を取得
y_train_pred = model.predict(X_train_pol)
# 多項式で計算後のテストデータをモデルに入力して予測値を取得
y_test_pred = model.predict(X_test_pol)

# mean_squared_error()でMSEを求め、平方根をとってRMSEを求める
print('RMSE(train): %.4f' %(
    np.sqrt(mean_squared_error(y_train, y_train_pred)))
)
print('RMSE(test) : %.4f' %(
    np.sqrt(mean_squared_error(y_test, y_test_pred)))
)
```

🐍 出力

```
RMSE(train): 0.3981
RMSE(test) : 0.4942
```

　訓練データで予測したときの平均誤差は約4万ドル、テストデータで予測したときの平均誤差はこれまでのベストの約4万9000ドルになりました。GBDT回帰と同じ決定木を用いたアンサンブル系のモデルであるランダムフォレスト回帰よりも、若干ですが精度が向上しています。

第7章

分類問題における
モデリング

機械学習の分類問題におけるモデリング（分類モデルの構築）について紹介します。

この章でできること

線形、非線形のサポートベクターマシンを用いた分類モデルを構築してデータの分類が行えるようになります。

1 「Wine Quality」データセットを利用した分類問題

機械学習における分類問題用のデータセットに「Wine Quality」があります。赤ワインと白ワインの各データセットがあり、赤ワインのデータセット「wine quality-red」には、1599件の赤ワインの品質の測定値と、1〜10の10段階の評価データが収録されています。

🐍 分類問題における「二値分類」と「多クラス分類」

分類問題における分類とは、分類先の「クラス」の境界値を決定する問題だと考えることができます。クラスとは「正解値を表すカテゴリデータ」のことで、分類問題では分類先のことをクラスと呼びます。

0と1のクラスに分類することを**二値分類**と呼び、さらに多くのクラスに分類することを**多クラス分類**（マルチクラス分類）と呼びます。本章で扱う「Wine Quality」データセットの目的変数は、ワインの品質（等級）を示す3〜8の離散値なので、6クラスの多クラス分類になります。

🐍 「Wine Quality」データセットをダウンロードして中身を確認する

「UCI Machine Learning Repository」のサイトで、赤ワインのデータセット「winequality-red.csv」と白ワインのデータセット「winequality-white.csv」が公開されています。

赤ワインのデータセットは、

> https://archive.ics.uci.edu/ml/machine-learning-databases/wine-quality/winequality-red.csv

からダウンロードできるので、これをデータフレームに直接読み込み、どのようなデータが収録されているのか見てみることにしましょう。

Notebookを作成し、セルに次のコードを入力して実行します。

🐍 セル1 (winequality_data.ipynb)

```
import pandas as pd


# winequality-red.csvをダウンロードしてデータフレームに格納
df_wine = pd.read_csv(
    "https://archive.ics.uci.edu/ml/machine-learning-databases/
wine-quality/winequality-red.csv",
    sep=";", header=0)
# 冒頭5件のデータを表示
df_wine.head()
```

🐍 図7.1 出力

	fixed acidity	volatile acidity	citric acid	residual sugar	chlorides	free sulfur dioxide	total sulfur dioxide	density	pH	sulphates	alcohol	quality
0	7.4	0.70	0.00	1.9	0.076	11.0	34.0	0.9978	3.51	0.56	9.4	5
1	7.8	0.88	0.00	2.6	0.098	25.0	67.0	0.9968	3.20	0.68	9.8	5
2	7.8	0.76	0.04	2.3	0.092	15.0	54.0	0.9970	3.26	0.65	9.8	5
3	11.2	0.28	0.56	1.9	0.075	17.0	60.0	0.9980	3.16	0.58	9.8	6
4	7.4	0.70	0.00	1.9	0.076	11.0	34.0	0.9978	3.51	0.56	9.4	5

11列のデータ（説明変数）およびワインの評価（目的変数）の1列のデータで構成されています。

🐍 表7.1 「winequality-red」の11列のデータ (説明変数)

カラム (列) 名	内容
fixed acidity	酒石酸濃度
volatile acidity	酢酸濃度
citric acid	クエン酸濃度
residual sugar	残糖濃度
chlorides	塩化ナトリウム濃度
free sulfur dioxide	遊離SO$_2$ (二酸化硫黄) 濃度
total sulfur dioxide	総SO$_2$ (二酸化硫黄) 濃度

7

分類問題におけるモデリング

カラム (列) 名	内容
density	密度
pH	水素イオン濃度
sulphates	硫化カリウム濃度
alcohol	アルコール度数

表7.2 「winequality-red」の目的変数

カラム (列) 名	内容
quality	1〜10の評価

●データの確認

Pandasの**DataFrame.info()**を実行して、データの総数やデータ型、欠損値の数を確認します。

セル2

```
# データの総数やデータ型、欠損値の数を確認
df_wine.info()
```

出力

```
<class 'pandas.core.frame.DataFrame'>
RangeIndex: 1599 entries, 0 to 1598
Data columns (total 12 columns):
 #   Column                Non-Null Count  Dtype
---  ------                --------------  -----
 0   fixed acidity         1599 non-null   float64
 1   volatile acidity      1599 non-null   float64
 2   citric acid           1599 non-null   float64
 3   residual sugar        1599 non-null   float64
 4   chlorides             1599 non-null   float64
 5   free sulfur dioxide   1599 non-null   float64
 6   total sulfur dioxide  1599 non-null   float64
 7   density               1599 non-null   float64
 8   pH                    1599 non-null   float64
```

9	sulphates	1599 non-null	float64
10	alcohol	1599 non-null	float64
11	quality	1599 non-null	int64

dtypes: float64(11), int64(1)

memory usage: 150.0 KB

　レコード（行）の数は1,599で、説明変数のすべてにおいて欠損値は含まれていません。続いてPandasの**DataFrame.describe()**を実行して、各列の基本統計量を確認します。

🐍 **セル4**

```
# 各列の基本統計量を確認
print(df_wine.describe())
```

🐍 **出力**

```
Output exceeds the size limit. Open the full output data in a text editor
```

	fixed acidity	volatile acidity	citric acid	residual sugar ¥
count	1599.000000	1599.000000	1599.000000	1599.000000
mean	8.319637	0.527821	0.270976	2.538806
std	1.741096	0.179060	0.194801	1.409928
min	4.600000	0.120000	0.000000	0.900000
25%	7.100000	0.390000	0.090000	1.900000
50%	7.900000	0.520000	0.260000	2.200000
75%	9.200000	0.640000	0.420000	2.600000
max	15.900000	1.580000	1.000000	15.500000

	chlorides	free sulfur dioxide	total sulfur dioxide	density ¥
count	1599.000000	1599.000000	1599.000000	1599.000000
mean	0.087467	15.874922	46.467792	0.996747
std	0.047065	10.460157	32.895324	0.001887
min	0.012000	1.000000	6.000000	0.990070
25%	0.070000	7.000000	22.000000	0.995600
50%	0.079000	14.000000	38.000000	0.996750
75%	0.090000	21.000000	62.000000	0.997835
max	0.611000	72.000000	289.000000	1.003690

7

分類問題におけるモデリング

	pH	sulphates	alcohol	quality
count	1599.000000	1599.000000	1599.000000	1599.000000
mean	3.311113	0.658149	10.422983	5.636023
std	0.154386	0.169507	1.065668	0.807569
min	2.740000	0.330000	8.400000	3.000000
25%	3.210000	0.550000	9.500000	5.000000
50%	3.310000	0.620000	10.200000	6.000000
75%	3.400000	0.730000	11.100000	6.000000
max	4.010000	2.000000	14.900000	8.000000

　目的変数「quality」では、最小値が3、最大値が8になっています。品質については10段階評価でしたが、実際に付けられた評価は3、4、5、6、7、8であることがわかります。したがって今回の分類問題は、6クラスの多クラス分類になります。

●ヒストグラムを作成してデータの分布を確認する
　すべてのデータをヒストグラムにして、データの分布状況を見てみましょう。

🐍 セル5

```
import matplotlib.pyplot as plt

# pandas.DataFrame.hist()で
# ビンの数を50にして全体を10×10（インチ）でプロット
df_housing.hist(bins=50, figsize=(10, 10))
plt.show()
```

🐍 図7.2 出力

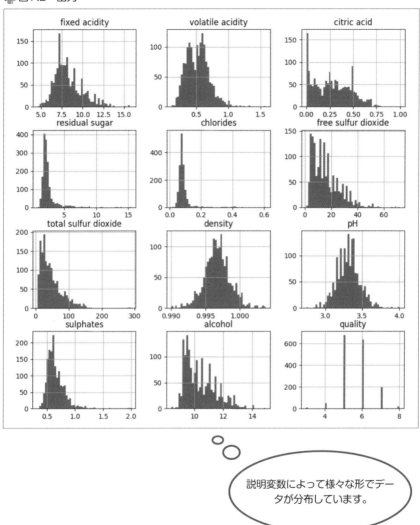

説明変数によって様々な形でデータが分布しています。

　目的変数の「quality」を見ると、品質評価の5と6が突出して多くなっています。説明変数では、residual sugar（残糖濃度）やchlorides（塩化ナトリウム濃度）をはじめとするいくつかの分布が左側に偏っています。

2 線形サポートベクターマシンによる分類

線形のサポートベクターマシンのモデルを作成して、ワイン品質の多クラス分類を行います。

サポートベクターマシンによる分類

サポートベクターマシン（**SVM**：Support Vector Machine）による分類では、クラス間の境界線を決定するにあたって、「マージン」と「サポートベクター」という概念を使います。次は、6-9節「線形サポートベクター回帰」の図6.19と同じものです。

図7.3　モデルの予測とチューブの領域

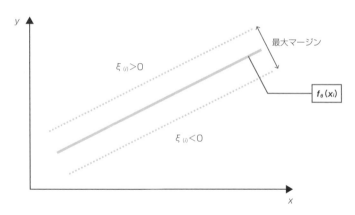

ここでは、説明を簡単にするため、2個のクラスの二値分類について2次元の図を用いて考えてみます。次は、サポートベクターマシンによる二値分類の様子を表した図です。

🐍 図7.4　サポートベクターマシンによる分類

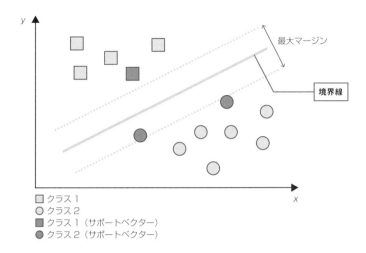

□ クラス1
○ クラス2
■ クラス1（サポートベクター）
● クラス2（サポートベクター）

　マージンは、境界線と各データとの距離で、この距離が大きければ、新しいデータを分類する際に安定して動作することが期待できます。境界線付近にある□や○が**サポートベクター**で、マージンを最大化する役目を持っています。各クラスには少なくともサポートベクターが1つ存在しますが、複数になることもあります。サポートベクターによる二値分類では、新しいデータが入力されたときの誤判定を防ぐため、境界線に近いデータであっても境界線からできるだけ離すことが重要になります。

　上の図において、境界線を挟んで上下のマージンで囲まれた面を**超平面**（hyperplane）と呼び、超平面はサポートベクターだけで定義できます。図の超平面は2次元の平面上に描かれた直線で構成されていますが、3次元で構成される立体的な面になる場合もあります。このような直線または立体的な面によって分類できることを**線形分離可能**と表現します。ただし、データによっては線形分離が不可能な場合があります。そのような場合は、非線形のカーネル関数を用いて、元のデータを高次元空間に移し替えて分類します。

●ソフトマージンSVM

　SVMでは、直線、平面、超平面を境界としてデータを分離することを**線形分離**と呼びますが、実際のデータでは線形分離が不可能な場合があることは上述のとおりです。

この場合、非線形のカーネル関数を用いるほかに、**ソフトマージンSVM**が使われることもあります。

ソフトマージンSVMは、誤差を認めるとよりよい線形分離ができる場合、一部のデータについてマージンに入ることを許します。その代わりに、データがマージンに入った場合はペナルティを与え、マージンの最大化とペナルティの最小化を同時に行うことで、できるだけうまく分類できる境界を見付ける——というものです。

scikit-learnのsklearn.svm.LinearSVCでは、モデルを作成する際にCオプションの値を小さく設定することで対処します。Cオプションの設定値を小さくすることで正則化の影響を大きくし、結果としてソフトマージンSVMを実現する仕組みです。なお、LinearSVCのCオプションのデフォルト値は「1.0」なので、設定を変えずにそのままソフトマージンSVMによる分類モデルが作成できます。

🐍 線形サポートベクターマシンでワインの品質を分類する

scikit-learnの**sklearn.svm.LinearSVC**により、線形サポートベクターマシンによる分類モデルを作成することができます。

🐍表7.3 sklearn.svm.LinearSVC

書式	sklearn.svm.LinearSVC(　penalty='l2', loss='squared_hinge', C=1.0, 　random_state=None, max_iter=1000[, …以下省略])	
パラメーター	penalty	ペナルティに使用するl^1ノルム'l1'またはl^2ノルム'l2'を指定します。デフォルトは'l2'です。
	loss	損失関数を指定します。デフォルトの'squared_hinge' (ヒンジ損失の2乗) はSVM標準の損失関数。
	C	正則化パラメーター。正則化の強さはCの設定値に反比例します。デフォルトは「1.0」。
	random_state	データをシャッフルするために生成される乱数のシード (種)。
	max_iter	実行される反復処理の最大数。デフォルトは「1000」。

Notebookを作成し、データセットの読み込みと前処理を行うコードを入力して実行します。

📕 セル1 (winequality_LinearSVC.ipynb)

```python
import pandas as pd
from sklearn.model_selection import train_test_split
from sklearn.preprocessing import StandardScaler

# winequality-red.csvをダウンロードしてデータフレームに格納
df_wine = pd.read_csv(
    "https://archive.ics.uci.edu/ml/machine-learning-databases/wine-
quality/winequality-red.csv",
    sep=";", header=0)

# 説明変数のデータをNumPy配列に格納
X = df_wine.iloc[:,0:11].values
# 目的変数のデータをNumPy配列に格納
y = df_wine.iloc[:,-1].values

# 説明変数のデータと目的変数のデータを8:2の割合で分割する
X_train, X_test, y_train, y_test = train_test_split(
    X, y, test_size=0.2, random_state=0)

# 標準化を行うStandardScalerを生成
scaler = StandardScaler()
# 訓練データを標準化する
X_train_std = scaler.fit_transform(X_train)
# 訓練データの標準化に使用したStandardScalerでテストデータを標準化する
X_test_std = scaler.transform(X_test)
```

線形サポートベクターマシンのモデルを作成し、「winequality-red」のワイン品質の分類を学習させます。LinearSVC()のデフォルト「max_iter=1000」では「収束に失敗した」というエラーが出るので、反復回数を「max_iter=7000」にまで増やしています。

🐍 セル2

```
from sklearn.svm import LinearSVC

# 線形サポートベクターマシンのモデルを作成
model = LinearSVC(random_state=0, max_iter=7000)
# モデルの訓練 (学習)
model.fit(X_train_std, y_train)
```

　訓練データとテストデータをモデルに入力して分類結果を取得します。続いて、sklearn.metrics.accuracy_score()で、目的変数に対する分類予測の正解率を取得します。

🐍 セル3

```
from sklearn.metrics import accuracy_score

# 訓練データを学習済みモデルに入力して予測値を取得
y_train_pred = model.predict(X_train_std)
# テストデータを学習済みモデルに入力して予測値を取得
y_test_pred = model.predict(X_test_std)
# 訓練データの正解率を取得
acc_train = accuracy_score(y_train, y_train_pred)
# テストデータの正解率を取得
acc_test = accuracy_score(y_test, y_test_pred)
# 正解率を出力
print('acc_train',acc_train)
print('acc_test', acc_test)
```

🐍 出力

```
acc_train 0.5871774824081314
acc_test 0.634375
```

　訓練データを用いた分類予測の正解率は「0.58717…」、テストデータを用いた分類予測の正解率は「0. 634375」という結果になりました。

3 非線形サポートベクターマシンによる分類

前節では、線形サポートベクターマシンによる多クラス分類について取り上げました。ここでは、ガウスカーネル関数でデータを変換する非線形のサポートベクターマシンの分類モデルを作成し、ワイン品質の分類を行ってみます。

ガウスカーネルのサポートベクターマシン

ここでは、sklearn.svm.SVCでガウスカーネル関数を指定し、非線形のサポートベクターマシンの分類モデルを実装します。分類を決定する境界線が非線形となり、ガウスカーネル関数によって変換されたデータ点をより柔軟に分類できるようになるので、分類精度の向上が期待できます。

表7.4　sklearn.svm.SVC

書式	sklearn.svm.SVC(C=1.0, kernel='rbf', gamma='scale', max_iter=−1, decision_function_shape='ovr', random_state=None)	
パラメーター	C	正則化パラメーター。正則化の強さはCの設定値に反比例します。デフォルトは「1.0」。
	kernel	カーネル関数を指定します。 'linear' (線形カーネル関数) 'poly' (多項式カーネル関数) 'rbf' (ガウスカーネル関数) 'sigmoid' (シグモイドカーネル関数) 'precomputed' (事前変換済みカーネルを使う) デフォルトは'rbf' (ガウスカーネル関数) です。

パラメーター	gamma	訓練データの位置を中心としたガウス分布の広がりを指定します。設定値が小さいほど緩やかなガウス分布になり、大きい場合はとがったガウス分布になります。一般に、値を大きくすると訓練データによりフィットしますが、オーバーフィッティングになりやすくなります。デフォルトの'scale'では、訓練データの分散の逆数が適用されます。
	max_iter	最大反復回数。デフォルトは「−1」（無制限）。
	decision_function_shape	デフォルトの'ovr'で多クラス分類に対応します。
	random_state	データをシャッフルするために生成される乱数のシード（種）。

　Notebookを作成し、データセットの読み込みと前処理を行うコードを入力して実行します。

🐍 セル1 (winequality_SVC.ipynb)

```python
import pandas as pd
from sklearn.model_selection import train_test_split
from sklearn.preprocessing import StandardScaler

# winequality-red.csvをダウンロードしてデータフレームに格納
df_wine = pd.read_csv(
  "https://archive.ics.uci.edu/ml/machine-learning-databases/wine-
quality/winequality-red.csv",
  sep=";", header=0)

# 説明変数のデータをNumPy配列に格納
X = df_wine.iloc[:,0:11].values
# 目的変数のデータをNumPy配列に格納
y = df_wine.iloc[:,-1].values

# 説明変数のデータと目的変数のデータを8:2の割合で分割する
X_train, X_test, y_train, y_test = train_test_split(
    X, y, test_size=0.2, random_state=0)
```

```
# 標準化を行うStandardScalerを生成
scaler = StandardScaler()
# 訓練データを標準化する
X_train_std = scaler.fit_transform(X_train)
# 訓練データの標準化に使用したStandardScalerでテストデータを標準化する
X_test_std = scaler.transform(X_test)
```

　ガウスカーネル関数が設定されたサポートベクターマシンのモデルを作成し、
「winequality-red」のワイン品質の分類を学習させます。sklearn.svm.SVC()のデフォ
ルト値のままにして、random_stateオプションのみ設定します。

🐍 セル2

```
from sklearn.svm import SVC

# ガウスカーネル関数が設定された
# サポートベクターマシンのモデルを作成
model = SVC(random_state=0)
# モデルの訓練（学習）
model.fit(X_train_std, y_train)
```

　訓練データとテストデータをモデルに入力して分類結果を取得します。続いて、
sklearn.metrics.accuracy_score()で、目的変数に対する分類予測の正解率を取得し
ます。

🐍 セル3

```
from sklearn.metrics import accuracy_score

# 訓練データを学習済みモデルに入力して予測値を取得
y_train_pred = model.predict(X_train_std)
# テストデータを学習済みモデルに入力して予測値を取得
y_test_pred = model.predict(X_test_std)
# 訓練データの正解率を取得
acc_train = accuracy_score(y_train, y_train_pred)
# テストデータの正解率を取得
```

7

分類問題におけるモデリング

```
acc_test = accuracy_score(y_test, y_test_pred)
# 正解率を出力
print('acc_train',acc_train)
print('acc_test', acc_test)
```

🐍 出力

```
acc_train 0.6669272869429241
acc_test 0.64375
```

訓練データを用いた分類予測の正解率は「0.66692…」、テストデータを用いた分類予測の正解率は「0.64375」という結果になりました。線形サポートベクターマシンの分類モデルよりも、わずかですが精度が向上しています。

サポートベクターマシン コラム

サポートベクターマシン（**SVM**）は、教師あり学習で用いられるパターン認識モデルの1つですが、分類問題だけでなく回帰問題にも用いることが可能な、汎用性の高いモデルです。

1963年にVladimir VapnikとAlexey Ya. Chervonenkisによって線形サポートベクターマシンが発表され、1992年にBernhard E. Boser、Isabelle M. Guyon、Vladimir Vapnikによって非線形へと拡張したサポートベクターマシンが発表されました[*]。

＊…**が発表されました**　フリー百科事典『ウィキペディア（Wikipedia）』より。

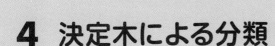

4　決定木による分類

「決定木 (decision tree)」を利用したモデルを作成し、「winequality-red」におけるワインの評価 (3〜8) について分類します。

🐍 決定木の分類モデル

6-11節「決定木回帰」で紹介したとおり、**決定木**は本物の木のような枝分かれの構造のモデルを構築します。頂点のルートノードから伸びた決定ノード (枝) により、データを分類するための一連の決定が定義されます。

決定木が機械学習の他のモデルに比べて優れている点として、「データの前処理を行わなくても処理できる」ことが挙げられます。特徴量を正規化したり標準化したりする必要がありません。

決定木の分類モデルは、scikit-learnの**sklearn.tree.DecisionTreeClassifier**で作成することができます。

🐍 表7.5　sklearn.tree.DecisionTreeClassifier

書式	sklearn.tree.DecisionTreeClassifier(　criterion='gini', splitter='best', max_depth=None, 　min_samples_split=2, min_samples_leaf=1, 　min_weight_fraction_leaf=0.0, random_state=None, 　max_leaf_nodes=None[, …以下省略])	
パラメーター	criterion	誤差の測定を行う損失関数を指定します。 'gini ' (ジニ係数) 'entropy' (交差エントロピー誤差) 'log_loss ' (対数損失) デフォルトは'gini ' (ジニ係数) です。
	splitter	各決定ノードで分割を選択するために使用される手法。最適な分割を選択する'best'と、ランダム分割を選択する'random'がサポートされています。デフォルトは'best'。
	max_depth	ツリー (決定木) の最大深度 (int)。デフォルトのNoneの場合、すべての決定ノードが展開されます。

パラメーター	min_samples_split	決定ノードを分割するために必要なサンプルの最小数。デフォルトは「2」。
	min_samples_leaf	決定ノードに必要なサンプルの最小数。デフォルトは「1」。
	min_weight_fraction_leaf	決定ノード重みの合計の最小値。デフォルトは「0.0」。
	random_state	データを分割する際に生成される乱数のシード（種）。整数値で指定します。デフォルトはNone（設定値なし）。
	max_leaf_nodes	決定ノードの最大数。デフォルトのNoneでは、決定ノードの数は無制限になります。

●決定木の分類モデルでワインの品質を分類する

　Notebookを作成し、データセットの読み込みと訓練データ、テストデータへの分割を行うコードを入力して実行します。今回は、標準化の処理は行いません。

📛 セル1 (winequality_decisionTree.ipynb)

```
import pandas as pd
from sklearn.model_selection import train_test_split

# winequality-red.csvをダウンロードしてデータフレームに格納
df_wine = pd.read_csv(
    "https://archive.ics.uci.edu/ml/machine-learning-databases/
wine-quality/winequality-red.csv",
    sep=";", header=0)

# 説明変数のデータをNumPy配列に格納
X = df_wine.iloc[:,0:11].values
# 目的変数のデータをNumPy配列に格納
y = df_wine.iloc[:,-1].values
# 説明変数のデータと目的変数のデータを8:2の割合で分割する
X_train, X_test, y_train, y_test = train_test_split(
    X, y, test_size=0.2, random_state=0)
```

　決定木の分類モデルを作成して、学習を実行します。

セル2

```
from sklearn.tree import DecisionTreeClassifier

# 決定木の分類モデルを作成
model = DecisionTreeClassifier(random_state=0)
# モデルの訓練（学習）
model.fit(X_train, y_train)
```

　訓練データとテストデータをモデルに入力して分類結果を取得します。続いて、sklearn.metrics.accuracy_score()で、目的変数に対する分類予測の正解率を取得します。

セル3

```
from sklearn.metrics import accuracy_score

# 訓練データを学習済みモデルに入力して予測値を取得
y_train_pred = model.predict(X_train)
# テストデータを学習済みモデルに入力して予測値を取得
y_test_pred = model.predict(X_test)
# 訓練データの正解率を取得
acc_train = accuracy_score(y_train, y_train_pred)
# テストデータの正解率を取得
acc_test = accuracy_score(y_test, y_test_pred)
# 正解率を出力
print('acc_train',acc_train)
print('acc_test', acc_test)
```

出力

```
acc_train 1.0
acc_test 0.69375
```

　訓練データを用いた分類予測の正解率は「1.0」で、明らかにオーバーフィッティングが発生しています。テストデータを用いた分類予測の正解率は「0.69375」という結果になりました。

5 ランダムフォレスト による分類

「ランダムフォレスト (random forest)」を利用したモデルを作成し、「wine quality-red」におけるワインの評価 (3〜8) について分類します。

ランダムフォレストの分類モデル

ランダムフォレストは、決定木を大量に作成して多数決によって予測または分類を行います。

ランダムフォレストの分類モデルは、scikit-learnの**sklearn.ensemble. RandomForestClassifier**で作成することができます。

表7.6　sklearn.ensemble.RandomForestClassifier

書式		sklearn.ensemble.RandomForestClassifier(n_estimators=100, criterion='gini', max_depth=None, min_samples_split=2, min_samples_leaf=1, min_weight_fraction_leaf=0.0, max_leaf_nodes=None, bootstrap=True, random_state=None[, …以下省略])
パラメーター	n_estimators	決定木の数を整数で指定します。デフォルト値は100。
	criterion	誤差の測定を行う損失関数を指定します。 'gini' (ジニ係数) 'entropy' (交差エントロピー誤差) 'log_loss ' (対数損失) デフォルトは'gini ' (ジニ係数) です。
	max_depth	ツリー (決定木) の最大深度 (int)。デフォルトのNoneの場合、すべての決定ノードが展開されます。
	min_samples_ split	決定ノードを分割するために必要なサンプルの最小数。デフォルトは「2」。
	min_samples_leaf	決定ノードに必要なサンプルの最小数。デフォルトは「1」。

パラメーター	min_weight_fraction_leaf	決定ノード重みの合計の最小値。デフォルトは「0.0」。
	max_leaf_nodes	決定ノードの最大数。デフォルトのNoneでは、決定ノードの数は無制限になります。
	bootstrap	ツリーの構築時にブートストラップ（訓練データから復元抽出を行ってサンプル数を水増しする方法）を使用するかどうか。Falseの場合、データセット全体を使用して各ツリーを構築します。デフォルトはTrue。
	random_state	ツリーを構築するときに使用するサンプルのブートストラップのランダム性のシード（種）を整数値で設定します。

●ランダムフォレストの分類モデルでワインの品質を分類する

Notebookを作成し、データセットの読み込みと訓練データ、テストデータへの分割を行うコードを入力して実行します。今回も標準化の処理は行いません。

📂 セル1（winequality_RandomForest.ipynb）

```
import pandas as pd
from sklearn.model_selection import train_test_split

# winequality-red.csvをダウンロードしてデータフレームに格納
df_wine = pd.read_csv(
    "https://archive.ics.uci.edu/ml/machine-learning-databases/
wine-quality/winequality-red.csv",
    sep=";", header=0)

# 説明変数のデータをNumPy配列に格納
X = df_wine.iloc[:,0:11].values
# 目的変数のデータをNumPy配列に格納
y = df_wine.iloc[:,-1].values
# 説明変数のデータと目的変数のデータを8:2の割合で分割する
X_train, X_test, y_train, y_test = train_test_split(
    X, y, test_size=0.2, random_state=0)
```

ランダムフォレストの分類モデルを作成して、学習を実行します。

🐍 セル2

```
from sklearn.ensemble import RandomForestClassifier

# ランダムフォレスト分類のモデルを作成
model = RandomForestClassifier(random_state=0)
# モデルの訓練 ( 学習 )
model.fit(X_train, y_train)
```

訓練データとテストデータをモデルに入力して分類結果を取得します。続いて、sklearn.metrics.accuracy_score()で、目的変数に対する分類予測の正解率を取得します。

🐍 セル3

```
from sklearn.metrics import accuracy_score

# 訓練データを学習済みモデルに入力して予測値を取得
y_train_pred = model.predict(X_train)
# テストデータを学習済みモデルに入力して予測値を取得
y_test_pred = model.predict(X_test)
# 訓練データの正解率を取得
acc_train = accuracy_score(y_train, y_train_pred)
# テストデータの正解率を取得
acc_test = accuracy_score(y_test, y_test_pred)
# 正解率を出力
print('acc_train',acc_train)
print('acc_test', acc_test)
```

🐍 出力

```
acc_train 1.0
acc_test 0.7125
```

訓練データを用いた分類予測の正解率は「1.0」で、オーバーフィッティングが発生しています。しかしながら、テストデータを用いた分類予測の正解率は「0.7125」で、これまでのベストの結果になりました。

6　勾配ブースティング決定木による分類

「勾配ブースティング決定木 (GBDT)」を利用したモデルを作成し、「wine quality-red」におけるワインの評価 (3〜8) について分類します。

勾配ブースティング決定木の分類モデル

　勾配ブースティング決定木 (GBDT：Gradient Boosting Decision Tree) では、学習アルゴリズムにあまり高性能なものは使われません。その代わりに、「予測値の誤差を、新しく作成した学習アルゴリズムが次々に引き継いでいきながら、誤差を小さくしていく」という手法が用いられます。

　勾配ブースティング決定木の分類モデルは、scikit-learnの**sklearn.ensemble.GradientBoostingClassifier**で作成することができます。

表7.7　sklearn.ensemble.GradientBoostingClassifier

書式	sklearn.ensemble.GradientBoostingClassifier (　loss='log_loss', learning_rate=0.1, 　n_estimators=100, subsample=1.0, 　criterion='friedman_mse', min_samples_split=2, 　min_samples_leaf=1, min_weight_fraction_leaf=0.0, 　max_leaf_nodes=None, max_depth=3, random_state=None, 　n_iter_no_change=None, tol=0.0001[, …以下省略])	
パラメーター	loss	誤差の測定を行う損失関数を指定します。デフォルトは、'log_loss' (対数損失) です。
	learning_rate	学習率。デフォルトは「0.1」。
	n_estimators	決定木の数。学習回数に相当するので、通常、数値が大きいほどパフォーマンスが向上します。デフォルトは「100」。
	subsample	個々の基本学習器のフィッティングに使用されるサンプルの割合。1.0より小さい場合、確率的勾配ブースティングになります。デフォルトは「1.0」。

パラメーター	criterion	各ノードにおいて誤差を測定する方法。フリードマンによる改善スコアを含む平均二乗誤差の'friedman_mse'、平均二乗誤差の'squared_error'が設定できます。デフォルトは'friedman_mse'です。
	min_samples_split	決定ノードを分割するために必要なサンプルの最小数。デフォルトは「2」。
	min_samples_leaf	決定ノードに必要なサンプルの最小数。デフォルトは「1」。
	min_weight_fraction_leaf	決定ノード重みの合計の最小値。デフォルトは「0.0」。
	max_leaf_nodes	決定ノードの最大数。デフォルトのNoneでは、決定ノードの数は無制限になります。
	max_depth	ツリー(決定木)の最大深度(int)。None の場合、すべての決定ノードが展開されます。デフォルトは「3」。
	random_state	ブースティングの反復ごとに生成される乱数のシード値(種)を設定します。
	n_iter_no_change	早期学習停止(アーリーストッピング)を発動する際の監視対象の学習回数を指定します。デフォルトはNoneです。
	tol	早期学習停止(アーリーストッピング)の許容範囲とする誤差を指定します。n_iter_no_changeの回数だけ学習を繰り返してもtolの値より誤差が小さくならなければ、学習が停止されます。

●勾配ブースティング決定木の分類モデルでワインの品質を分類する

Notebookを作成し、データセットの読み込みと訓練データ、テストデータへの分割を行うコードを入力して実行します。標準化の処理は行いません。

🐍 セル1 (winequality_GradientBoosting.ipynb)

```python
import pandas as pd
from sklearn.model_selection import train_test_split

# winequality-red.csvをダウンロードしてデータフレームに格納
df_wine = pd.read_csv(
    "https://archive.ics.uci.edu/ml/machine-learning-databases/
wine-quality/winequality-red.csv",
    sep=";", header=0)

# 説明変数のデータをNumPy配列に格納
X = df_wine.iloc[:,0:11].values
# 目的変数のデータをNumPy配列に格納
y = df_wine.iloc[:,-1].values
# 説明変数のデータと目的変数のデータを8:2の割合で分割する
X_train, X_test, y_train, y_test = train_test_split(
    X, y, test_size=0.2, random_state=0)
```

勾配ブースティング決定木の分類モデルを作成して、学習を実行します。学習率をデフォルトの1.0から0.2に変更して、学習効果を抑制します。

🐍 セル2

```python
from sklearn.ensemble import GradientBoostingClassifier

# 勾配ブースティング決定木のモデルを作成
# 学習率を0.2に設定
model = GradientBoostingClassifier(
    random_state=0, learning_rate=0.2)
# モデルの訓練 (学習)
model.fit(X_train, y_train)
```

7

分類問題におけるモデリング

　訓練データとテストデータをモデルに入力して分類結果を取得します。続いて、sklearn.metrics.accuracy_score()で、目的変数に対する分類予測の正解率を取得します。

🐍セル3

```
from sklearn.metrics import accuracy_score

# 訓練データを学習済みモデルに入力して予測値を取得
y_train_pred = model.predict(X_train)
# テストデータを学習済みモデルに入力して予測値を取得
y_test_pred = model.predict(X_test)
# 訓練データの正解率を取得
acc_train = accuracy_score(y_train, y_train_pred)
# テストデータの正解率を取得
acc_test = accuracy_score(y_test, y_test_pred)
# 正解率を出力
print('acc_train',acc_train)
print('acc_test', acc_test)
```

🐍出力

```
acc_train 0.9687255668491008
acc_test 0.69375
```

　訓練データを用いた分類予測の正解率は「0.96872…」で、オーバーフィッティングを少し抑制できたようです。テストデータを用いた分類予測の正解率は「0.69375」です。

第8章

教師なし学習における
モデリング

教師なし学習の手法として「主成分分析」、「クラスター
分析」について紹介します。

この章でできること

主成分分析による次元削除、クラスター分析によるデー
タのグループ分けが行えるようになります。

1 主成分分析

> 　主成分分析は、データの特徴を最大限に表す「主成分」を計算し、主成分を用いてデータを変換します。その目的は、特徴量の項目（説明変数）の数を減らすことです。説明変数の数を、より強くデータを説明できるものだけに絞り込むので、分析精度の向上が期待できます。機械学習では、説明変数の数が多すぎる場合などの前処理として、主成分分析による次元削減が行われることがあります。

主成分分析とは

　主成分分析（PCA：Principal Component Analysis）の目的は、データに多くの説明変数があるときに、それをごく少ない数（たいていは1〜3個）に置き換えて、データを解釈しやすくすることです。これを**次元削減**といいます。

　例えば、数学、物理、地理、英語、国語という5教科のテスト結果があるとします。この結果から「総合的な学力」、「理系の学力」、「文系の学力」という新しい指標（**主成分と**いいます）を作り出します。

図8.1　変量と主成分の関係

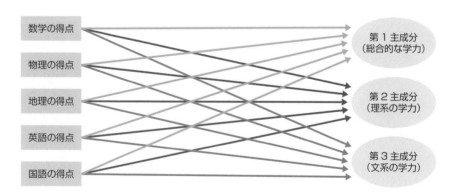

たんに「得点が高いから総合的な実力が高い」、「理系科目の点数が高いから理系向き」とするのではないところがポイントです。先ほどの図を見ると、5つの変量（列データ）から目的変数に向かって矢印が伸びています。

●主成分分析で求められる「主成分」

この図では主成分の数が3つでしたが、実際には説明変数の数だけ主成分が求められます。最初に求められる第1主成分は、5教科すべてを網羅する「総合的な学力」です。第2主成分が「理系的な学力」、第3主成分が、「文系的な学力」を表します。ただし、第2成分以降は「数学的に求められるもの」なので、意味付けは分析者自身が行う必要があります。

主成分は説明変数の数だけ求められますが、多くても第3主成分までを用いるのが一般的です。次の図は、5教科の得点に第2主成分までを適用した例です。

🐍 図8.2　第1主成分と第2主成分を用いて、すべてのデータを散布図で表す

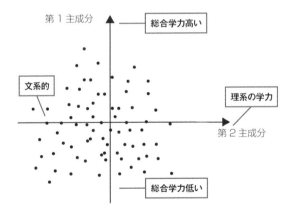

次の左図では、変量（説明変数のデータとお考えください）であるxとyの散布図上に、直角に交わる直線lとmが引かれています。これらの直線は、x、yの平均$(\bar{x}, \bar{y})$を通っています。一方、$(\bar{x}, \bar{y})$の点を0として、左図と同じ間隔で目盛を振って、l軸とm軸で構成される新しい座標を置いたのが右の図です。$(x, y) = (6, 3)$にある点Aは、座標$(l, m) = (4, 1)$になっていて、lの値に対してmの値が常に小さいことがわかります。そこで、lの値（第1成分）だけでデータを表そうとするのが、主成分分析の考え方です。

📲 図8.3　散布図に、$(\bar{x}, \bar{y})$ を通り互いに直交する2本の線を引く

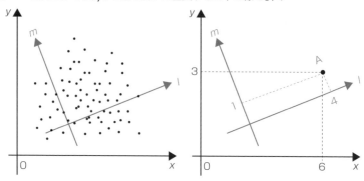

●第1主成分の式

2つの変量のデータ (x_1, y_1)、(x_2, y_2)、…、(x_n, y_n) があるとします。これを散布図にしたときに、「$a^2 + b^2 = 1$」という制限のもとで、データの偏差が最大になる軸を関数 $f(a_1, b_1)$ としたときの a_1、b_1 を求めれば、それが第1主成分になります。a_1、b_1 を第1主成分の**主成分負荷量**と呼び、データの変量の数と一致します。

📲 図8.4　第1主成分

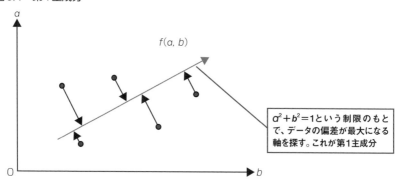

$a^2 + b^2 = 1$という制限のもとで、データの偏差が最大になる軸を探す。これが第1主成分

a_1、b_1 が求まれば、データを変換するための第1主成分の式「$z_{1(n)} = a_1 x_n + b_1 y_n$」が成立します。$z_{1(n)}$ は、第1主成分の式によって変換された n 個目のデータで、これを**主成分得点**といいます。主成分得点は、例えば (x_1, y_1) のデータから1個だけ求められるので、2変量のデータが1変量に「次元削減」されたことになります。データの数（レコード数）は変わりませんが、カラム（列）に相当する変量が1つに集約されました。

●第2主成分までを使う場合

第2主成分の場合も、変量の数に対応する主成分負荷量 a_2、b_2 が求められ、第2主成分の式「$z_{2(n)} = a_2x_n + b_2y_n$」を用いて「第2主成分の主成分得点」が求められます。したがって、第2主成分までを使う場合のデータの数は次のようになります。

表8.1　2変量のデータに対して第2主成分までを使った場合の主成分得点

	第1主成分の主成分得点	第2主成分の主成分得点
データ1	$z_{1(1)} = a_1x_1 + b_1y_1$	$z_{2(1)} = a_2x_1 + b_2y_1$
データ2	$z_{1(2)} = a_1x_2 + b_1y_2$	$z_{2(2)} = a_2x_2 + b_2y_2$
⋮	⋮	⋮
データn	$z_{1(n)} = a_1x_n + b_1y_n$	$z_{2(n)} = a_2x_n + b_2y_n$

●どのくらい的確にデータを要約しているかを示す「寄与率」

次の左図のように、lに沿うような感じでデータが分布していれば問題はないのですが、右図のように広く分布している場合は、lの値に対してmの値が大きくなったり小さくなったりとバラバラですので、lだけではうまく説明できません。

図8.5　lの成分がデータを要約できるパターン（左）と要約できないパターン（右）

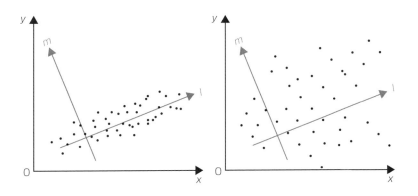

そこで、l成分が「どのくらい的確にデータを要約しているか」を示すのが、**寄与率**という指標です。

🐍 2変量の場合の *l* 成分の寄与率

> 2つの変量を要約する成分を *l*、他方の成分を *m* とすると、寄与率 *C* は、
>
> $$l成分の寄与率\, C = \frac{(l成分の二乗和)}{(l成分の二乗和)+(m成分の二乗和)}$$
>
> となります。
>
> 　寄与率は、Contribution の頭文字の *C* で表されます。*l* 成分の二乗和は、すべてのデータの *l* の値を2乗し、これを足し上げたものです。寄与率を求める式の分子は、分母よりも小さい値なので、寄与率は常に1よりも小さい値になります。*l* 成分の寄与率 *C* が大きければ大きいほど（すなわち1に近ければ近いほど）、*l* 成分はデータのことをよく説明していることになります。これは、*l* 成分と *m* 成分の二乗和に対して、*l* 成分の二乗和が占める割合が大きいからです。
>
> 　前ページの左図では、点全体が直線状に並んでおり、*m* 成分に対して *l* 成分が大きいので、*l* 成分の寄与率 *C* は大きくなります。逆に、*l* 成分と *m* 成分の二乗和に対して、*l* 成分の二乗和が占める割合が小さければ、寄与率の値が小さくなります。

[🐍 「Iris データセット」を主成分分析で次元削減する]

　アヤメ科・アヤメ属の3種類のアヤメ (setosa、versicolor、virginica) の花弁と萼に関するデータを収録した「Iris データセット」が scikit-learn で提供されています。説明変数として4列のデータがあるので、このデータに対し、主成分分析を用いて変量の数を減らす「次元削減」を行ってみます。

●「Iris データセット」を読み込んで内容を確認する

　「Iris データセット」を読み込んで、データの内容を確認します。

🐍 セル1 (irisdata_pca.ipynb)

```
from sklearn import datasets
import pandas as pd
# Irisデータセットを読み込む
dataset = datasets.load_iris()
# カラム名のリストを取得して内容を出力
feature_names = dataset.feature_names
```

```
print('feature_names:', feature_names)
# カラムのデータを取得してデータの形状を出力
features = dataset.data
print('features.shape:', features.shape)
# ターゲットのリストを取得して内容を出力
target_names = dataset.target_names
print('target_names:', target_names)
# ターゲット（正解値）を取得してデータの形状を出力
targets = dataset.target
print('targets.shape:', targets.shape)
# irisデータからデータフレームを作成し、ターゲットを列末尾に追加
df = pd.DataFrame(features, columns=feature_names)
df['target'] = target_names[targets]
# データフレームの先頭部分を出力
df.head()
```

🐍 図8.6 出力

```
feature_names: ['sepal length (cm)', 'sepal width (cm)', 'petal length (cm)', 'petal width (cm)']
features.shape: (150, 4)
target_names: ['setosa' 'versicolor' 'virginica']
targets.shape: (150,)
```

	sepal length (cm)	sepal width (cm)	petal length (cm)	petal width (cm)	target
0	5.1	3.5	1.4	0.2	setosa
1	4.9	3.0	1.4	0.2	setosa
2	4.7	3.2	1.3	0.2	setosa
3	4.6	3.1	1.5	0.2	setosa
4	5.0	3.6	1.4	0.2	setosa

　150件のデータ（レコード）があり、「sepal length（cm）：萼の長さ」「sepal width（cm）：萼の幅」「petal length（cm）：花弁の長さ」「petal width（cm）：花弁の幅」の4変量の測定値が記録されています。targetは該当するアヤメの種類（setosa、versicolor、virginica）を示す「0」「1」「2」の数値が格納されています。

8
教師なし学習におけるモデリング

●主成分分析による次元削減

scikit-learnの**sklearn.decomposition.PCA**で、主成分分析のモデルを作成することができます。

🐸 セル2

```
from sklearn.preprocessing import StandardScaler
from sklearn.decomposition import PCA
# データを標準化
x_scaled = StandardScaler().fit_transform(features)
# 主成分分析を行うPCAモデルを生成
pca = PCA()
# fit()メソッドで主成分得点を取得
pca.fit(x_scaled)
# 第1主成分～第4主成分をデータフレームに格納して出力
print(pd.DataFrame(
    pca.components_,          # components_ で主成分を取得
    columns=feature_names)) # カラム名
print('---------------------------')
# 各主成分の寄与率を出力
print('各主成分の寄与率:', pca.explained_variance_ratio_)
```

🐸 出力

	sepal length (cm)	sepal width (cm)	petal length (cm)	petal width (cm)
0	0.521066	-0.269347	0.580413	0.564857
1	0.377418	0.923296	0.024492	0.066942
2	-0.719566	0.244382	0.142126	0.634273
3	-0.261286	0.123510	0.801449	-0.523597

```
---------------------------
```
各主成分の寄与率： [0.72962445 0.22850762 0.03668922 0.00517871]

変量（説明変数）の数と同じ、第1主成分から第4主成分までの主成分負荷量が求められました。4変量のデータ（x_n, y_n, u_n, v_n）なので、第1主成分の主成分得点を求める式は、

$$z_{1(n)} = a_1 x_n + b_1 y_n + c_1 u_n + d_1 v_n$$

となります。例えば1行目のデータの第1主成分の得点は、

$$(0.52 \times -0.90) + (-0.27 \times 1.02) + (0.58 \times -1.34) + (0.57 \times -1.32) = -2.27$$

のように求められます（小数第三位を四捨五入）。

　寄与率を見てみると、第1主成分で約73%、第2主成分で約23%と、2つの主成分でデータの特徴をほぼ説明しているようです。

　主成分の数（次元）を2次元に削減して、結果を見てみましょう。

🐍 セル3

```
import matplotlib.pyplot as plt

# 主成分の数を2にしてPCAモデルを生成
pca = PCA(n_components=2)
# fit()メソッドで主成分得点を取得
x_transformed = pca.fit_transform(x_scaled)
print('主成分得点の形状:', x_transformed.shape)
print('----------------------------')

# 次元削減後の主成分得点をデータフレームで出力
print(pd.DataFrame(x_transformed).head())

# Figure、Axesを生成
fig, ax = plt.subplots()
# ターゲット(正解)ごとに主成分得点のリストを作成
# 第1要素は第1主成分の得点、第2要素は第2主成分の得点
x0 = x_transformed[targets==0]  # 正解が0の主成分得点
x1 = x_transformed[targets==1]  # 正解が1の主成分得点
x2 = x_transformed[targets==2]  # 正解が2の主成分得点

# 正解が0～2それぞれの第1主成分得点をx軸、第2主成分得点をy軸に設定
ax.scatter(x0[:, 0], x0[:, 1])  # 正解が0
```

```
ax.scatter(x1[:, 0], x1[:, 1])      # 正解が1
ax.scatter(x2[:, 0], x2[:, 1])      # 正解が2
ax.set_xlabel("Component-1")        # 第1主成分をx軸ラベル
ax.set_ylabel("Component-2")        # 第2主成分をy軸ラベル
plt.show()
```

🐍出力

```
主成分得点の形状： (150, 2)
----------------------------
            0         1
0   -2.264703  0.480027
1   -2.080961 -0.674134
2   -2.364229 -0.341908
3   -2.299384 -0.597395
4   -2.389842  0.646835
```

🐍図8.7 主成分の次元を2次元に削減した結果

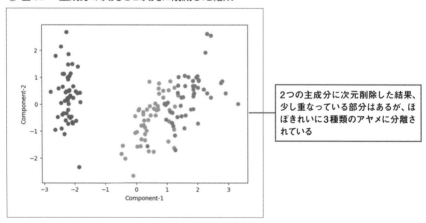

2つの主成分に次元削除した結果、少し重なっている部分はあるが、ほぼきれいに3種類のアヤメに分離されている

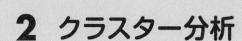 

2 クラスター分析

クラスター分析は、データをいくつかのグループ（クラスター）に分ける教師なし学習です。機械学習では、データの前処理としてクラスター分析を行い、各データのクラスターの重心からの距離を特徴量として用いることがあります。ここでは、クラスター分析のk平均法 (k-means) について見ていきます。

「k平均法」によるクラスター分析

クラスター分析の手法の1つであるk平均法 (k-means) は、教師なし学習なので、データの正解値を必要としません。データを適当なクラスターに分けたあと、クラスターの重心（クラスターに属するデータの中心点とお考えください）を調整することで、データがうまい具合に分かれるようにしていくアルゴリズムです。具体的な手順は次のようになります。

①データをランダムにk個のクラスターに分ける

散布図上のデータが3つのクラスターにランダムに分けられた

②クラスターに属するデータの重心を求める

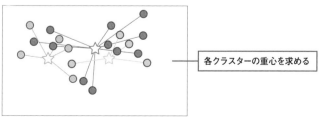

各クラスターの重心を求める

③各データの重心からの距離を計算し、距離が一番近いクラスターに割り当て直す

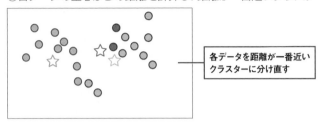

各データを距離が一番近い
クラスターに分け直す

④新たな重心を求めて、最も近い重心のクラスターに分け直す

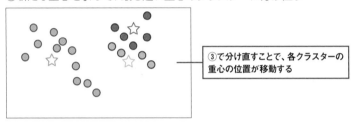

③で分け直すことで、各クラスターの
重心の位置が移動する

⑤ ③と④を繰り返し実施し、重心の位置が動かなくなったら終了

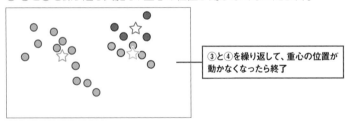

③と④を繰り返して、重心の位置が
動かなくなったら終了

●クラスタリング時の注意―標準化

　ここで説明したクラスター分析の手順には、気を付けるべきポイントがあります。上の図の縦軸と横軸にはあえて目盛りを入れていませんでしたが、それぞれのデータの単位が異なると、2つの軸の物差しがまったく違うことになります。そのまま距離を計算することはできないので、前もって標準化を行い、縦軸と横軸のスケールを揃えることが必要です。

クラスター分析で「Iris データセット」をグループ分けする

「Irisデータセット」を、ターゲット（花の種類の正解値）を用いることなく、クラスタリングによってグループ分けしてみましょう。scikit-learn には、k平均法によるクラスター分析を行う**KMeans クラス**が用意されています。

表8.2　sklearn.cluster.KMeans

書式	sklearn.cluster.KMeans(　　n_clusters=8, init='k-means++', n_init=10, 　　max_iter=300, tol=0.0001, verbose=0, 　　random_state=None, copy_x=True, 　　algorithm='auto')	
パラメーター	n_clusters	クラスター数。デフォルト値は8。
	init	初期化の方法。デフォルトは'k-means++'。ほかに'random'、'ndarray'が指定できます。
	n_init	乱数を用いて初期の重心を選ぶ処理の実行回数。デフォルト値は10。ほかに'auto'（自動選択）が設定できる。
	max_iter	Clusteringの繰り返し回数の最大値。デフォルト値は300。
	tol	収束判定に用いる許容可能誤差。デフォルト値は0.0001。
	verbose	1を指定すると詳細な分析結果を表示。デフォルト値は0（表示しない）。
	random_state	乱数生成時のシード（単数の種）を固定する場合に任意の数値を指定。デフォルトはNone（指定しない）。
	copy_x	距離を事前に計算する場合、メモリ内でデータをコピーしてから実行するかどうか。デフォルト値はTrue。
	algorithm	k-meansアルゴリズムを指定します。デフォルトは'auto'。

KMeansクラスには、インスタンス化の際に様々なパラメーター（オプション）を指定できますが、何も指定しなくても、デフォルト値でクラスタリングが行われるようになっています。

8

教師なし学習におけるモデリング

🐍 セル1（irisdata_cluster_analysis.ipynb）

```
from sklearn import datasets
import pandas as pd
from sklearn.cluster import KMeans

# Irisデータセットの読み込み
dataset = datasets.load_iris()
# カラム名 (特徴量名) のリストを取得
feature_names = dataset.feature_names
# カラム (特徴量) のデータを取得
features = dataset.data
# irisデータからデータフレームを作成
df = pd.DataFrame(features, columns=feature_names)
# クラスターの数を3に指定してKMeansモデルを生成
# n_initはデフォルトの10を設定
kmeans = KMeans(n_clusters=3, n_init=10)
# irisデータをクラスタリングする
kmeans.fit(df)
# 各データが属するクラスター (0、1、2) を取得
y_pred = kmeans.predict(df)
print(y_pred)
```

🐍 出力

```
[1 1 1 1 1 1 1 1 1 1 1 1 1 1 1 1 1 1 1 1 1 1 1 1 1 1 1 1 1 1 1 1 1 1 1 1 1
 1 1 1 1 1 1 1 1 1 1 1 1 1 1 1 1 1 1 1 1 1 1 0 0 2 0 0 0 0 0 0 0 0 0 0 0 0
 0 0 0 0 0 0 0 0 2 0 0 0 0 0 0 0 0 0 0 0 0 0 0 0 0 0 0 0 0 2 0
 2 2 2 0 2 2 2 2 2 0 0 2 2 2 0 2 0 2 0 2 2 0 0 2 2 2 2 2 0 2 2
 2 2 0 2 2 2 0 2 2 2 0 2 2 0]
```

　クラスターの数を3（n_clusters＝3）に指定したので、150のデータ（レコード）が0、1、2の3つのクラスターに分類されました。次に、150のデータのpetal length（萼の長さ）の値をx軸、petal width（萼の幅）の値をy軸に設定して散布図を描画してみます。1つ目はターゲット――花の種類の正解値（0、1、2）――で色分けし、2つ目はクラスター分析でのクラスター(0、1、2)で色分けして描画します。

🐍 セル2

```python
# 描画にMatplotlibとSeabornを使用します
import seaborn as sns
import matplotlib.pyplot as plt


# sns.set()でSeabornのデフォルトスタイルを適用する
sns.set()
# ターゲット(正解値)を取得
targets = dataset.target
# petal lengthをx軸、petal widthをy軸に設定して散布図をプロット
# ターゲット(花の種類の正解値)で色分けする
sns.scatterplot(
    data=df,
    x='petal length (cm)', y='petal width (cm)', hue=targets)
plt.show()
# petal lengthをx軸、petal widthをy軸に設定して散布図をプロット
# 各データが属するクラスター(0、1、2)で色分けする
sns.scatterplot(
    data=df,
    x='petal length (cm)', y='petal width (cm)', hue=y_pred)
plt.show()
```

🐍 図8.8 出力

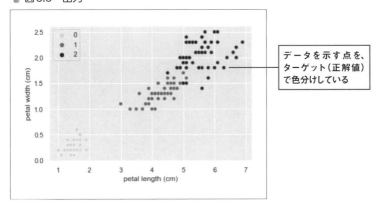

データを示す点を、ターゲット(正解値)で色分けしている

🐍 図8.9　出力

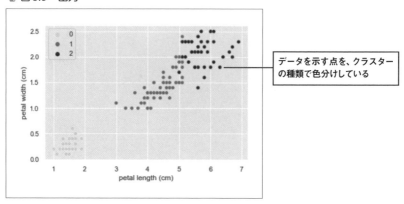

データを示す点を、クラスター
の種類で色分けしている

　わずかながら違いがあるものの、ターゲット（花の種類の正解値）とほぼ同じ結果が
得られています。最後に、各データの3つのクラスター重心までの距離を確認しておき
ましょう。

🐍 セル3

```
# 各データについて、3つのクラスターの重心までの距離を出力
print(pd.DataFrame(kmeans.transform(df)))
```

🐍 出力 (途中のデータの表示は省略される)

	0	1	2
0	0.141351	3.419251	5.059542
1	0.447638	3.398574	5.114943
2	0.417109	3.569357	5.279355
3	0.525338	3.422410	5.153590
4	0.188627	3.467264	5.104334
..	...	...	...
145	4.609163	1.449577	0.611739
146	4.217675	0.897479	1.100724
147	4.411845	1.179933	0.653342
148	4.599259	1.508893	0.835724
149	4.078282	0.834527	1.180550

[150 rows x 3 columns]

第9章

ディープラーニング

機械学習における「ディープラーニング」について紹介します。画像認識を中心に、ニューラルネットワークや学習済みモデルを利用した転移学習を実践します。

この章でできること

ニューラルネットワーク（多層パーセプトロン）や畳み込みニューラルネットワークのモデルを用いた画像の分類ができるようになります。また、OpenCVを用いた物体検出が体験できます。

1 ディープラーニングの概要

機械学習における「ディープラーニング (deep learning)」または「深層学習」とは、モデルの構造を多層化して学習することを指します。今日、ディープラーニングでは「ニューラルネットワーク」と呼ばれる手法が、主に画像や音声、自然言語などを対象とした、認識や検出などの諸問題に対応する手法として広く使われています。

ニューラルネットワークのニューロン

ニューラルネットワークを一言で表現すると、「人工ニューロンというプログラム上の構造物をつないでネットワークにしたもの」です。

動物の脳は、**ニューロン**と呼ばれる神経細胞がつながり合った巨大なネットワークです。神経細胞（ニューロン）をコンピューター上で表現できないものかと考案されたのが、**人工ニューロン**です。単体（1個）の人工ニューロンは、機械学習において**単純パーセプトロン**と呼ばれます。

図9.1　人工ニューロン（単純パーセプトロン）

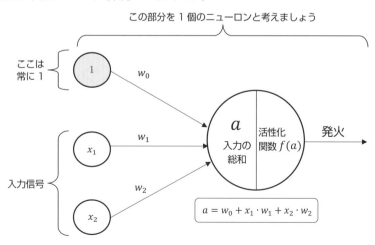

この部分を1個のニューロンと考えましょう

ここは常に1

入力信号

a 入力の総和

活性化関数 $f(a)$

発火

$$a = w_0 + x_1 \cdot w_1 + x_2 \cdot w_2$$

　人工ニューロンは、他の（複数の）ニューロンからの信号を受け取り、内部で変換処理（活性化関数の適用）をして、他のニューロンに向けて信号を出力します。

　神経細胞のニューロンは、何らかの刺激が電気的な信号として入ってくると、この電位を変化させることで「活動電位」を発生させる仕組みになっています。活動電位とは、いわゆる「ニューロンが発火する」という状態を作るためのもので、活動電位にするかしないかを決める境界、つまり「閾値」を変化させることで、発火する／しない状態にします。

　人工ニューロンでは、このような仕組みを実現する手段として、他のニューロンからの信号（図の1、x_1、x_2）に「重み」（図のw_0、w_1、w_2）を適用（プログラムでは掛け算）し、「重みを通した入力信号の総和」（$a = w_0 + x_1 \cdot w_1 + x_2 \cdot w_2$）に活性化関数（図の$f(a)$）を適用することで、1個の「発火／発火しない」信号を出力します。

　出力する信号の種類は1つだけですが、同じものを複数のニューロンに出力します。図では出力する信号が1つになっていますが、実際は多数の矢印から複数のニューロンに出力されるイメージです。

　人工ニューロン（単純パーセプトロン）の基本動作は、

という流れを作ることです。ただし、発火するかどうかは、常に「活性化関数の出力」によって決定されるので、闇雲に発火させず、正しいときにのみ発火させるように、信号の取り込み側には重みやバイアスという調整値が付いています。バイアスとは「重みだけを入力するための値」のことで、他の入力信号の総和が0または0に近い小さな値になるのを防ぐ、「底上げ」としての役目を持ちます。

 ニューラルネットワークは
重みを適切な値に更新することで学習する

　人工ニューロンの動作の決め手は「重み・バイアス」と**活性化関数**です。活性化関数には様々なものがあり、一定の閾値を超えると発火するもの、発火ではなく「発火の確率」を出力するものなどです。一方、重み・バイアスについては、プログラム側で初期値を設定し、適切な値を探すことになります。

　ニューラルネットワークは、単純パーセプトロンを複数つなげた構造になるので、入力信号➡「ニューロン1」➡「ニューロン2」というように複数のニューロンを経て最終の信号が出力されます。複数をつなげて構造を複雑化することで、最終出力を適切なものにするためです。

　別のニューロンからの出力に重み（図9.1のw_1、w_2）を掛けた値およびバイアス（図のw_0）の値の合計値が入力信号となるので、重み・バイアスを適正な値にしなければ、活性化関数の種類が何であっても、人工ニューロンは正しく動作することができません。次の図を見てください。

 図9.2　ニューラルネットワーク

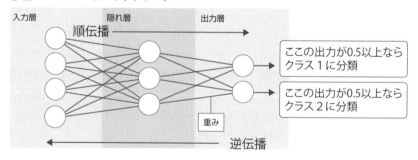

　左端の層は入力データのグループであり、例えば28×28ピクセルの画像データを入力する場合は784個（画素）のデータが並ぶことになります。このグループを**入力層**と呼びます。入力層にはニューロンは配置されていないので第0層とも呼ばれ、層の数にはカウントしません。これに接続されるニューロンのグループが第1層となり、**隠れ層**と呼ばれたりします。図では、第1層に第2層（出力層）の2個のニューロンが接続されていますが、これはニューラルネットワークに入力された画像を2個のクラスに分類する二値分類を想定しているためです。

　仮に、上段のニューロンが発火した場合は画像が「イヌ」、下段のニューロンが発火した場合は画像が「ネコ」のものだと判定することにしましょう。発火する閾値は0.5にし、0.5以上であれば発火として扱います。一方、活性化関数はどんな値を入力しても0か1、もしくは0〜1の範囲に収まる値を出力するので、イヌの画像であれば上段のニューロンが発火すれば正解、ネコの画像であれば下段のニューロンが発火すれば正解です。

　しかし、重みとバイアスの初期値はランダムに決めるしかないので、上段のニューロンが発火してほしい（イヌに分類してほしい）のに0.1と出力され、逆に下段のニューロンが0.9になったりします。そこで、順方向への値の伝播で上段のニューロンが出力した0.1と正解の0.5以上の値との誤差を測り、この誤差がなくなるように、出力層に接続されている重みとバイアスの値を修正します。さらに、修正した重みに対応するように、隠れ層に接続されている重みとバイアスの値を修正します。出力するときとは反対の方向に向かって、誤差をなくすように重みとバイアスの値を計算していくことから、このことを専門用語で**誤差逆伝播**と呼びます。

●順方向で出力して間違いがあれば逆方向に向かって修正する

　ディープラーニングでいうところの「学習」とは、**順方向に向かっていったん出力を行い、誤差逆伝播で重みとバイアスを修正する**ことです。もちろん、画像を1枚入力して誤差逆伝播を行っただけでは不十分です。前回と同一の「イヌの画像」をもう一度ネットワークに入力すれば、間違いなく上段のニューロンが発火するはずですが、別のイヌの画像が入力された場合、下段のニューロンが発火するかもしれません。あるいは「どのニューロンも発火しない」、逆に「両方とも発火してしまう」こともあります。なぜなら、1回の処理では同一の画像しか分類できないためです。

　そこで、様々なイヌの画像を何枚も入力して重みとバイアスを修正することで、「イヌの画像であればどんなものでもクラス1（イヌ）に分類できる」ように学習させることが必要です。そうすれば、様々なイヌの画像を入力しても常に上段のニューロンのみが発火するようになるはずです。同様に、様々なネコの画像を何枚も入力して、下段のニューロンのみが発火するように学習させるようにします。このように、あらかじめ用意しておいた複数（なるべく多く）の画像を入力して、重みとバイアスの修正が完了したら、「1回目の学習が終了」とします。

　もちろん、1回の学習で多くの画像をイヌとネコに正確に分類できるようになるとは限らないので、同じ画像のセットをもう1回学習させます。それでも正確に分類できなければ、さらに学習を続けます。これがディープラーニングでの「学習」のイメージです。

🐍 活性化関数

図9.1の図では、入力側に○で囲まれた1、x_1、x_2があり、それぞれからパーセプトロンに向かって矢印が伸びています。矢印の途中には、入力値に適用するための「重み」w_0、w_1、w_2があります。これは、入力の総和

$$a = w_0 + w_1 x_1 + w_2 x_2$$

が活性化関数に入力されることを示しています。なお、x_1にもx_2にもリンクされていない重みw_0はバイアスのことで、どの入力にもリンクされないので、入力側には便宜上、1を置いてあります。

単純パーセプトロンの信号は「流す(1)」と「流さない(0)」の2値の値ですので、「信号を流さない」を0、「信号を流す」を1として、1が「発火」した状態だとしましょう。発火させる役目を担うのが**活性化関数**です。単純パーセプトロンは、活性化関数の出力がある閾値を超えると発火します。活性化関数の出力に対する閾値は0.5などの値にあらかじめ決まっているので、関数に入力される値が適切でないと正しく発火することはありません。

●シグモイド関数

確率を出力する活性化関数に「**シグモイド関数**(ロジスティック関数)」があります。まずは、次の式を見てみましょう。

🐍 重みベクトルwを使ってxに対する出力値を求める

$$f_w(x) = {}^t wx$$

この関数は、「重みベクトルwを使って、未知のデータxに対する出力値を求める」というものです。この考え方に基づいて分類結果を出力する活性化関数$f_w(x)$を用意するのですが、今回、出力してほしいのは予測の信頼度です。信頼度なので確率で表すことになりますが、そうすると、関数の出力値は0から1までの範囲であることが必要です。そこで、出力値を0から1に押し込めてしまう関数$f_w(x)$を用意します。パラメーターとしてのバイアス、重みをベクトルwで表すと、次のようになります。

シグモイド関数（ロジスティック関数）

$$f_w(x) = \frac{1}{1 + \exp(-{}^t wx)}$$

※ベクトルや行列の転置はw^tや$w^\top$ように表すことが多いのですが、本書では添え字を多用するため、右上ではなく${}^t w$のように左上に表記しています。

　この関数を**シグモイド関数**または**ロジスティック関数**と呼びます。${}^t w$はパラメーターのベクトルを転置した行ベクトル、xはx_nのベクトルです。wを転置することで、xとの内積の計算が行えるようになります。$\exp(-{}^t wx)$は「指数関数」で、$\exp(x)$はe^xのことを表します。$\exp(-{}^t wx)$という書き方をしているのは、$e^{-{}^t wx}$だと指数部分が小さくなって見づらいからです。指数関数とは、指数部を変数にした関数のことで、次のように表されます。

指数関数

$$y = a^x$$

　aを指数の**底**と呼び、底aは0より大きく1ではない数（$a > 0$かつ$a \neq 1$）とします。指数関数のグラフを描くと、$a > 1$のときは単調に増加するグラフになり、$0 < a < 1$のときは単調に減少するグラフになります。関数の出力は常に正の数です。

図9.3　指数関数のグラフ

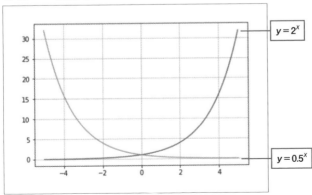

exp (x) で求めるe^xのeは**ネイピア数**と呼ばれる数学定数で、具体的には2.7182…
という値を持ちます。eを底とする指数関数「e^x」は、何度微分しても、あるいは何度積
分しても同じ形のまま残り続けることから、ある現象を解き明かすための「解」やその
方程式の多くにeが含まれます。

● シグモイド関数の実装

NumPyには、ネイピア数を底とした指数関数 exp () が用意されているため、シグモ
イド関数の実装は簡単です。

🐍 シグモイド関数の実装例

```
def sigmoid(x):
    return 1 / (1 + np.exp(-x))
```

np.exp (−x) が数式の exp (−${}^t wx$) に対応します。sigmoid () のパラメーターxには、
${}^t wx$の結果を配列として渡すようにしますが、注意したいのは「1 + np.exp (−x)」で1
を足す部分です。パラメーターのxは配列なので、np.exp (−x) も配列になり、スカラー
(単一の数値) と配列との足し算になります。配列と行 (横) ベクトルは構造が同じなの
で、スカラーとベクトルの足し算の法則で、次のように計算する必要があります。

🐍 ${}^t wx$ = (1　2　3) の場合

$$1 + {}^t wx = 1 + (1\ \ 2\ \ 3) = (1+1\ \ 1+2\ \ 1+3) = (2\ \ 3\ \ 4)$$

NumPyには**ブロードキャスト**という機能が搭載されているので、

スカラー ＋ 配列 (ベクトル)

と書けば、上記の法則に従って、スカラーとすべての要素との間で計算が行われます。
次は、シグモイド関数からの出力をグラフにするプログラムです。

📙 シグモイド関数のグラフを描く (sigmoid.ipynb)

```python
import numpy as np
import matplotlib.pyplot as plt

# シグモイド関数
def sigmoid(x):
    return 1 / (1 + np.exp(-x))

# -5.0から5.0までを0.01刻みにした等差数列
x = np.arange(-5.0, 5.0, 0.01)
# 等差数列を引数にしてシグモイド関数を実行
y = sigmoid(x)

# 等差数列をx軸に設定
# シグモイド関数の結果をy軸にしてグラフを描く
plt.plot(x, y)
# グリッドを表示
plt.grid(True)
plt.show()
```

📙 図9.4　シグモイド関数のグラフ

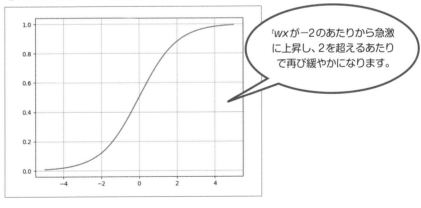

${}^t wx$が−2のあたりから急激に上昇し、2を超えるあたりで再び緩やかになります。

$f_w(x)$ の値の範囲は $0 < f_w(x) < 1$ で、${}^t wx$の値を変化させると0から1に向かって滑らかに上昇していきます。${}^t wx = 0$では $f_w(x) = 0.5$ になります。

● シグモイド関数を活性化関数にする

シグモイド関数のグラフを見ると、閾値の0.5では$^twx=0$であることがわかります。そうすると、$f_w(x)≥0.5$は$^twx≥0$であるのと同じなので、シグモイド関数のグラフの$f_w(x)$の右半分のエリアが1、左半分のエリアが0に分類される範囲になります。

🐍 図9.5　二値分類におけるシグモイド関数のグラフ

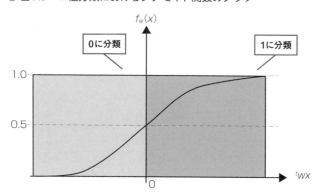

そうすると、分類結果の式を次のように表すことができます。

🐍 分類結果tの式

$$t = \begin{cases} 1 & (^twx≥0) \\ 0 & (^twx<0) \end{cases}$$

ベクトルwとxは、次のような構造をしています。

$$w = \begin{pmatrix} w_0 \\ w_1 \\ w_2 \end{pmatrix} \quad \text{バイアス}$$

$$x = \begin{pmatrix} 1 \\ x_1 \\ x_2 \end{pmatrix} \quad \text{バイアスに対応する} x_0$$

wを転置して、$^twx = w_0 \cdot 1 + w_1 x_1 + w_2 x_2$のように計算できます。

●ソフトマックス関数

　ソフトマックス関数は、主に多クラス分類に用いられる活性化関数で、各クラスの確率として、0〜1.0の間の実数を出力します。出力した確率の総和は1になります。例えば、3つのクラスがあり、1つ目が0.26、2つ目が0.714、3つ目が0.026だったとします。この場合、1つ目のクラスが正解である確率は26%、2つ目のクラスは71.4%、3つ目のクラスは2.6%である、というように確率的な解釈ができます。

　ソフトマックス関数の式は次のようになります。

🐍 ソフトマックス関数

$$y_k = \frac{\exp(a_k)}{\displaystyle\sum_{i=1}^{n} a_i}$$

　前述のとおり、$\exp(x)$はe^xを表す指数関数で、eは2.7182…のネイピア数です。この式は、出力層のニューロンが全部でn個あるとして、k番目の出力y_kを求めることを示しています。ソフトマックス関数の分子は入力信号a_kの指数関数、分母はすべての入力信号の指数関数の和になります。

●ソフトマックス関数の実装

　ソフトマックス関数の実装は次のようになります。

🐍 ソフトマックス関数の実装例

```python
def softmax(self, x):
    # xの最大値を取得
    c = np.max(x)
    # オーバーフローを防止する
    exp_x = np.exp(x - c)
    sum_exp_x = np.sum(exp_x)
    y = exp_x / sum_exp_x
    return y
```

ソフトマックス関数の実装では指数関数の計算を行うことになりますが、その際に指数関数の値が大きな値になります。例えば、e^{100}は0が40個以上も並ぶ相当に大きな値になります。e^{1000}になると、コンピューターのオーバーフローの問題で無限大を表すinfが返ってきます。

そこで、ソフトマックスの指数関数の計算を行う際は、「何らかの定数を足し算または引き算しても結果は変わらない」という特性を活かして、オーバーフロー対策を行います。具体的には、入力信号の中で最大の値を取得し、これを

```
exp_x = np.exp(x - 最大値)
```

のように引き算することで、正しく計算できるようにしています。

🐍 損失関数

ニューラルネットワークにおける出力値の誤差を測定する損失関数（誤差関数）には、「交差エントロピー誤差関数」が用いられます。

●シグモイド関数を用いる場合の損失関数

シグモイド関数を活性化関数にした場合、出力と正解値との誤差を最小にするための損失関数として、**交差エントロピー誤差関数**が用いられます。交差エントロピー誤差を$E(w)$とした場合、シグモイド関数を用いるときの交差エントロピー誤差関数は、次の式で表されます。

🐍 シグモイド関数を用いる場合の交差エントロピー誤差関数

$$E(w) = -\sum_{i=1}^{n} (t_i \log f_w(x_i) + (1-t_i) \log (1 - f_w(x_i)))$$

ここで求める誤差$E(w)$は、「最適な状態からどのくらい誤差があるのか」を表していることになります。

● ソフトマックス関数を用いる場合の交差エントロピー誤差関数

多クラス分類では、出力層における活性化関数として、ソフトマックス関数が用いられます。t番目の正解ラベル（目的変数の値）を$t^{(t)}$とし、t番目に相当する出力を$o^{(t)}$とした場合、ニューロンへの入力値は$u_i^{(t)}$のように表すことにします。cは分類先のクラスを表す変数です。

🐍 ソフトマックス関数

$$softmax(u_i^{(t)}) = \frac{\exp(u_i^{(t)})}{\sum_{l=1}^{n}\exp(u_l^{(t)})}$$

ここで示したソフトマックス関数は各クラスに対して確率を出力するので、「出力層のすべてのニューロンの出力を合計すると1になる」という特徴があります。そのため、出力層の活性化関数に用いることで、あたかもあるクラスに属する確率を表しているものとして学習させることができます。

ソフトマックス関数を用いる場合の交差エントロピー誤差関数は、次のようになります。交差エントロピー誤差関数をE、t番目の正解ラベルを$t^{(t)}$、t番目の出力を$o^{(t)}$としています。cは分類先のクラスを表す変数です。

🐍 ソフトマックス関数を用いる場合の交差エントロピー誤差関数

$$E = -\sum_{c=1}^{n} t_c^{(t)} \log o_c^{(t)}$$

🐍 損失関数の出力を最小化するための更新式

交差エントロピー誤差を最小化するには、

「wで偏微分して0になる値」

を求めなければならないのですが、解析的にこれを求めるのは困難です。そこで、反復学習により、「パラメーターを逐次的に更新する」という手法が用いられます。これを「勾配降下法」と呼びます。次は、勾配降下法によるパラメーターの更新式です。

🐍 **勾配降下法によるパラメーターの更新式**

$$w_j := w_j - \eta\ \frac{\partial E\,(w,\,b)}{\partial w}$$
$$b_j := b_j - \eta\ \frac{\partial E\,(w,\,b)}{\partial b}$$

η（イータ）は**学習率**と呼ばれるもので、パラメーターの更新率を調整します。交差エントロピー誤差関数 $E\,(w)$ の場合は、$E\,(w)$ について w_j で偏微分すると次のようになります。

🐍 **$E\,(w)$ をパラメーター w で偏微分した結果**

$$\frac{\partial E\,(w)}{\partial w_j} = -\sum_{i=1}^{n}\ (t_i - f_w\,(x_i))\,x_{j\,(i)}$$

すると、交差エントロピー誤差を最小化するための、勾配降下法によるパラメーターの更新式は次のようになります。

🐍 **交差エントロピー誤差を最小化するためのパラメーターの更新式**

$$w_j := w_j - \eta \sum_{i=1}^{n}\ (f_w\,(x_i) - t_i)\,x_{j\,(i)}$$

重み、バイアスについて整理すると、次のようになります。

🐍 **交差エントロピー誤差を最小化するための勾配降下法による更新式**

$$w_j := w_j - \eta \sum_{i=1}^{n}\ (f_w\,(x_i) - t_i)\,x_{j\,(i)}$$
$$b_j := b_j - \eta \sum_{i=1}^{n}\ (f_w\,(x_i) - t_i)$$

9

ディープラーニング

勾配降下法の考え方

損失関数（誤差関数）が定義できたので、これを最小化するための勾配降下法について見ていきましょう。勾配降下というくらいなので、最小値を見付けるために下り坂を進むことを示唆しています。まずは、簡単な例として、次のような2次関数 $g(x) = (x - 1)^2$ で考えてみましょう。グラフからわかるように関数の最小値は $x = 1$ のときで、この場合 $g(x) = 0$ です。

📕 図9.6　勾配降下法の考え方

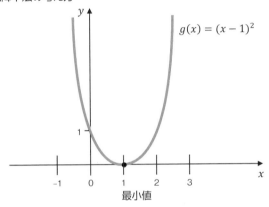

勾配降下法を行うためには初期値が必要です。そこで、点の位置を適当に決めて、少しずつ動かして最小値に近づけることを考えてみましょう。まずは、グラフの2次関数 $g(x) = (x - 1)^2$ を微分します。$g(x)$ を展開すると

$$(x - 1)^2 = x^2 - 2x + 1$$

なので、次のように微分できます。

$$\frac{d}{dx} g(x) = 2x - 2$$

これで傾きが正なら左に、傾きが負なら右に移動すると、最小値に近づきます。$x = -1$ からスタートした場合は負の傾きです。$g(x)$ の値を小さくするには下方向に移動すればよいので、x を右に移動する、つまり x を大きくします。

🐍 図9.7　負の勾配

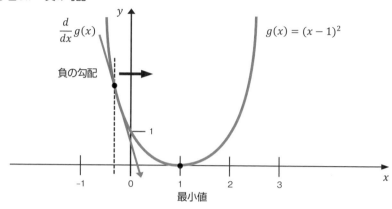

点の位置を反対側の$x=3$に変え、ここからスタートしてみましょう。今度は、点の位置の傾きが正なので、$g(x)$の値を小さくするには、xを左に移動する、つまりxを減らします。

🐍 図9.8　正の勾配

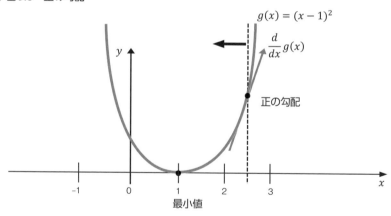

こうやってxの値を減らすことを繰り返し、最小値に達したと思えるくらいになるまで、同じように続けます。

●学習率の設定

しかし、このやり方には改善すべき問題点があります。それは、「最小値を飛び越えないようにする」ことです。もしも、xを移動しているうちに最小値を飛び越えてしまったら、最小値をまたいで行ったり来たりすることが永久に続いたり、あるいは最小値からどんどん離れていく、つまり発散した状態になります。そこで、xの値を「少しずつ更新する」ことを考えます。

🐍 図9.10 学習率の考え方

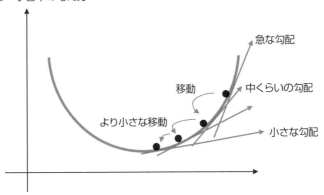

点の位置を、導関数$dg(x)/dx$の符号とは逆の方向に「少しずつ移動」していけば、だんだんと最小値に近づいていきます。ここで、その移動するときの係数をη（$\eta > 0$）と書くことにすると、次のように記述できます。

$$x_{i+1} = x_i - \eta \frac{d}{dx} g(x_i)$$

これは、「新しいxを、1つ前のxを使って定義している」ことを示しているので、（A := B（AをBによって定義する）という書き方を使って次のように表せます。

🐍 勾配降下法による更新式

$$x := x - \eta \frac{d}{dx} g(x)$$

$dg(x)/dx$ は、$g(x)$ の x についての微分、つまり「x に対する $g(x)$ の変化の度合い（ある瞬間の変化の量）」を表します。この式で表される微分は、「x の小さな変化によって関数 $g(x)$ の値がどのくらい変化するか」ということを意味します。勾配降下法では、微分によって得られた式（導関数）の符号とは逆の方向に x を動かすことで、$g(x)$ を最小にする方向へ向かわせるようにします。それが上記の式です。:=の記号は、左辺の x を右辺の式で更新することを示します。

ここでのポイントは、η で表される**学習率**と呼ばれる正の定数です。0.1や0.01などの適当な小さめの値を使うことが多いのですが、当然のこととして、学習率の大小によって「最小値に達するまでの移動（更新）回数」が変わってきます。このことを「収束の速さが変わる」といいますが、いずれにしても、この方法なら最小値に近づくほど傾きが小さくなることが期待できるので、最小値を飛び越してしまう心配も少なくなります。処理を続けて、最終的に点があまり動かなくなったら、「収束した」として、その点を最小値とすることができます。

●勾配降下法の更新式

勾配降下法による更新式がわかったので、この式を使って誤差関数 $E(w)$ を最小にすることを考えましょう。$E(w)$ には $f_w(x_i)$ が含まれており、その $f_w(x_i)$ は重み w_i とバイアス b_i の2つのパラメーターを持つ2次関数です。変数が2つあるので、次のような偏微分の式になります。

🖨 勾配降下法によるパラメーターの更新式

$$w_j := w_j - \eta \frac{\partial E(w, b)}{\partial w}$$
$$b_j := b_j - \eta \frac{\partial E(w, b)}{\partial b}$$

これが、前項（本文438ページ）の「交差エントロピー誤差を最小化するための勾配降下法による更新式」のもとになっていた式です。この式は、勾配法における1回の更新式なので、学習率 η を適用して、w_i と b_i を1ステップごとに少しずつ更新し、誤差が最小になったと判断できたところで処理を終えるようにします。

バックプロパゲーションによる誤差の逆伝播

本文438ページで紹介した更新式は次のようなものでした。

🐍 交差エントロピー誤差を最小化するためのパラメーターの更新式

$$w_j := w_j - \eta \sum_{i=1}^{n} (f_w(x_i) - t_i) x_{j(i)}$$

単純パーセプトロンの場合は、この更新式を用いて次のようにパラメーター(重み)を更新することになります。

🐍 図9.11　単純パーセプトロンにおける重みの更新

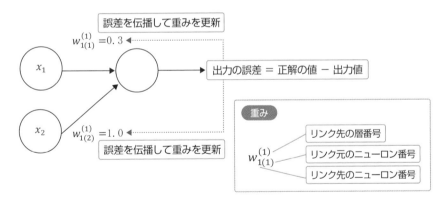

　一方、多層化したパーセプトロン(ニューラルネットワーク)では、隠れ層や出力層にそれぞれ重みとバイアスが存在します。したがって、最終の出力と正解値との誤差の勾配が最小になるように出力層の重みとバイアスを更新するだけでなく、その直前の層にも「誤差を最小にする情報」を伝達して、その層の重みとバイアスを更新することになります。つまり、出力層から直前の層に向かって(逆方向に)情報を伝播し、重みとバイアスを更新するということです。このように、誤差を入力方向に向かって伝播することを**誤差逆伝播**(バックプロパゲーション)と呼びます。

図9.12　2層ニューラルネットワークの誤差逆伝播

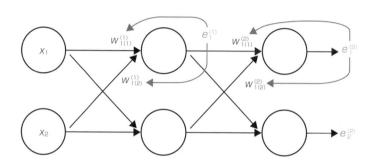

出力層のニューロン1からの出力誤差$e_1^{(2)}$を$w_{1(1)}^{(2)}$と$w_{1(2)}^{(2)}$に分配して、隠れ層の出力誤差としての$e_1^{(1)}$を求め、続いて$e_1^{(1)}$を$w_{1(1)}^{(1)}$と$w_{1(2)}^{(1)}$に分配します。ただし、出力層の出力誤差$e_1^{(2)}$、$e_2^{(2)}$は問題ないのですが、隠れ層には正解ラベルがないので、誤差を求めることができません。

上の図の出力層の1番目（上）のニューロンに注目しましょう。このニューロンには隠れ層の2個のニューロンからのリンクが張られていて、それぞれのリンク上に$w_{1(1)}^{(2)}$と$w_{1(2)}^{(2)}$があるので、出力誤差$e_1^{(2)}$は、$w_{1(1)}^{(2)}$と$w_{1(2)}^{(2)}$に分配します。続いて、出力誤差$e_2^{(2)}$を$w_{2(1)}^{(2)}$と$w_{2(2)}^{(2)}$に分配します。問題はここから先です。前述のように、隠れ層の出力に対する正解値というものは存在しません。

●バックプロパゲーションにおける重みの更新

ここで、出力層の重みの更新式を次のように定義します。

出力層の重み$w_{j(i)}^{(L)}$の更新式

$$w_{j(i)}^{(L)} := w_{j(i)}^{(L)} - \eta \left((o_j^{(L)} - t_j) f'(u_j^{(L)}) o_i^{(L-1)} \right)$$

$w_{j(i)}^{(L)}$は出力層（L）のニューロン（j）にリンクする重み、リンク元は1つ前の層のニューロンiです。出力層（L）のj番目のニューロンの「出力値」を$o_j^{(L)}$とし、これに対応するj番目の正解ラベルをt_jとします。

$u_j^{(L)}$ は出力層（L）のj番目のニューロンへの「入力値」を示すので、活性化関数を適用した$f(u_j^{(L)})$は、

$$f(u_j^{(L)}) = o_j^{(L)}$$

です。式中の$f'(u_j^{(L)})$は、$f(u_j^{(L)})$の導関数を表します。

さらに、

$$(o_j^{(L)} - t_j)\, f'(u_j^{(L)}) = \delta_j^{(L)}$$

のようにδ（デルタ）の記号で置き換えて、次のようにします。

🐍 出力層の重み$w_{(j)i}^{(L)}$の更新式

$$w_{(j)i}^{(L)} := w_{(j)i}^{(L)} - \eta\,(\delta_j^{(L)}\, o_i^{(L-1)})$$

同じように、出力層以外の層（l）の重みの更新式を、次のように定義します。

🐍 出力層以外の層（l）についての重み$w_{(j)i}^{(l)}$の更新式

$$w_{(j)i}^{(l)} := w_{(j)i}^{(l)} - \eta\,(\delta_j^{(l)}\, o_i^{(l-1)})$$

$\delta_j^{(l)}$は、出力層の$\delta_j^{(L)}$とは異なり、

$$\delta_j^{(l)} = \left(\sum_{i=1}^{n} \delta_j^{(l+1)}\, w_{j(i)}^{(l+1)} \right) \odot (f'(u_j^{(l)}))$$

となります。$\odot$の記号はアダマール積を示します。出力層以外の層（l）には正解ラベルが存在しないので、次の層の

$$\left(\sum_{i=1}^{n} \delta_j^{(l+1)}\, w_{j(i)}^{(l+1)} \right)$$

を用いて計算を行います。

●**重みの更新式の定義**

出力層、それ以外の層を区別しないとき、重みの更新式を次のように定めます。

🐍 **重みの更新式**

$$w_{i(h)}^{(l)} := w_{i(h)}^{(l)} - \eta \left(\delta_i^{(l)} \, o_h^{(l-1)} \right)$$

$\delta_i^{(l)}$ の定義を、l が出力層のときと出力層以外のときとで、次のように場合分けします。

🐍 **$\delta_i^{(l)}$ の定義を場合分けする（⊙はアダマール積を示す）**

● l が出力層のとき

$$\delta_i^{(l)} = (o_i^{(l)} - t_i) \odot f'(u_i^{(l)})$$

● l が出力層以外の層のとき

$$\delta_i^{(l)} = \left(\sum_{j=1}^{n} \delta_i^{(l+1)} w_{i(j)}^{(l+1)} \right) \odot (f'(u_i^{(l)}))$$

f' は一般化した活性化関数 f の導関数ですので、活性化関数をシグモイド関数またはソフトマックス関数にした場合は、

$$f'(x) = (1 - f(x)) f(x)$$

になり、上記の式の $f'(u_i^{(l)})$ のところが次のようになります。

🐍 **$\delta_i^{(l)}$ の定義を場合分けする**

● l が出力層のとき

$$\delta_i^{(l)} = (o_i^{(l)} - t_i) \odot (1 - f(u_i^{(l)})) \odot f(u_i^{(l)})$$

● l が出力層以外の層のとき

$$\delta_i^{(l)} = \left(\sum_{j=1}^{n} \delta_i^{(l+1)} w_{i(j)}^{(l+1)} \right) \odot (1 - f(u_i^{(l)})) \odot (f(u_i^{(l)})$$

2 ニューラルネットワークによる分類

ディープラーニングの教材として、Tシャツ、スニーカー、シャツ、コートなどの写真を収録した「Fashion-MNIST」というデータセットがあります。TensorFlowから簡単にダウンロードが行えるので、これを使ってニューラルネットワークによる分類を行うことにしましょう。

Fashion-MNISTデータセット

　「Fashion-MNIST（ファッション・エムニスト）」データセットを利用して、ディープラーニングによる分類問題について紹介します。Fashion-MNISTには、次表の10種類のファッションアイテムのモノクロ画像（28×28ピクセル）が、訓練用として60,000枚、テスト用として10,000枚収録されています。

　10種類のアイテムにはそれぞれ0～9の正解ラベルが割り当てられているので、「Tシャツ/トップス」の画像なら0、「パンツ」の画像なら1を出力するように学習を行います。

表9.1　正解ラベルとファッションアイテムの対応表

正解ラベル	アイテム
0	Tシャツ/トップス
1	パンツ
2	プルオーバー
3	ドレス
4	コート
5	サンダル
6	シャツ
7	スニーカー
8	バッグ
9	ブーツ

> 10種類のファッションアイテムが、クラス（正解ラベル）0～9に割り当てられています。

●Fashion-MNISTデータセットのダウンロード

「Fashion-MNIST」は、TensorFlowのKerasライブラリを使うと、ソースコード上から直接、ダウンロードしてプログラムに読み込むことができます。Notebookを作成して次のコードを入力し、実行します。

🐍 セル1 (fashion_mnist.ipynb)

```
from keras.datasets import fashion_mnist

# Fashion-MNISTデータセットをダウンロードしてNumPy配列に格納
(x_train, y_train), (x_test, y_test) = fashion_mnist.load_data()
```

次のコードを入力して、データの形状を調べてみましょう。

🐍 セル2

```
# データの形状を調べる
print(x_train.shape)
print(y_train.shape)
print(x_test.shape)
print(y_test.shape)
```

🐍 出力

```
(60000, 28, 28)
(60000,)
(10000, 28, 28)
(10000,)
```

それぞれの配列には、以下のデータが配列として格納されています。

- x_train（訓練データ）：ファッションアイテムのモノクロ画像が60,000枚。
- y_train（訓練データの目的変数）：正解ラベル（0〜9の値）。
- x_test（テストデータ）：ファッションアイテムのモノクロ画像が10,000枚。
- y_test（テストデータの目的変数）：正解ラベル（0〜9の値）。

　ファッションアイテムの画像は、28×28（784）ピクセルの小さいサイズのデータです。「1画像が2階テンソル（2次元配列）の要素として格納されたもの」が、計60,000画像（訓練データの場合）、3階テンソルに格納されています。x_trainの1つ目の画像データを出力してみましょう。

🐍 セル3

```
# x_trainに格納されている1つ目の画像データを出力
x_train[0]
```

🐍 出力

```
array([[  0,   0,   0,   0,   0,   1,   0,   0,   0,   0,  41, 188, 103,
         54,  48,  43,  87, 168, 133,  16,   0,   0,   0,   0,   0,   0,
          0,   0],
       [  0,   0,   0,   1,   0,   0,   0,  49, 136, 219, 216, 228, 236,
        255, 255, 255, 255, 217, 215, 254, 231, 160,  45,   0,   0,   0,
          0,   0],
       [  0,   0,   0,   0,   0,  14, 176, 222, 224, 212, 203, 198, 196,
        200, 215, 204, 202, 201, 201, 201, 209, 218, 224, 164,   0,   0,
          0,   0],
       [  0,   0,   0,   0,   0, 188, 219, 200, 198, 202, 198, 199, 199,
        201, 196, 198, 198, 200, 200, 200, 200, 201, 200, 225,  41,   0,
          0,   0],
       [  0,   0,   0,   0,  51, 219, 199, 203, 203, 212, 238, 248, 250,
        245, 249, 246, 247, 252, 248, 235, 207, 203, 203, 222, 140,   0,
          0,   0],
       ...
        238, 244, 244, 244, 240, 243, 214, 224, 162,   0,   2,   0,   0,
          0,   0],
       [  0,   0,   0,   0,   0,   1,   0,   0, 139, 146, 130, 135, 135,
        137, 125, 124, 125, 121, 119, 114, 130,  76,   0,   0,   0,   0,
          0,   0]], dtype=uint8)
```

　途中が省略されていますが、並んでいる数字はグレースケールの白から黒までの階調を表す、0〜255までの値です。1画像の横方向のピクセル値28個を1階テンソルに格納し、これを縦方向に28個並べて2階テンソルとしています。訓練データには、1画像あたり（28行，28列）の2階テンソル60,000個が、3階テンソルの要素として格納された状態（60000, 28, 28）になっています。

●画像を出力してみる

　画像の正解ラベルとともに、Matplotlibのグラフ機能を使って描画してみます。モノクロ画像なので、グレースケール変換を適用して画像を出力します。

🐍 セル4

```python
import matplotlib.pyplot as plt

# 正解ラベルに割り当てられたアイテム名を登録
class_names = [
    'T-shirt/tops', 'Trousers', 'Pullover', 'Dress', 'Coat',
    'Sandal', 'Shirt', 'Sneaker', 'Bag', 'Ankle boots']

plt.figure(figsize=(13,13))
# 訓練データから100枚抽出してプロットする
for i in range(100):
    # 10×10で出力
    plt.subplot(10,10,i+1)
    # 縦方向の間隔を空ける
    plt.subplots_adjust(hspace=0.3)
    # 軸目盛を非表示にする
    plt.xticks([])
    plt.yticks([])
    # カラーマップにグレースケールを設定してプロット
    plt.imshow(x_train[i], cmap=plt.cm.binary)
    # x軸ラベルにアイテム名を出力
    plt.xlabel(class_names[y_train[i]])
plt.show()
```

📘 図9.13　出力

10種類の
ファッションアイテムの画像が
ランダムに並んでいます。

🐍 Fashion-MNISTデータセットの前処理

Fashion-MNISTデータセットをNumPy配列に読み込んで、次の前処理を行います。

- 画像データは(28, 28)の2階テンソルなので、これをニューラルネットワークのモデルに入力できるように(, 784)の形状の1階テンソルに変換します。
- 画像のグレースケールのピクセル値は0〜255の範囲なので、すべての値について255で割って0.0〜1.0の範囲に収まるようにスケーリングを行います。これを「正規化」と呼びます。

新しいNotebookを作成し、次のコードを入力して実行します。

🐍 セル1 (mnist_neuralnetwork.ipynb)

```
'''
1. データセットの読み込みと前処理
'''
# Fashion-MNISTデータセットをインポート
from tensorflow.keras.datasets import fashion_mnist

# Fashion-MNISTデータセットの読み込み
(x_train, y_train), (x_test, y_test) = fashion_mnist.load_data()

# (28,28)の画像データを(,784)の形状に変換し、
# (データ数, 784)の2階テンソルにする
x_train = x_train.reshape(-1, 784)
x_test = x_test.reshape(-1, 784)

# 画像のピクセル値を255で割って0.0〜1.0の範囲にスケール変換する
x_train = x_train.astype('float32') / 255
x_test = x_test.astype('float32') / 255
```

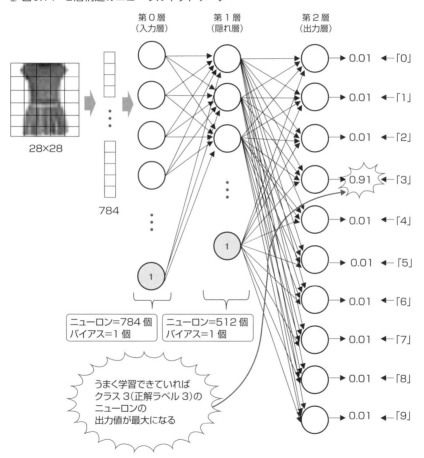

ニューラルネットワークのモデルをプログラミングする

　ファッションアイテムの分類を行うニューラルネットワークのモデルは、次のような形状をした2層構造にします。入力層はデータのみなので、層の数には含めません（ただし、便宜上、第0層のデータをニューロンと呼ぶこともあります）。

図9.14　2層構造のニューラルネットワーク

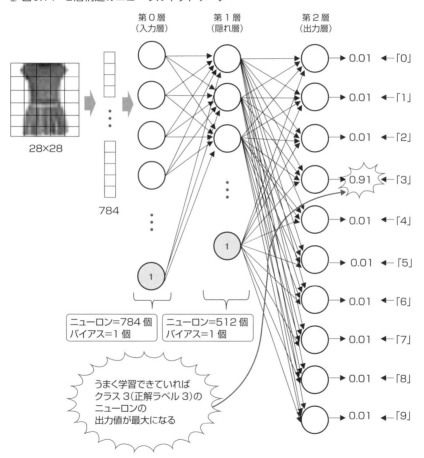

第0層
（入力層）

第1層
（隠れ層）

第2層
（出力層）

28×28

784

1

1

0.01 ←「0」
0.01 ←「1」
0.01 ←「2」
0.91 ←「3」
0.01 ←「4」
0.01 ←「5」
0.01 ←「6」
0.01 ←「7」
0.01 ←「8」
0.01 ←「9」

ニューロン=784個
バイアス=1個

ニューロン=512個
バイアス=1個

うまく学習できていれば
クラス3（正解ラベル3）の
ニューロンの
出力値が最大になる

図では、ドレス（クラス3）の画像を入力したときのイメージを示しています。丸の中に「1」と書かれたものはバイアスを示します。バイアスは、重みの値だけを出力するための存在なので、バイアスそのものの値は常に「1」です。

入力データに重みを適用してバイアスの値を足す、ということを隠れ層（第1層）と出力層のすべてのニューロンで行い、最終的に出力層の10個のニューロンのどれかを発火させるようにします。ドレスの画像であれば、クラス3（正解ラベル3に対応、いずれも0から始まるので4番目）のニューロンを発火させるという具合です。

●第1層（隠れ層）をプログラミングする

入力層から隠れ層までの構造を図で表すと次のようになります。入力層には、$x_1^{(0)}$ から $x_{784}^{(0)}$ までの出力、そしてバイアスのためのダミーデータ「1」があります。

図9.15　入力層➡隠れ層

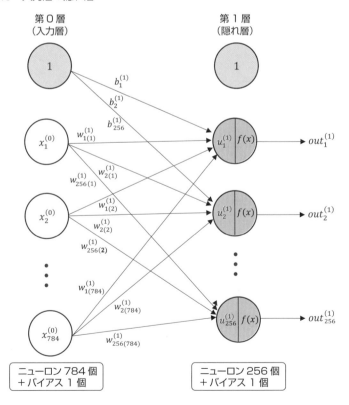

バイアスをb、重みをwとして、次のように添字を付けています。

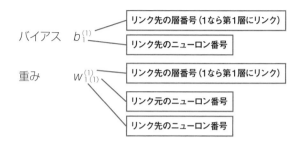

　上付き数字の(1)は、第1層にリンクしていることを示しています。下付き数字の1
は、リンク先が第1ニューロンであることを示し、その右隣りの(1)はリンク元が前層
の第1ニューロンであることを示します。$w^{(1)}_{1(1)}$は「第1層の第1ニューロンの重みで、
リンク元は第0層の第1ニューロン」ということになります。

●ニューロンへの入力や出力は行列計算で行う

　入力層の$x^{(0)}_1$に着目すると、その出力先は512個のニューロンになっているので、
それぞれ512通りの重みを掛けた値が第1層のニューロンに入力されることになりま
す。さらに、入力層には$x^{(0)}_{784}$までの784個の値があるので、この計算を784回行いま
す。そして、第1層の個々のニューロンは、入力された値の合計を求めてバイアスの値
を加算する計算を行います。

　これらの処理には行列を用いた演算が使われます。今回の入力データは、784ピク
セルからなる画像データ60,000枚分の2階テンソル（2次元配列）であり、前処理に
よって（60000行，784列）の行列になっています。

🐍 入力データ

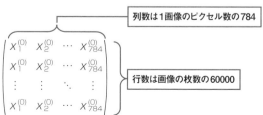

これに掛け算する第1層のニューロンの重み行列は、(784行，512列)になります。行列の掛け算は、

> 「行の順番と列の順番の数が同じ要素 (成分) 同士を掛けて、足し上げる」

ということをします。これを行列の「内積」と呼びます。XとYという行列同士の掛け算であれば、

> 「Xの1行目の要素とYの1列目の要素を順番に掛け算して、その和を求める」

という具合です。(2, 3) 行列と (3, 2) 行列の内積は、

$$\begin{pmatrix} 2 & 3 & 4 \\ 5 & 6 & 7 \end{pmatrix} \begin{pmatrix} a & d \\ b & e \\ c & f \end{pmatrix} = \begin{pmatrix} 2a+3b+4c & 2d+3e+4f \\ 5a+6b+7c & 5d+6e+7f \end{pmatrix}$$

のように計算します。

　このため、行列Xの列数と行列Yの行数は同じであることが必要です。今回は、入力データが (60000行，784列) の行列なので、(784行，1列) の行列との内積の計算ができます。この場合、出力される行列は (60000行，1列) になります。ここで、先のニューラルネットワークの図をもう一度見てみましょう。第0層 (入力層) のデータの個数は784で、これは入力データの行列 (60000行，784列) の列の数と同じです。すなわち、入力層のデータをニューロンとして考えると、

　「ニューラルネットワークのニューロンの数は行列の列数と等しい」

という法則 (少し大げさですけど) があることに気づきます。そうであれば、前の層の出力に掛け合わせる重み行列の列の数を「設定したいニューロンの数」にすればよいので、(784行，512列) の重み行列を用意すれば、ひとまず第1層 (隠れ層) の形ができあがります。このときの内積の結果は、(60000行，512列) の行列になるので、同じ形状のバイアス行列を用意して行列同士の足し算を行えば、バイアス値の入力までを済ませることができます。

🐍 図9.16　入力層からの入力に第1層 (隠れ層) の重みとバイアスを適用する

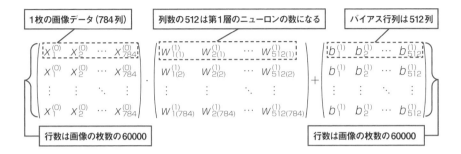

ここまでで、第1層のニューロンへの入力が完了したので、あとは各ニューロン内で活性化関数を適用して、

$$
\begin{pmatrix}
relu\left(u_1^{(1)}\right) & relu\left(u_2^{(1)}\right) & \cdots & relu\left(u_{512}^{(1)}\right) \\
relu\left(u_1^{(1)}\right) & relu\left(u_2^{(1)}\right) & \cdots & relu\left(u_{512}^{(1)}\right) \\
\vdots & \vdots & \ddots & \vdots \\
relu\left(u_1^{(1)}\right) & relu\left(u_2^{(1)}\right) & \cdots & relu\left(u_{512}^{(1)}\right)
\end{pmatrix}
=
\begin{pmatrix}
out_1^{(1)} & out_2^{(1)} & \cdots & out_{512}^{(1)} \\
out_1^{(1)} & out_2^{(1)} & \cdots & out_{512}^{(1)} \\
\vdots & \vdots & \ddots & \vdots \\
out_1^{(1)} & out_2^{(1)} & \cdots & out_{512}^{(1)}
\end{pmatrix}
$$

の計算を行います。

relu ()とあるのは、ReLUという関数を適用することを示しています。**ReLU関数**は、入力値が0以下のとき0になり、0より大きいときは入力をそのまま出力するだけなので、計算が速く、しかも数ある活性化関数の中でも学習効果が最も高い関数だといわれています。ここでは、シグモイド関数に代えてReLU関数を使用することにします。

🐍 図9.17 ReLU関数の出力を示すグラフ

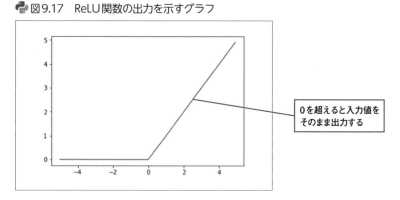

0を超えると入力値を
そのまま出力する

● 第1層 (隠れ層) のプログラミング

前処理を行ったセルの次に、モデルの作成およびモデルへの第1層の追加を行うコードを入力します。

🐍 セル2 (mnist_neuralnetwork.ipynb)

```
'''
2. モデルの作成
'''
# keras.models から Sequential をインポート
from tensorflow.keras.models import Sequential
# keras.layers から Dense、Dropout をインポート
from tensorflow.keras.layers import Dense, Dropout
# keras.optimizers から SGD をインポート
from tensorflow.keras.optimizers import SGD


# モデルの原型を作成
model = Sequential()


# 第1層の作成
model.add(Dense(512,                       # 隠れ層のニューロン数は256
                input_dim=512,             # 入力するデータサイズは512
                activation='relu'))        # 活性化はReLU関数
```

keras.models.Sequentialは、モデルの基盤を作成するクラスです。Kerasライブラリでは、Sequentialオブジェクトを

```
model = Sequential()
```

のように生成してから、必要な層を追加してニューラルネットワークのモデルを構築します。ネットワークの層はkeras.layers.Denseクラスのオブジェクトなので、

```
Dense(引数, ...)
```

のようにDenseオブジェクトを生成し、Sequentialクラスのadd()メソッドで

```
model.add(Denseオブジェクト)
```

という形でモデル（Sequentialオブジェクト）に追加します。

Dense()メソッドは、第1引数で層に配置するニューロンの数を指定し、activationオプションで活性化関数の種類を指定するだけで、層を生成します。ただし、直前に位置する層が入力層である場合のみ、input_shapeオプションで入力データのサイズを

```
input_dim=784
```

のように指定することが必要です。

重みの初期値

ワンポイント

重み初期値は、デフォルトでは−1.0〜1.0の一様乱数で初期化されます。

●ドロップアウトの実装

第1層の次に**ドロップアウト**を配置します。

学習を繰り返すと、訓練データにモデルが適合（フィット）するようになります。しかし、同じデータを繰り返し学習すると「オーバーフィッティング（過剰適合）」が発生し、訓練データ以外のデータに対応できないモデルになってしまうことがあります。

その対策として、「特定の層のニューロンのうちの半分（50%）または4分の1（25%）など任意の割合でランダムに選んだニューロンを無効にして学習する」という「ドロップアウト」処理が考案されました。この処理によって、過度にフィッティングするのを防止するわけですが、学習を繰り返すたびに異なるニューロンがランダムに無効化されるので、あたかも複数のネットワークで別々に学習させたような副次的な効果も期待できます。

● ドロップアウトをプログラミングする

ドロップアウトは、keras.layers.Dropoutクラスで簡単に実装できます。セル2の第1層を配置するコードの続きとして、次のコードを入力しましょう。

🐍 セル2のコードの続き

```
# 第1層の直後に50%のドロップアウトを追加する
model.add(Dropout(0.5))
```

●第2層（出力層）をプログラミングする

第1層（隠れ層）から第2層（出力層）までの構造は次のようになります。隠れ層からの出力は $out_1^{(1)}$ から $out_{512}^{(1)}$ まであり、これにバイアスと重みを適用して、クラス1からクラス10までに対応する10個のニューロンへ出力します。

図9.18　隠れ層➡出力層

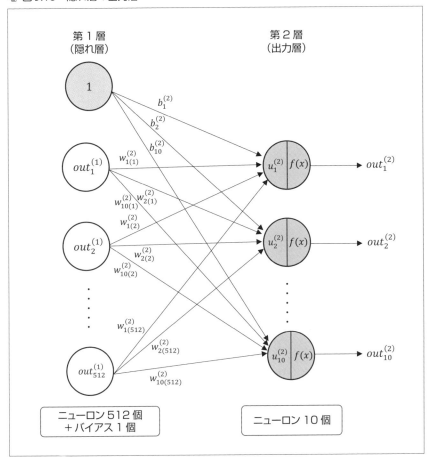

第1層
（隠れ層）

第2層
（出力層）

$out_1^{(1)}$

$out_2^{(1)}$

$out_{512}^{(1)}$

$b_1^{(2)}$
$b_2^{(2)}$
$b_{10}^{(2)}$

$w_{1(1)}^{(2)}$
$w_{10(1)}^{(2)}$ $w_{2(1)}^{(2)}$
$w_{1(2)}^{(2)}$
$w_{2(2)}^{(2)}$
$w_{10(2)}^{(2)}$
$w_{1(512)}^{(2)}$
$w_{2(512)}^{(2)}$
$w_{10(512)}^{(2)}$

$u_1^{(2)}$ $f(x)$ ➡ $out_1^{(2)}$

$u_2^{(2)}$ $f(x)$ ➡ $out_2^{(2)}$

$u_{10}^{(2)}$ $f(x)$ ➡ $out_{10}^{(2)}$

ニューロン512個
＋バイアス1個

ニューロン10個

9
ディープラーニング

● 第2層（出力層）の処理

出力層の処理を見ておきましょう。

🐍 図9.19　第1層（隠れ層）からの入力に第2層（出力層）の重みとバイアスを適用する

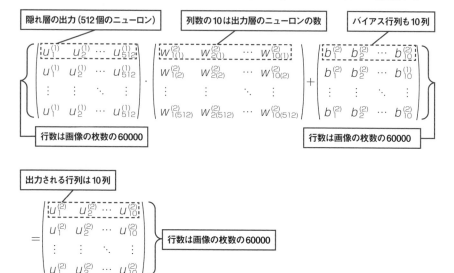

あとは、各ニューロン内で活性化関数を適用して、

$$\begin{pmatrix} softmax\left(u_1^{(2)}\right) & softmax\left(u_2^{(2)}\right) & \cdots & softmax\left(u_{10}^{(2)}\right) \\ softmax\left(u_1^{(2)}\right) & softmax\left(u_2^{(2)}\right) & \cdots & softmax\left(u_{10}^{(2)}\right) \\ \vdots & \vdots & \ddots & \vdots \\ softmax\left(u_1^{(2)}\right) & softmax\left(u_2^{(2)}\right) & \cdots & softmax\left(u_{10}^{(2)}\right) \end{pmatrix} = \begin{pmatrix} out_1^{(1)} & out_2^{(1)} & \cdots & out_{512}^{(1)} \\ out_1^{(1)} & out_2^{(1)} & \cdots & out_{512}^{(1)} \\ \vdots & \vdots & \ddots & \vdots \\ out_1^{(1)} & out_2^{(1)} & \cdots & out_{512}^{(1)} \end{pmatrix}$$

の計算を行います。

　出力層の活性化関数としては、多クラス分類用として**ソフトマックス関数**を使います。このソフトマックス関数には、「すべてのクラスに対して0〜1.0の範囲の確率（実数）を出力し、出力値の総和が1になる」という特徴があります。「最も確率が高いクラスを分類先のクラスとする」という使い方ができます。

● **第2層（出力層）のプログラミング**
　次は、第2層を配置するコードです。

🐍 **セル2のコードの続き**

```
# 第2層の作成
model.add(Dense(10,                    # 出力層のニューロン数は10
                activation='softmax')) # 活性化はソフトマックス関数
```

●バックプロパゲーションを実装する

　Sequentialオブジェクトは、最後にcompile()メソッドを実行することでモデルを構築します。このことを**コンパイル**と呼びます。compile()メソッドを実行する際は、

- lossオプションで、損失関数の種類を指定
- optimizerオプションで、バックプロパゲーションのアルゴリズムを指定
- metricsオプションで、モデルの評価方法を指定

などを行います。

　損失関数は、多クラス分類に対応した交差エントロピー誤差を

```
loss='categorical_crossentropy'
```

のように指定します。ただし、ここで'sparse_categorical_crossentropy'を指定すると、正解ラベルの「One-Hotエンコーディング（One-Hot表現への変換）」を行う必要がなくなります。本来、多クラス分類における正解ラベルは、クラス数に応じた配列で表現しなければなりません。今回の10クラスの分類問題の場合、正解ラベルが0（Tシャツ／トップス）ならば

```
[ 1, 0, 0, 0, 0, 0, 0, 0, 0, 0, 0 ]
```

のように、要素数10のゼロ配列を作成して正解ラベルのインデックス0の要素を1にします（この形をOne-Hot表現と呼びます）。出力層のニューロン数はクラスの数に対応した10なので、正解ラベルもこれに対応した形状の配列にするというわけです。前処理の段階でこの形にしておく必要があるのですが、lossオプションに前述の'sparse_categorical_crossentropy'を指定すれば、One-Hotエンコーディングは不要となり、正解ラベルのインデックス値だけで損失の測定が行えます。

　バックプロパゲーションに関しては、勾配降下法を用いるので

```
optimizer=SGD(必要に応じてオプションを設定)
```

のように指定します。

9

ディープラーニング

🐍 tensorflow.keras.optimizers.SGD

バックプロパゲーションにおいて、確率的勾配降下法のアルゴリズムを使用します。確率的勾配降下法とは、訓練データをランダムにミニバッチという単位に分けて学習する勾配降下法のことです。

🐍 tensorflow.keras.optimizers.SGD()

書式	tensorflow.keras.optimizers.SGD(lr=0.01, momentum=0.0, n_init=10, decay=0.0, nesterov=False)	
パラメーター	lr	学習率。デフォルトは0.01。
	momentum	慣性項。前回の更新量をα倍して加算することで、重みの更新を慣性的なものにします。デフォルトは0.0。
	n_init	乱数を用いて初期の重心を選ぶ処理の実行回数。デフォルト値は10。ほかに'auto'（自動選択）が設定できる。
	decay	学習回数の増加に対して学習率を減衰（下げる）する割合。学習率を変化させることで精度の向上が期待できることがあります。デフォルトは0.0。
	nesterov	momentumの設定を有効にするかどうか。デフォルトはFalse（有効にしない）。

　セル2のコードの続きに、バックプロパゲーションを実装してモデルをコンパイルするコードを追加しましょう。

🐍 セル2のコードの続き

```
# 損失関数とバックプロパゲーションのアルゴリズムを実装してモデルをコンパイル
model.compile(
    # スパース行列対応クロスエントロピー誤差
    loss='sparse_categorical_crossentropy',
    # バックプロパゲーションに確率的勾配降下法を指定
    # 学習率をデフォルトの0.01から0.1に変更
    optimizer=SGD(learning_rate=0.1),
    # 学習評価として正解率を指定
    metrics=['accuracy']
    )
```

　学習率はデフォルトの0.01から0.1に変更しました。少ない回数で学習が進むことを期待します。

●作成したニューラルネットワークの構造を出力する

　以上で、初期状態のモデルが完成しました。Sequentialクラスにはモデルの概要を出力するsummary()メソッドがあるので、概要を出力してみることにします。これまでにセル2に入力したコードの続きとして次のコードを入力し、セルのコードを実行しましょう。

🐍 セル2のコードの続き

```
# モデルの概要を出力
model.summary()
```

🐍 出力

```
Model: "sequential"
_____
 Layer (type)                Output Shape              Param #
=================================================================
 dense (Dense)               (None, 512)               401920

 dropout (Dropout)           (None, 512)               0

 dense_1 (Dense)             (None, 10)                5130

=================================================================
Total params: 407,050
Trainable params: 407,050
Non-trainable params: 0
_____
```

dense（Dense）は隠れ層です。隠れ層から出力する行列は（None, 512）の形状になっています。列の512は隠れ層のニューロンの数と同じであり、Noneは訓練データの総数になるので、実際は（60000, 512）です。バイアスと重みの数を示すParamは401,920、これは

入力層から入力するデータの個数784×隠れ層のニューロン数512=401,408
401,408 ＋ バイアス512個 ＝ 401,920

であるからです。

dropout（Dropout）はドロップアウトで、出力される行列は隠れ層と同じ形状をしています。

dense_1（Dense）が出力層です。出力層から出力される行列は（None, 10）で、列の10は出力層のニューロンの数（＝クラスの数）と同数です。Noneは訓練データの総数になるので、実際は（60000, 10）です。バイアスと重みの数を示すParamが5,130となっているのは、

隠れ層のニューロンの数512×隠れ層のニューロン数10＝5,120
5,120 ＋ バイアス10個 ＝ 5,130

であるからです。

🐍 ディープラーニングを実行して結果を評価する

ニューラルネットワークのモデルに訓練データを入力して、バックプロパゲーションによる重みの学習を行うには、Sequentialクラスのfit()メソッドを使います。その際にオプションで次の指定ができます。

- epochs…………学習回数
- batch_size……ミニバッチの数
- verbose…………学習の進捗状況を出力するかどうか（0:しない、1:する）
- validation_split
　　　　　…………バリデーションデータ（訓練データから抽出する検証データ）の割合
- shuffle…………バリデーションデータの抽出の際にシャッフルするかどうか（False:しない、True:する）

●ミニバッチとは

batch_sizeで指定する**ミニバッチ**とは、確率的勾配降下法で使用するデータ (サンプル) のことです。確率的勾配降下法では、訓練データをそのまま入力して学習するのではなく、ランダムに抽出した10〜100個程度のかたまり (ミニバッチ) に分けて、すべてのミニバッチについて学習を行い、すべての訓練データの処理が終わったところで1回の学習を終了します。このため、1回の学習にはミニバッチごとの学習回数 (**ステップ**と呼ぶ) が含まれることになります。

1セットの訓練データについて、そのままの状態で学習を繰り返すと、見かけ上「誤差が最小になる」ものの、実際はそうではなかった——ということがよくあるのです。バックプロパゲーションによって修正されていく誤差をグラフにした場合、きれいなすり鉢状の曲線 (すり鉢の底で誤差が最小) になることはまれで、いびつな形をした曲線になることがほとんどです。そうすると、中にはすり鉢の底に見えるような「下に凹」の形をした部分が何か所かに現れたりします。つまり、「見かけ上の最小値」を示す部分があり、その部分で最適解を見付けようとすると「真の最小値に到達できない」という現象が起こることがあります。これを「局所解に捕まる」という言い方をします。

ミニバッチによる処理では、1回学習を行うたびにミニバッチの中身が変わるので、学習を行うたびに訓練データの並び順が大きく入れ替わることになります。学習するたびに異なる並び順でデータが入力されるので、局所解に捕まっていたとしても、局所解を抜け出せるという期待が持てます。

●早期終了判定を行うEarlyStoppingクラス

tensorflow.keras.callbacks.EarlyStoppingクラスは、「指定された監視対象回数において、損失または精度の改善が見られなければ学習を打ち切る」ための機能を提供します。

🐍 早期終了を行うEarlyStoppingの生成

```python
early_stop = EarlyStopping(
    monitor='val_loss',    # 監視対象を損失に設定
    patience=5,            # 監視する回数
    verbose=1              # 早期終了をログとして出力
)
```

fit()メソッドには、「1エポック(エポックは学習回数)が終了するたびに任意のオブジェクトをコールバックするため」のcallbacksオプションがありますので、次のように指定してます。

🐍 fit()メソッドにおけるコールバックの設定

```
history = model.fit(
    x_train,              # 訓練データ
    y_train,              # 正解ラベル
    ......省略......
    callbacks=[early_stop]  # コールバックはリストで指定する
    )
```

このようにすることで、1エポックが終了するたびにEarlyStoppingオブジェクトがコールバックされるようになります。callbacksオプションは、複数のオブジェクトをコールバックできるように、リスト形式で指定するようになっています。

● 学習を実行する

学習を実行するコードを入力します。fit()メソッドのvalidation_splitは、訓練データの何%を検証用として使用するかを指定するためのオプションなので、20%を検証用として使用するように

```
validation_split= 0.2
```

としました。また、データを分割する際に元のデータをシャッフルするように、

```
shuffle=True
```

を指定しています。

🐍 セル3 (mnist_neuralnetwork.ipynb)

```
'''
3.学習を行う
'''

from tensorflow.keras.callbacks import EarlyStopping
```

```python
# 学習回数を設定
training_epochs = 20 # 学習回数
# ミニバッチのサイズ
batch_size = 64

# 早期終了を行うEarlyStoppingを生成
early_stopping = EarlyStopping(
    monitor='val_loss',  # 監視対象は損失
    patience=5           # 監視する回数
)

# 学習を行って進捗状況を出力
history = model.fit(
    x_train,  # 訓練データ
    y_train,  # 正解ラベル
    epochs=training_epochs,       # 学習回数
    batch_size=batch_size,        # ミニバッチのサイズ
    verbose=1,                    # 学習の進捗状況を出力する
    validation_split=0.2,         # 検証データとして使用する割合
    shuffle=True,                 # 検証データを抽出する際にシャッフルする
    callbacks=[early_stopping]    # コールバックはリストで指定する
    )
```

🐍 出力

```
Epoch 1/20
750/750 [==============] - 2s 2ms/step - loss: 0.6777 - accuracy:
0.7628 - val_loss: 0.4937 - val_accuracy: 0.8139
Epoch 2/20
750/750 [==============] - 1s 2ms/step - loss: 0.4919 - accuracy:
0.8241 - val_loss: 0.4284 - val_accuracy: 0.8409
Epoch 3/20
750/750 [==============] - 1s 2ms/step - loss: 0.4483 - accuracy:
0.8392 - val_loss: 0.4057 - val_accuracy: 0.8487
……途中省略……
Epoch 19/20
```

9

ディープラーニング

```
750/750 [==============] - 2s 2ms/step - loss: 0.3110 - accuracy:
0.8848 - val_loss: 0.3246 - val_accuracy: 0.8821
Epoch 20/20
750/750 [==============] - 2s 2ms/step - loss: 0.3062 - accuracy:
0.8869 - val_loss: 0.3169 - val_accuracy: 0.8842
```

　設定どおりの20エポックで終了しました。検証データによる評価では、精度が
0.8842、損失が0.3169となりました。

●学習済みモデルにテストデータを入力して分類予測する
　tensorflow.keras.Model.evaluate()は評価専用のメソッドであり、学習済みのモ
デルに入力して分類の予測を行います。分類予測の場合、ドロップアウトのような評価
に不要な要素はスキップします。

🐍 セル4

```
'''
4．テストデータで評価する
'''
# テストデータで分類予測を行って精度・損失を取得する
score = model.evaluate(x_test, y_test, verbose=0)
# テストデータの損失を出力
print('Test loss:', score[0])
# テストデータの正解率 (精度) を出力
print('Test accuracy:', score[1])
```

🐍 出力

```
Test loss: 0.3269921839237213
Test accuracy: 0.8830000162124634
```

　検証データのものとほぼ同じ結果になりました。

●損失、正解率をグラフにする

学習の過程で得た損失や正解率などの時系列データは、変数historyに代入されているので、これを使って「損失と正解率がどう変化しているか」をグラフ化して確かめてみることにしましょう。訓練データの損失（誤り率）の時系列データはhistory.history['loss']で参照でき、検証データの損失の時系列データはhistory.history['val_loss']で参照できます。また、訓練データの正解率の時系列データはhistory.history['accuracy']で、検証データの正解率の時系列データはhistory.history['val_accuracy']でそれぞれ参照できます。

🐍 セル5

```python
'''
5. 損失、正解率をグラフにする
'''
import matplotlib.pyplot as plt

# 訓練データの損失をプロット
plt.plot(
    history.history['loss'],
    marker='.',
    label='loss (Training)')
# 検証データの損失をプロット
plt.plot(
    history.history['val_loss'],
    marker='.',
    label='loss (Validation)')
plt.legend()              # 凡例を表示
plt.grid()                # グリッド表示
plt.xlabel('epoch')       # x軸ラベル
plt.ylabel('loss')        # y軸ラベル
plt.show()

# 訓練データの精度をプロット
plt.plot(
    history.history['accuracy'],
```

```
    marker='.',
    label='accuracy (Training)')
# 検証データの精度をプロット
plt.plot(
    history.history['val_accuracy'],
    marker='.',
    label='accuracy (Validation)')
plt.legend(loc='best')      # 凡例を表示
plt.grid()                  # グリッド表示
plt.xlabel('epoch')         # x軸ラベル
plt.ylabel('accuracy')      # y軸ラベル
plt.show()
```

🐍 図9.20　出力

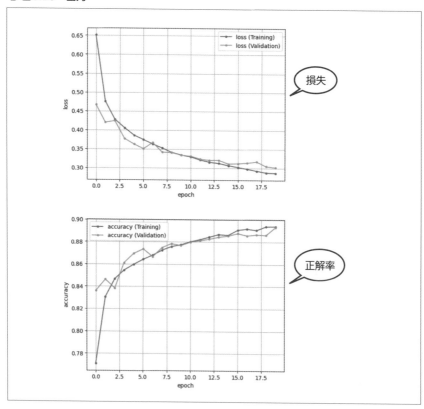

3 畳み込みニューラルネットワークによるカラー画像の分類

物体認識（object recognition）とは、「画像に写っているものが何であるか」を言い当てる処理のことで、何を目的とするかによって「特定物体認識」と「一般物体認識」に分類されています。特定物体認識は、ある特定の物体と同一の物体が画像中に存在するかどうかを言い当てる（identification）処理であり、一般物体認識は、飛行機、自動車、イヌなどの一般的な物体のカテゴリを言い当てる（classification）処理です。

カラー画像を10のカテゴリに分類したデータセット「CIFAR-10」

一般物体認識用のデータセットとして、Alex Krizhevsky氏によって整備された「CIFAR-10」があります。CIFAR-10には、約8000万枚収録の画像データ集「80 Million Tiny Images」からピックアップした、約6万枚の画像および正解ラベルが収録されています。

CIFAR-10の特徴

- 32×32ピクセルの画像が60000枚。
- 画像はRGBの3チャンネルカラー画像。
- 画像は10クラスに分類されている。
- 正解ラベルは次の10カテゴリ。
  - airplane（飛行機）
  - automobile（自動車）
  - bird（鳥）
  - cat（ネコ）
  - deer（鹿）
  - dog（イヌ）
  - frog（カエル）
  - horse（馬）
  - ship（船）
  - truck（トラック）
- 50000枚（各クラス5000枚）の訓練用データおよび10000枚（各クラス1000枚）のテストデータに分割されている。
- BMPやPNGといった画像ファイルではなく、ピクセルデータ配列としてPythonから簡単に読み込める形式で提供されている。

●CIFAR-10のカラー画像を見る

TensorFlowのKerasライブラリのkeras.datasetsからcifar10をインポートすることで、CIFAR-10をダウンロードしてプログラムに組み込むことができます。CIFAR-10をダウンロードして、どのような画像になっているのか、出力して確かめてみましょう。新規のNotebookを作成し、次のコードを入力して実行しましょう。

🐍 CIFAR-10の画像をカテゴリごとに10枚ずつランダムに抽出して表示する

```python
import numpy as np
import matplotlib.pyplot as plt
from keras.datasets import cifar10

# CIFAR-10データセットをロード
(X_train, y_train), (X_test, y_test) = cifar10.load_data()
# データの形状を出力
print('X_train:',X_train.shape, 'y_train:', y_train.shape)
print('X_test :', X_test.shape, 'y_test :', y_test.shape)

# 画像を描画
num_classes = 10  # 分類先のクラスの数
pos = 1           # 画像の描画位置を保持する変数

# クラスの数だけ繰り返す
for target_class in range(num_classes):
    # 各クラスに分類される画像のインデックスを保持するリスト
    target_idx = []

    # クラスiが正解の場合の正解ラベルのインデックスを取得する
    for i in range(len(y_train)):
        # i行、0列の正解ラベルがtarget_classと一致するか
        if y_train[i][0] == target_class:
            # クラスiが正解であれば、正解ラベルのインデックスをtarget_idxに追加
            target_idx.append(i)

    np.random.shuffle(target_idx)  # クラスiの画像のインデックスをシャッフル
    plt.figure(figsize=(20, 20))   # 描画エリアを横20インチ、縦20インチにする
```

```
    # シャッフルした最初の10枚の画像を描画
    for idx in target_idx[:10]:
        plt.subplot(10, 10, pos)    # 10行、10列の描画領域のpos番目の位置を指定
        plt.imshow(X_train[idx])    # Matplotlibのimshow()で画像を描画
        pos += 1

plt.show()
```

　プログラムを実行してしばらくすると、次のように100枚（10カテゴリ×10枚）の画像が、カテゴリごとにまとめられて出力されます。

🐍出力

```
X_train: (50000, 32, 32, 3) y_train: (50000, 1)
X_test : (10000, 32, 32, 3) y_test : (10000, 1)
```

🐍図9.21　出力

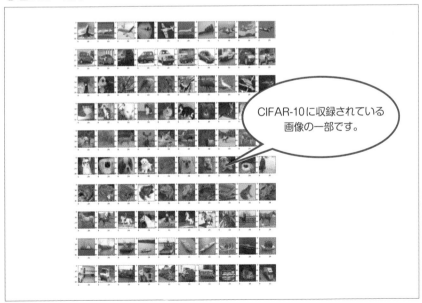

CIFAR-10に収録されている画像の一部です。

訓練データとテストデータの画像は、

```
X_train: (50000, 32, 32, 3)
X_test : (10000, 32, 32, 3)
```

のように、4階テンソルに格納されています。1画像あたり32×32のピクセル値なので（32行，32列）になり、これにRGBのための3チャンネルを追加して、（32行，32列，3チャンネル）の3階テンソルになります。これを4階テンソルにすることで、50,000画像、10,000画像がそれぞれ訓練データとテストデータとして格納されています。正解ラベルは、

```
y_train: (50000, 1)
y_test : (10000, 1)
```

のように、2階テンソルに0〜9の値が格納されています。

　出力した画像は、上から飛行機、自動車、鳥、ネコ、鹿、イヌ、カエル、馬、船、トラックの順になっています。プログラムでは、10のクラスに分類された画像のインデックスをすべて取得し、各クラスごとにランダムに抽出した10枚の画像を出力するようにしています。プログラムを繰り返し実行すれば、様々な画像を見ることができます。

2次元フィルターで画像の特徴を検出する仕組み

　ニューラルネットワークでファッションアイテムの画像認識を行う際に、2次元の画像データを1次元の配列としてモデルに入力し、学習を行いました。

　入力層は（28, 28）の2次元配列（2階テンソル）の画像データを、（, 784）の1次元の配列（1階テンソル）にしたものなので、2次元の情報は失われている状態です。画像の中に似たような形状の部分があっても、位置が少しでも異なると、似た形状だということを認識できなくなってしまいます。このような問題を解決し、学習の精度を上げるには、2次元空間の情報を取り込むことが必要です。

🐍 図9.22　1個のニューロンに2次元空間の情報を学習させる

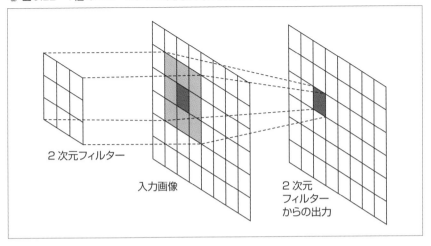

2次元フィルター

入力画像

2次元
フィルター
からの出力

●1個のニューロンに2次元空間の情報を学習させる「畳み込み演算」

　2次元空間の情報とは、直線や曲線などの形を表す情報のことです。このような情報を取り出す方法として、**フィルター**という処理方法があります。フィルターを使うと、画像に対して特定の演算を加えることで画像を加工できるので、画像レタッチソフトにおける、ぼかし・シャープ化・エッジ抽出などに応用されています。ここでは、このようなフィルターを**2次元フィルター**と呼ぶことにします。

　2次元フィルターですので、フィルター自体は2次元の配列（2階テンソル）で表されます。例として、上下方向のエッジ（色の境界のうち、上下に走る線）を検出する3×3のフィルターを用意します。

🐍 図9.23　上下方向のエッジを検出する3×3のフィルター

0	1	1
0	1	1
0	1	1

　フィルターを用意したら、画像の左上隅に重ね合わせて、画素の値とフィルターとの積の和を求め、元の画像の中心に書き込みます。この作業を、フィルターをスライドさせながら画像全体に対して行っていきます。これを「畳み込み演算 (Convolution)」と呼びます。

🐍 図9.24　畳み込み演算による処理

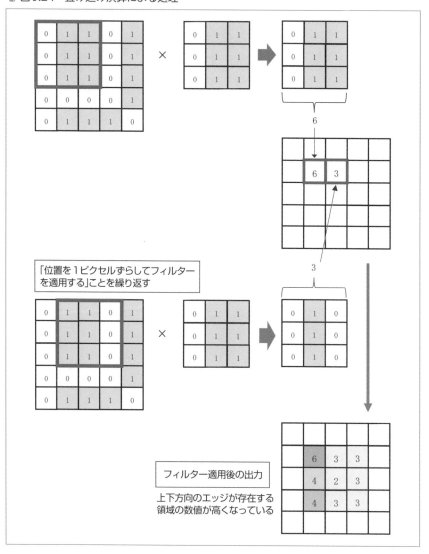

フィルターを適用した結果、「上下方向にエッジがある領域」が検出され、エッジが強く出ている領域の数値が高くなっています。この例では上下方向のエッジを検出しましたが、フィルターを次のようにすれば、左右方向のエッジを検出することができます。

🐍 図9.25　横のエッジを検出する3×3のフィルター

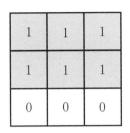

フィルターの大きさは3×3のほかに、5×5や7×7とすることもできます。中心を決められるように、奇数の幅にするのがポイントです。

🐍 ゼロパディング

入力データの幅をw、高さをhとした場合、幅がfw、高さがfhのフィルターを適用すると、

```
出力の幅 =w-fw+1
出力の高さ =h-fh+1
```

のように、元の画像よりも小さくなります。このため、複数のフィルターを連続して適用すると、出力される画像がどんどん小さくなっていくことになります。このような場合に、画像を小さくしない対応策として**ゼロパディング**という手法があります。

ゼロパディングでは、あらかじめ元の画像のまわりをゼロで埋めてからフィルターを適用します。こうすることで、出力される画像は元の画像のサイズと同じになります。そして、計算量が増えた結果として、画像の端の情報がよく反映されるようになります。

📘 図9.26 フィルターを適用すると、元の画像よりも小さいサイズになる

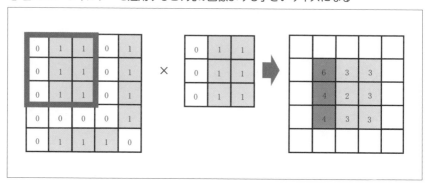

📘 図9.27 画像のまわりを0でパディング (埋め込み) する

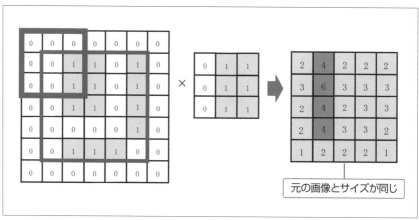

元の画像とサイズが同じ

　フィルターのサイズが3×3のときは幅1のパディング、5×5の場合は幅2のパディングを行うとうまくいきます。

プーリング

畳み込みニューラルネットワークについては、その性能を引き上げるための様々な手法が考えられてきました。そういった手法の中で最も効果があるとされているのが、畳み込み層や全結合層の間に挿入する「プーリング層」です。プーリング層の手法にも**最大プーリング**や**平均プーリング**などがあり、その中でも最大プーリングがシンプルかつ最も効率的な処理だとされています。

●最大プーリングの仕組み

最大プーリングでは、2×2や3×3などの領域を決めて、その領域内の最大値を出力とします。これを領域のサイズだけずらし（ストライド）、同じように最大値を出力とします。

🐍 図9.28　2×2の最大プーリングを行う

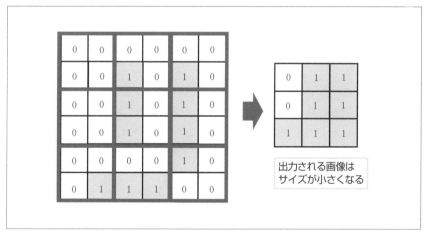

出力される画像はサイズが小さくなる

🐍 図9.29　元の画像を1ピクセル右にスライドして、2×2の最大プーリングを行う

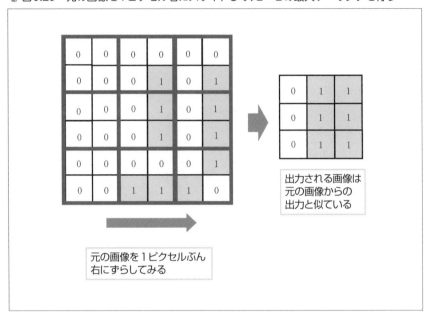

元の画像を1ピクセルぶん
右にずらしてみる

出力される画像は
元の画像からの
出力と似ている

　前ページの図では、6×6＝36の画像に2×2のプーリングを適用しています。この結果、出力は元の画像の4分の1のサイズになっています。サイズが4分の1になったということは、そのぶんだけ情報が失われたことになります。しかしながら、上図のように「1ピクセルぶん右にずらした画像からの出力も、元の画像からの出力画像の形を維持している」のがポイントです。人間の目で見て同じような形をしていても、少しのズレがあるとネットワークにはまったく別の形として認識されます。でも、プーリングを適用すると、同じような形をしていれば、多少のズレがあっても同じものとして認識される確率が高くなります。

　プーリングは、入力画像の小さなゆがみやズレ、変形による影響を受けにくくするというメリットがあります。プーリング層の出力が2×2の領域からの最大値のみとなるので、出力される画像のサイズは4分の1のサイズになるものの、このことによって多少のズレは吸収される仕組みです。

🐍 訓練データにばかり適合するのを避けるための「正則化」

畳み込みニューラルネットワークのモデルにおいても、訓練データを過度に学習するとオーバーフィッティングが発生します。オーバーフィッティングを防止するための**ドロップアウト**を前節で紹介しましたが、ここでは**正則化**という手法について紹介します。

正則化を行う具体的な方法として「荷重減衰（Weight decay）」があります。処理自体はシンプルで、「学習を行う過程の中でパラメーター（重み）の値が大きくなりすぎたら、ペナルティを課す」というものです。オーバーフィッティングは、パラメーターが大きな値をとることによって発生する場合が多いためです。値が大きくなりすぎたパラメーターへのペナルティは、次のような「正則化項」を誤差関数に追加することで行います。

🐍 正則化項

$$\frac{1}{2}\lambda\sum_{j=1}^{m}w_j^2$$

λ（ラムダ）は、正則化の影響を決める正の定数で、**ハイパーパラメーター**と呼ばれることがあります。1/2が付いているのは、勾配計算を行うときに式を簡単にするためであり、特に深い意味はありません。ここで、物の「大きさ」を数学的に表す場合に使われる量として、L^2ノルムに注目しましょう。

🐍 L^2ノルム

L^2ノルム：$\sqrt{x_1^2+x_2^2+\cdots+x_n^2}$

この式は「普通の意味での長さ」を表しており、**ユークリッド距離**と呼ばれることがあります。ここでノルムの話をしたのは、上述の正規化項にL^2ノルムが用いられているためです。m個の成分を持つパラメーターw_mのL^2ノルムがw_m^2です。

一般的に、バイアスに対しては正則化は行いません。9-1節で紹介した重みの更新式は次のようになっていました。

重みの更新式

$$w_{i(h)}^{(l)} := w_{i(h)}^{(l)} - \eta\, \delta_i^{(l)}\, \boxed{o_h^{(l-1)}}\!-\!-\!\!\boxed{\text{直前の層のニューロンからの出力}}$$

これに正則化の式を当てはめると次のようになります。

重みの更新式に正則化項を加える

$$w_{i(h)}^{(l)} := w_{i(h)}^{(l)} - \eta\, \delta_i^{(l)}\, o_h^{(l-1)} + \boxed{\lambda\, w_i^2}\!-\!-\!\!\boxed{\text{正則化項}}$$

🐍 畳み込みニューラルネットワークのモデルで カラー画像を学習する

　畳み込み層にプーリング層とドロップアウトを追加し、7層のモデルを作成して CIFAR-10データセットを学習します。

●データセットを読み込んで前処理する

　Notebookを作成し、CIFAR-10データセットの読み込みと前処理を行うコードを入力します。今回は、tensorflow.keras.utils.to_categorical () を使って、正解ラベルを10クラスのOne-Hot表現に変換しておくことにします。

🐍 セル1 (cifar_10_cnn.ipynb)

```
'''
1. データセットの読み込みと前処理
'''
import numpy as np
from tensorflow.keras.datasets import cifar10
from tensorflow.keras.utils import to_categorical

# X_train(ndarray)：訓練データ(50000,32,32,3)
# X_test(ndarray)：テストデータ(10000,32,32,3)
# y_train(ndarray)： 訓練データの正解ラベル(50000,)
# y_test(ndarray)： テストデータの正解ラベル(10000,)
```

```
(x_train, y_train), (x_test, y_test) = cifar10.load_data()

# 訓練用とテスト用の画像データを正規化する
x_train, x_test = x_train.astype('float32'), x_test.astype('float32')
x_train, x_test = x_train/255.0, x_test/255.0

# 訓練データとテストデータの正解ラベルを10クラスのOne-Hot表現に変換
# y_train: (50000, 10)
# y_test:  (10000, 10)
y_train, y_test = to_categorical(y_train), to_categorical(y_test)
```

●モデルの作成

畳み込み層は、tensorflow.keras.layers.Conv2D () メソッドで作成します。オプションの設定は次のようになります。

📕 keras.layers.Conv2D() メソッドのオプション

書式	keras.layers.Conv2D(
	    filters,
	    kernel_size,
	    strides=(1, 1),
	    padding='valid',
	    kernel_regularizer=None,
	    activation=None[, input_shape, …以下省略])	

パラメーター	filters	フィルターの数を指定します。filters=32など。
	kernel_size	フィルターの形状を指定します。kernel_size=(3,3)など。
	strides	フィルターを移動 (ストライド) する幅と高さをしています。デフォルトはstrides=(1, 1)。
	padding	パディングの方法を指定します。padding='same' でゼロパディングが行われます。デフォルトの'valid'ではパディングなし。
	kernel_regularizer	正則化を行う場合、その方法を指定します。L2正則化を行う場合は、tensorflow.kerasのl2()を指定します。kernel_regularizer=regularizers.l2(ハイパーパラメーター値)
	input_shape	入力データの形状を指定します。入力層の直後以外は省略できます。

プーリング層は、tensorflow.keras.layers.MaxPool2D()メソッドで配置します。

🐍 keras.layers.MaxPool2D()

書式		keras.layers.MaxPool2D(pool_size=(2, 2), strides=None, padding='valid', data_format=None)
パラメーター	pool_size	整数または2つの整数のタプルで、ウィンドウサイズを指定します。整数が1つだけ指定されている場合は、縦と横の次元で同じウィンドウ長が使用されます。デフォルトは(2, 2)。
	strides	整数または2つの整数のタプルで、ストライド値を指定します。デフォルトのNoneの場合、pool_sizeの値が使用されます。pool_sizeが(2, 2)の場合、縦と横に2ピクセルずつストライドするので、ウィンドウサイズのぶんだけ移動することになります。
	padding	'valid'または'same'を指定します。デフォルトの'valid'はパディングを行いません。'same'の場合は、出力が入力と同じサイズになるように、入力の左右または上下に均等にパディングが行われます。
	data_format	入力データのフォーマットを指定します。'channels_last'を指定した場合は、 (batch, height, width, channels) の形状になり、'channels_first'を指定した場合は、 (batch, channels, height, width) の形状になります。デフォルトのNoneの場合は、'channels_last'が適用されます。

次に、畳み込み層から順番にそれぞれの構造を示します。

🐍 畳み込み層1

フィルターの数	32
フィルターのサイズ	3×3
活性化関数	ReLU
出力	1画像 (32, 32, 3) に対してフィルターの数32個のピクセル値を出力。出力の形状は、(バッチサイズ, 32, 32, 32) となる。

🐍 畳み込み層2

フィルターの数	32
フィルターのサイズ	3×3
活性化関数	ReLU
出力	1画像 (32, 32, 32) に対してフィルターの数32個のピクセル値を出力。出力の形状は、(バッチサイズ, 32, 32, 32) となる。

🐍 プーリング層1

ユニット数	32 (前層のユニット数と同じ)
ウィンドウサイズ	2×2
出力	1ユニットあたり (16, 16) の2階テンソルを32個出力 (16, 16, 32)。出力の形状は、(バッチサイズ, 16, 16, 32) となる。

🐍 ドロップアウト

ドロップアウト率	20%
出力	出力の形状は (バッチサイズ, 16, 16, 32)。

🐍 畳み込み層3

フィルターの数	64
フィルターのサイズ	3×3
活性化関数	ReLU
出力	1画像 (16, 16) に対してフィルターの数64個のピクセル値を出力。出力の形状は、(バッチサイズ, 16, 16, 64) となる。

9
ディープラーニング

🖶 畳み込み層4

フィルターの数	64
フィルターのサイズ	3×3
活性化関数	ReLU
出力	1画像 (16, 16) に対してフィルターの数64個のピクセル値を出力。出力の形状は、(バッチサイズ, 16, 16, 64) となる。

🖶 プーリング層2

ユニット数	64 (前層のユニット数と同じ)
ウィンドウサイズ	2×2
出力	1ユニットあたり (8, 8) の2階テンソルを64個出力 (8, 8, 64)。出力の形状は、(バッチサイズ, 8, 8, 64) となる。

🖶 ドロップアウト

ドロップアウト率	30%
出力	出力の形状は (バッチサイズ, 8, 8, 64)。

🖶 畳み込み層5

フィルターの数	128
フィルターのサイズ	3×3
活性化関数	ReLU
出力	1画像 (8, 8) に対してフィルターの数128個のピクセル値を出力。出力の形状は、(バッチサイズ, 8, 8, 128) となる。

🖶 畳み込み層6

フィルターの数	128
フィルターのサイズ	3×3
活性化関数	ReLU
出力	1画像 (8, 8) に対してフィルターの数128個のピクセル値を出力。出力の形状は、(バッチサイズ, 8, 8, 128) となる。

プーリング層3

ユニット数	128（前層のユニット数と同じ）
ウィンドウサイズ	2×2
出力	1ユニットあたり (4, 4) の2階テンソルを128個出力 (4, 4, 128)。出力の形状は、(バッチサイズ, 4, 4, 128) となる。

ドロップアウト

ドロップアウト率	40%
出力	出力の形状は (バッチサイズ, 4, 4, 128)。

フラット化

ユニット数	4×4×128 = 2048
出力	(4, 4, 128) の3階テンソルをフラット化して、(2048) の1階テンソルにする。出力の形状は (バッチサイズ, 2048) となる。

全結合層

ユニット数	128
活性化関数	ReLU
出力	要素数 (128) の1階テンソルを出力。出力の形状は (バッチサイズ, 128) となる。

ドロップアウト層

ドロップアウト率	40%
出力	出力の形状は (バッチサイズ, 128)。

出力層

ユニット数	10
活性化関数	ソフトマックス
出力	出力の形状は (バッチサイズ, 10)。

以上の仕様に従ってモデルをプログラミングします。今回は、バックプロパゲーションのアルゴリズムとして、確率的勾配降下法のSDGに代えて、Adamを使用します。Adamは、学習効率をより高めるように改良されたアルゴリズムです。

🐍 セル2

```
'''
2. モデルの生成
'''
from tensorflow.keras.models import Sequential
from tensorflow.keras.layers import Dense, Dropout, Flatten # core
layers
from tensorflow.keras.layers import Conv2D, MaxPooling2D    #
convolution layers
from tensorflow.keras import regularizers, optimizers

# 正則化のハイパーパラメーターを設定
weight_decay = 1e-4

# モデルの基盤を生成
model = Sequential()

# 第1層：畳み込み層1：正則化を行う
# (バッチサイズ,32,3,3) -> (バッチサイズ,32,32,32)
model.add(
    Conv2D(
        filters=32,                          # フィルターの数
        kernel_size=(3,3),                   # 3x3のフィルターを使用
        input_shape=x_train[0].shape,        # 入力データの形状
        padding='same',                      # ゼロパディングを行う
        kernel_regularizer=regularizers.l2(weight_decay),
        activation='relu'                    # 活性化関数はReLU
    ))

# 第2層：畳み込み層2：正則化を行う
# (バッチサイズ,32,32,32) ->(バッチサイズ,32,32,32)
```

```
model.add(
    Conv2D(filters=32,                      # フィルターの数は32
        kernel_size=(3,3),                  # 3×3のフィルターを使用
        padding='same',                     # ゼロパディングを行う
        kernel_regularizer=regularizers.l2(weight_decay),
        activation='relu'                   # 活性化関数はReLU
        ))

# 第3層：プーリング層1：ウィンドウサイズは2×2
# (バッチサイズ,32,32,32) -> (バッチサイズ,16,16,32)
model.add(MaxPooling2D(pool_size=(2,2)))
# ドロップアウト1：ドロップアウトは20%
model.add(Dropout(0.2))

# 第4層：畳み込み層3　正則化を行う
# (バッチサイズ,16,16,32) ->(バッチサイズ,16,16,64)
model.add(
    Conv2D(filters=64,                      # フィルターの数は64
        kernel_size=(3,3),                  # 3×3のフィルターを使用
        padding='same',                     # ゼロパディングを行う
        kernel_regularizer=regularizers.l2(weight_decay),
        activation='relu'                   # 活性化関数はReLU
        ))

# 第5層：畳み込み層4：正則化を行う
# (バッチサイズ,16,16,64) ->(バッチサイズ,16,16,64)
model.add(
    Conv2D(filters=64,                      # フィルターの数は64
        kernel_size=(3,3),                  # 3×3のフィルターを使用
        padding='same',                     # ゼロパディングを行う
        kernel_regularizer=regularizers.l2(weight_decay),
        activation='relu'                   # 活性化関数はReLU
        ))

# 第6層：プーリング層2：ウィンドウサイズは2×2
# (バッチサイズ,16,16,64) -> (バッチサイズ,8,8,64)
```

```
model.add(MaxPooling2D(pool_size=(2,2)))
# ドロップアウト2：ドロップアウトは30%
model.add(Dropout(0.3))


# 第7層：畳み込み層5：正則化を行う
# (バッチサイズ,8,8,64) -> (バッチサイズ,8,8,128)
model.add(
    Conv2D(filters=128,                              # フィルターの数は128
        kernel_size=(3,3),                           # 3×3のフィルターを使用
        padding='same',                              # ゼロパディングを行う
        kernel_regularizer=regularizers.l2(weight_decay),
        activation='relu'                            # 活性化関数はReLU
        ))


# 第8層：畳み込み層6：正則化を行う
# (バッチサイズ,8,8,128) -> (バッチサイズ,8,8,128)
model.add(
    Conv2D(filters=128,                              # フィルターの数は128
        kernel_size=(3,3),                           # 3×3のフィルターを使用
        padding='same',                              # ゼロパディングを行う
        kernel_regularizer=regularizers.l2(weight_decay),
        activation='relu'                            # 活性化関数はReLU
        ))


# 第9層：プーリング層3：ウィンドウサイズは2×2
# (バッチサイズ,8,8,128) -> (バッチサイズ,4,4,128)
model.add(MaxPooling2D(pool_size=(2,2)))
# ドロップアウト3：ドロップアウトは40%
model.add(Dropout(0.4))


# Flatten：4階テンソルから2階テンソルに変換
# (バッチサイズ,4,4,128) -> (バッチサイズ,2048)
model.add(Flatten())


# 第10層：全結合層
# (バッチサイズ,2048) -> (バッチサイズ,128)
```

```
model.add(Dense(128,                    # ニューロン数は128
                activation='relu'))     # 活性化関数はReLU
# ドロップアウト4：ドロップアウトは40%
model.add(Dropout(0.4))


# 第11層： 出力層
# （バッチサイズ,128) -> （バッチサイズ,10)
model.add(Dense(10,                     # 出力層のニューロン数は10
                activation='softmax'))  # 活性化関数はソフトマックス


# Sequentialオブジェクトのコンパイル
model.compile(
    # クロスエントロピー誤差
    loss='categorical_crossentropy',
    # バックプロパゲーションのアルゴリズムにAdamを使用
    # 学習率はデフォルトの0.001
    optimizer=optimizers.Adam(learning_rate=0.001),
    # 学習評価として正解率を指定
    metrics=['accuracy']
)

# モデルのサマリを出力
model.summary()
```

🐍出力

```
Model: "sequential"

_____
Layer (type)                 Output Shape              Param #
=================================================================
conv2d (Conv2D)              (None, 32, 32, 32)        896
conv2d_1 (Conv2D)            (None, 32, 32, 32)        9248
max_pooling2d (MaxPooling 2D) (None, 16, 16, 32)       0
dropout (Dropout)            (None, 16, 16, 32)        0
conv2d_2 (Conv2D)            (None, 16, 16, 64)        18496
conv2d_3 (Conv2D)            (None, 16, 16, 64)        36928
```

9
ディープラーニング

max_pooling2d_1 (MaxPooling 2D)	(None, 8, 8, 64)	0
dropout_1 (Dropout)	(None, 8, 8, 64)	0
conv2d_4 (Conv2D)	(None, 8, 8, 128)	73856
conv2d_5 (Conv2D)	(None, 8, 8, 128)	147584
max_pooling2d_2 (MaxPooling 2D)	(None, 4, 4, 128)	0
dropout_2 (Dropout)	(None, 4, 4, 128)	0
flatten (Flatten)	(None, 2048)	0
dense (Dense)	(None, 128)	262272
dropout_3 (Dropout)	(None, 128)	0
dense_1 (Dense)	(None, 10)	1290

```
=================================================================
Total params: 550,570
Trainable params: 550,570
Non-trainable params: 0
```

●モデルで学習する

モデルで学習するあたって、新たに2つの処理を追加します。

- 学習率を自動で減衰させる仕組みを導入。
- 学習するときのミニバッチをランダムに加工する。

●学習率を自動で減衰させる

指定したエポック数（学習回数）以内に学習の進捗が見られない場合に、学習率を減衰させる仕組みを導入します。学習が停滞した場合、学習率の引き下げは有効なので、早期終了のときよりもよい結果が期待できます。

🐍 tensorflow.keras.callbacks.ReduceLROnPlateau クラス

指定した監視対象回数以内に損失または精度が改善されなかった場合、任意の係数を乗じて学習率の減衰を行います。

🐍 keras.callbacks.ReduceLROnPlateau()

書式	keras.callbacks.ReduceLROnPlateau(　monitor='val_loss', factor=0.1, patience=10, 　verbose=0, mode='auto', min_delta=0.0001, 　cooldown=0, min_lr=0)	
パラメーター	monitor	監視する対象を指定。検証データの損失は 'val_loss'、精度は 'val_accuracy'。
	factor	学習率を減衰させる割合。new_lr = lr*factor
	patience	監視対象回数。「何エポックにわたり改善が見られなかったら学習率減衰を行うのか」を整数値で指定します。
	verbose	1を指定すると、学習率減衰時にメッセージを出力。デフォルトの0では何も出力しません。
	mode	動作モードとして以下のいずれかを指定します。 'min'：監視する値の減少が停止したときに学習率を減衰 'max'：監視する値の増加が停止したときに学習率を減衰 'auto'：monitorの値から自動で判断する
	min_delta	改善があったと判定するための閾値。デフォルトは0.0001。
	cooldown	学習率を減衰させたあと、次の監視対象に移行するまでの待機エポック数。デフォルトは0。
	min_lr	減衰後の学習率の下限。デフォルトは0。

● **訓練データの画像データを水増しして、認識精度を向上させる**

　画像認識の精度を向上させるテクニックに「データ拡張（Data Augmentation）」があります。学習の際に、ミニバッチ単位でランダムに縦または横方向への移動や回転、拡大／縮小などの処理を加えることで、結果としてデータ数を水増しし、認識精度を向上させようというものです。

　Kerasには、画像データの拡張を行うImageDataGeneratorというクラスが用意されているので、大量のデータに対して簡単に拡張処理を適用することができます。

● **keras.preprocessing.image.ImageDataGenerator()**

ImageDataGeneratorオブジェクトを生成します。

9
ディープラーニング

keras.preprocessing.image.ImageDataGenerator()

書式	keras.preprocessing.image.ImageDataGenerator(
	    featurewise_center=False,
	    samplewise_center=False,
	    featurewise_std_normalization=False,
	    samplewise_std_normalization=False,
	    zca_whitening=False,
	    zca_epsilon=1e-06,
	    rotation_range=0,
	    width_shift_range=0.0,
	    height_shift_range=0.0,
	    brightness_range=None,
	    shear_range=0.0,
	    zoom_range=0.0,
	    channel_shift_range=0.0,
	    fill_mode='nearest',
	    cval=0.0,
	    horizontal_flip=False,
	    vertical_flip=False,
	    rescale=None,
	    preprocessing_function=None,
	    data_format=None,
	    validation_split=0.0
	)	

パラメーター	featurewise_ center=False	データセット全体で、入力の平均を0にします。
	samplewise_ center=False	各サンプルの平均を0にします。
	featurewise_std_ normalization=False	入力をデータセットの標準偏差で標準化します。
	samplewise_std_ normalization	各入力を、その標準偏差で標準化します。
	zca_whitening=False	ZCA白色化を適用します。
	rotation_range=0	画像をランダムに回転する回転範囲を角度で指定します。
	width_shift_range=0.0	ランダムに水平シフトする範囲を、横サイズに対する割合で指定します。

パラメーター	height_shift_range=0.0	ランダムに垂直シフトする範囲を、縦サイズに対する割合で指定します。
	shear_range=0.0	シアー変換をかける範囲を、反時計回りの角度で指定します。斜め方向に引き伸ばすような効果が加えられます。
	zoom_range=0.0	ランダムにズームする範囲を指定します。
	channel_shift_range=0.0	ランダムにチャンネルをシフトする範囲を指定します。RGB値がランダムにシフトします。
	horizontal_flip=False	水平方向にランダムに反転させます（左右反転）。
	vertical_flip=False	垂直方向にランダムに反転させます（上下反転）。

● **ImageDataGenerator.flow() メソッド**

　ImageDataGeneratorオブジェクトに設定された内容で、画像データを加工します。

🐍 ImageDataGenerator.flow()

書式	ImageDataGenerator.flow(x, y=None, batch_size=32, shuffle=True, save_to_dir=None, save_prefix='', save_format='png')	
パラメーター	x	画像データ。4階テンソルである必要があります。
	y	正解ラベル。
	batch_size	生成する拡張画像の数。
	shuffle	画像をシャッフルするかどうか。デフォルトはTrue（シャッフルする）。
	save_to_dir	生成された拡張画像を保存するフォルダー。
	save_prefix	画像を保存する際、ファイル名に付けるプリフィックス（接頭辞）。
	save_format='png'	拡張画像を保存するときのファイル形式。'png'または'jpeg'。save_to_dir を設定した場合のみ有効。

　データの拡張処理から学習までの流れは、次のようになります。

①データジェネレーターの生成

ImageDataGenerator ()を実行してデータジェネレーター (オブジェクト) を生成します。ImageDataGenerator ()には、データ全体の平均値と標準偏差を利用して標準化を行うfeaturewise_std_normalizationオプションがあるので、これを利用して、データ拡張の処理と標準化の処理をまとめて行います。

②データジェネレーターをデータに適合させる

①で標準化を行うようにした場合は、fit ()メソッドを実行してデータに適合させることが必要になります。このことで、実際のデータの平均値や標準偏差がデータジェネレーターに取り込まれます。

③データジェネレーターにミニバッチを適合させる

flow ()メソッドを利用して、実際に使用するデータとミニバッチのサイズをデータジェネレーターに登録します。

以上の処理を行ったデータジェネレーターを学習時に呼び出すと、拡張処理済みのデータをミニバッチ単位で取り出すことができます。

● tensorflow.keras.preprocessing.image.ImageDataGenerator.fit()

データジェネレーターをサンプルデータに適合させます。データの統計量 (平均値や標準偏差) を計算します。ImageDataGeneratorを生成する際に、featurewise_centerやfeaturewise_std_normalizationなどの統計量を用いるオプションを有効 (True) にした場合は、事前にこのメソッドを実行しておく必要があります。

🐍 ImageDataGenerator.fit()

書式	ImageDataGenerator.fit(x, augment=False, rounds=1, seed=None)	
パ ラ メ ー タ ー	x	サンプルデータ。4階テンソルである必要があります。グレースケールデータのチャンネルの値は1、RGBデータの場合は3です。
	augment	デフォルトはFalse。fit()を実行する段階において、ImageDataGenerator で指定した処理を適用するかどうかを指定します。
	rounds	データ拡張 (augment=True) を指定した場合に、適用する拡張処理の数を指定します。 デフォルトは1。
	seed	ランダム値を生成するシード (種)。

● ソースコードの入力

　セル3に、学習率の自動減衰とデータ拡張を行うコードを入力し、学習を実行します。今回はデータ拡張を行うため、学習と同時に行われる検証にテストデータを使用することにします。

　学習回数は60回としましたが、学習が完了するまで数時間程度を要します。この間、CPUの使用率が100%になるので、最初は半分くらいの回数から始めてもよいでしょう。また、可能でしたらGoogle ColabでNotebookを作成し、GPUを使用して実行してもよいでしょう。

🐍 セル3

```
'''
3. 学習を行う
'''

from tensorflow.keras.preprocessing.image import ImageDataGenerator
from tensorflow.keras.callbacks import ReduceLROnPlateau

# val_accuracyの改善が5エポック見られなかったら、学習率を減衰する
reduce_lr = ReduceLROnPlateau(
    monitor='val_accuracy',    # 監視対象は検証データの精度
    factor=0.1,                # 学習率を減衰させる割合
    patience=5,                # 監視対象のエポック数
```

```
    verbose=1,                        # 学習率を下げたときに通知する
    mode='max',                       # 最高値を監視する
    min_lr=0.0001                     # 学習率の下限
    )


# ミニバッチのサイズ
batch_size = 50


# データジェネレーターを生成
# 訓練データ
train_datagen = ImageDataGenerator(
    width_shift_range=0.1,    # 横サイズの0.1の割合でランダムに水平移動
    height_shift_range=0.1,   # 縦サイズの0.1の割合でランダムに垂直移動
    rotation_range=10,        # 10度の範囲でランダムに回転させる
    zoom_range=0.1,           # ランダムに拡大
    horizontal_flip=True)     # 左右反転


# テストデータ
test_datagen = ImageDataGenerator(
    featurewise_center=True,                # データセット全体の平均値を取得
    featurewise_std_normalization=True,  # データを標準化する
    )


# ジェネレーターで標準化を行う場合はfit()でデータに適合させる
# 訓練データ
train_datagen.fit(x_train)
# テストデータ
test_datagen.fit(x_test)


# ジェネレーターにミニバッチを適合させる
# 訓練データ
train_generator = train_datagen.flow(
    x_train, # 訓練データ
    y_train, # 正解ラベル
    batch_size=batch_size
    )
```

```
# テストデータ
validation_generator = test_datagen.flow(
    x_test,  # テストデータ
    y_test,  # 正解ラベル
    batch_size=batch_size
    )

# 学習回数
epochs = 60
# 学習を行う
history = model.fit(
    train_generator,  # 訓練データ
    epochs=epochs,    # 学習回数
    verbose=1,        # 進捗状況を出力する
    # テストデータのvalidation_generatorを検証に使用する
    validation_data=validation_generator,
    # 学習率減衰をコールバック
    callbacks=[reduce_lr]
)
```

🐍 出力

```
Epoch 1/60
782/782 [===============] - 32s 40ms/step - loss: 1.7029 - accuracy:
0.3818
                              - val_loss: 1.3348 - val_accuracy: 0.5136
- lr: 0.0010
Epoch 2/60
782/782 [===============] - 31s 39ms/step - loss: 1.3241 - accuracy:
0.5425
                              - val_loss: 1.1443 - val_accuracy: 0.6147
- lr: 0.0010
Epoch 3/60
782/782 [===============] - 31s 39ms/step - loss: 1.1675 - accuracy:
0.6084
```

```
                            - val_loss: 1.1010 - val_accuracy: 0.6449
- lr: 0.0010
……途中省略……
Epoch 58/60
1000/1000 [===============] - 97s 97ms/step - loss: 0.5954 - accuracy:
0.8292
                            - val_loss: 0.6418 - val_accuracy:
0.8252 - lr: 1.0000e-04
Epoch 59/60
1000/1000 [===============] - 96s 96ms/step - loss: 0.5931 - accuracy:
0.8298
                            - val_loss: 0.6023 - val_accuracy:
0.8327 - lr: 1.0000e-04
Epoch 60/60
1000/1000 [===============] - 96s 96ms/step - loss: 0.5943 - accuracy:
0.8292
                            - val_loss: 0.6090 - val_accuracy:
0.8303 - lr: 1.0000e-04
```

テストデータを用いた検証では、正解率が83％に達しました。

訓練データと検証データについて、損失と精度の推移をグラフにしてみましょう。

🐍 セル4

```python
'''
4. 損失と精度の推移をグラフにする
'''
import matplotlib.pyplot as plt

# 学習結果（損失）のグラフを描画
plt.plot(
    history.history['loss'],
    marker='.',
    label='loss (Training)')
plt.plot(
```

```
    history.history['val_loss'],
    marker='.',
    label='loss (Validation)')
plt.legend(loc='best')
plt.grid()
plt.xlabel('epoch')
plt.ylabel('loss')
plt.show()

# 学習結果（精度）のグラフを描画
plt.plot(
    history.history['accuracy'],
    marker='.',
    label='accuracy (Training)')
plt.plot(
    history.history['val_accuracy'],
    marker='.',
    label='accuracy (Validation)')
plt.legend(loc='best')
plt.grid()
plt.xlabel('epoch')
plt.ylabel('accuracy')
plt.show()
```

9

ディープラーニング

🐍 図9.30 出力

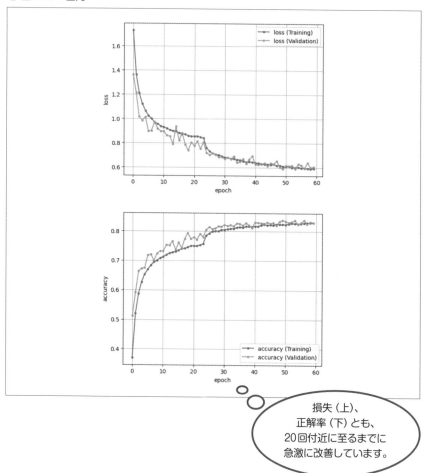

損失 (上)、
正解率 (下) とも、
20回付近に至るまでに
急激に改善しています。

　訓練データと検証データの精度は、それぞれ20回付近まで急激に上昇し、あとは緩やかに上昇しています。訓練データについては20回を超えた付近で階段状に上昇している箇所がありますが、恐らく局所解に捕まっていたのを脱したものと思われます。双方のグラフが離れることなく、同じように上昇していることから、オーバーフィッティングは発生していないことがわかります。
　損失も20回付近まで急激に下降し、20回を超えたあたりでガクッと下がる箇所があります。もちろん、双方の曲線とも同じように下降していることがわかります。

4　転移学習による
ネコとイヌの分類

分析コンペティションを常時解説している「Kaggle（カグル）」（https://www.
kaggle.com/）という有名なサイトがあります。分析コンペ「Dogs vs. Cats
Redux: Kernels Edition」に課題として提出されたイヌとネコのカラー画像
25,000枚をスケールダウンしたサブセット版が、Google社のサイトから入手で
きるようになっています。本節では、データセット「cats and dogs」を利用して
「転移学習」について解説します。

データセットのダウンロード

ダウンロード先のURLは、

https://storage.googleapis.com/mledu-datasets/cats_and_dogs_filtered.zip

ですので、さっそくダウンロードして中身を確認してみましょう。データセットはZIP
形式の圧縮ファイルで、

C:\Users\ユーザー\.keras\datasets\

に保存されます。

🐍 セル1（cats_and_dogs_showimage.ipynb）

```
import os
import tensorflow as tf
from tensorflow.keras.preprocessing import image_dataset_from_
directory

# データセットのダウンロード
# Kaggle の Dogs vs Cats データセットをフィルタリングしたバージョンを使用
_URL = 'https://storage.googleapis.com/mledu-datasets/cats_and_dogs_
filtered.zip'
```

```
# データセットのアーカイブを"/.keras/datasets"ディレクトリにダウンロードし、
# アーカイブのフルパスをpath_to_zipに格納、この時点でアーカイブは解凍される
path_to_zip = tf.keras.utils.get_file('cats_and_dogs.zip', origin=_
URL, extract=True)
# フルパスのファイル名を解凍後のフォルダー名'cats_and_dogs_filtered'に置き換え
PATH = os.path.join(os.path.dirname(path_to_zip), 'cats_and_dogs_
filtered')

# 訓練データ、検証データが格納されているディレクトリのフルパスを変数に格納
train_dir = os.path.join(PATH, 'train')
validation_dir = os.path.join(PATH, 'validation')

# 訓練および検証データにおけるネコとイヌのディレクトリを変数に格納
# 訓練用のネコ画像のディレクトリ
train_cats_dir = os.path.join(train_dir, 'cats')
# 訓練用のイヌ画像のディレクトリ
train_dogs_dir = os.path.join(train_dir, 'dogs')

# 検証用のネコ画像のディレクトリ
validation_cats_dir = os.path.join(validation_dir, 'cats')
# 検証用のイヌ画像のディレクトリ
validation_dogs_dir = os.path.join(validation_dir, 'dogs')
```

🐍 セル2

```
# 画像の枚数を出力

# 訓練用の'cats'フォルダー
num_cats_tr = len(os.listdir(train_cats_dir))
print('training cat images:', num_cats_tr)
# 訓練用の'dogs'フォルダー
num_dogs_tr = len(os.listdir(train_dogs_dir))
print('training dog images:', num_dogs_tr)

# 検証用の'cats'フォルダー
num_cats_val = len(os.listdir(validation_cats_dir))
```

```
print('validation cat images:', num_cats_val)
# 検証用の'dogs'フォルダー
num_dogs_val = len(os.listdir(validation_dogs_dir))
print('validation dog images:', num_dogs_val)

# 訓練用のすべての画像
total_train = num_cats_tr + num_dogs_tr
print("Total training images:", total_train)
# 検証用のすべての画像
total_val = num_cats_val + num_dogs_val
print("Total validation images:", total_val)
```

🐍 出力

```
training cat images: 1000
training dog images: 1000
validation cat images: 500
validation dog images: 500
Total training images: 2000
Total validation images: 1000
```

　訓練用のデータが2000セット（ネコ1000、イヌ1000）、検証用のデータが1000セット（ネコ500、イヌ500）あります。

●データを前処理して一部の画像を出力してみる
データの前処理では、次のことを行います。

- ピクセルデータ（RGB値）を0.0〜1.0の範囲に変換
- 画像のサイズを150×150ピクセルにリサイズ
- 正解ラベルとしてネコに0を、イヌに1を割り当てたものを作成

　これらの処理はKerasライブラリのImageDataGeneratorで処理できます。最初に、ImageDataGenerator()のrescaleオプションで

```
ImageDataGenerator(rescale=1.0 / 255)
```

のようにRGB値を0.0〜1.0の範囲に変換する指定をして、ImageDataGeneratorオブジェクトを生成します。

　ここではディレクトリに保存されたデータを利用するので、ImageDataGeneratorへのデータセットの適用には、

```
tensorflow.keras.preprocessing.image.ImageDataGenerator.flow_from_
directory()
```

というメソッドを使用します。このメソッドは、ImageDataGeneratorオブジェクトに、データの抽出先のディレクトリ、抽出するデータの数（ミニバッチのサイズ）、リサイズする場合はリサイズ後のサイズ、正解ラベルの種類（二値か多クラスか）を登録し、ImageDataGeneratorオブジェクトをバッチデータ生成器に作り替えます。

　学習の際にImageDataGeneratorオブジェクトを指定することで、データセットから加工後のデータと正解ラベルがミニバッチ単位で取り出される仕組みです。

● tensorflow.keras.preprocessing.image.ImageDataGenerator.flow_from_
directory()
　指定した情報をImageDataGeneratorに登録し、正解ラベルを含むバッチデータ生成器にします。

🐍 ImageDataGenerator.flow_from_directory()

書式	ImageDataGenerator.flow_from_directory(　directory, target_size=(256, 256), color_mode='rgb', 　classes=None, class_mode='categorical', 　batch_size=32, shuffle=True, seed=None, 　save_to_dir=None, save_prefix='', save_format='png', 　follow_links=False, subset=None, interpolation='nearest')	
パラメーター	directory	データのディレクトリへのパス。クラスごとに1つのサブディレクトリが含まれている必要があります。
	target_size	画像のサイズを整数のタプルで (height, width) のように指定します。すべての画像が指定したサイズにリサイズされます。

パラメーター	color_mode	カラーモードとして、'grayscale'、'rgb'、'rgba'のいずれかを指定します。デフォルトは'rgb'です。
	classes	クラスとしてのサブディレクトリをリスト形式で指定します。デフォルトのNoneの場合は、クラスのリストは、データセット下のサブディレクトリ名から自動的に推測されます。各サブディレクトリは異なるクラスとして扱われます。この場合、ラベルインデックスにマッピングされるクラスの順序は英数字順になります。
	class_mode	'categorical'、'binary'、'sparse'、'input'、Noneのいずれかを指定します。デフォルトの'categorical'はOne-Hotエンコードラベル、'binary'はバイナリラベル（0と1）、'sparse'は整数ラベル、'input'は同一の画像になります。Noneの場合、ラベルは返されません。
	batch_size	ミニバッチのサイズ。
	shuffle	データをシャッフルするかどうか（デフォルトはTrue）。Falseに設定すると、データが英数字順にソートされます。
	seed	シャッフルするためのオプションのランダムシード。
	save_to_dir	生成される拡張画像を保存するディレクトリを指定できます。
	save_prefix	save_to_dirを指定した場合に、保存された画像のファイル名に使用するプレフィックスを指定できます。
	save_format	save_to_dirを指定した場合に、保存形式として'png'、'jpeg'のいずれかを指定します。デフォルトは'png'。
	follow_links	クラスサブディレクトリ内のリンクをさらに探索するかどうかを指定します。デフォルトはFalse（探索しない）。
	subset	ImageDataGeneratorにvalidation_splitが設定されている場合、'training'または'validation'を指定します。
	interpolation	ロードされた画像をリサイズする場合、画像をリサンプリングする方法として'nearest'、'bilinear'、'bicubic'のいずれかを指定します。デフォルトは'nearest'。

9
ディープラーニング

次のコードを入力して、訓練データおよび検証データの各ImageDataGeneratorを作成します。

🐍 セル3

```
from tensorflow.keras.preprocessing.image import ImageDataGenerator

# ミニバッチのサイズ、リサイズ後の縦・横のサイズを登録
batch_size = 32
IMG_HEIGHT = 150
IMG_WIDTH = 150

# ImageDataGeneratorの生成
# 画像のピクセル値を0～255の範囲から0.0～1.0の範囲への正規化を指定
# 学習データ
train_image_generator = ImageDataGenerator(rescale=1./255)
# 検証データ
validation_image_generator = ImageDataGenerator(rescale=1./255)

# ImageDataGeneratorにミニバッチのサイズ、データのディレクトリ、
# リサイズ情報、正解ラベルの形式を設定してバッチデータ生成器にする
#
# 訓練データ
train_data_gen = train_image_generator.flow_from_directory(
    batch_size=batch_size,  # ミニバッチのサイズ
    directory=train_dir,    # 抽出先のディレクトリ
    shuffle=True,           # 抽出する際にシャッフルする
    target_size=(IMG_HEIGHT, IMG_WIDTH), # 画像をリサイズ
    class_mode='binary')    # 正解ラベルを0と1にする

# 検証データ
val_data_gen = validation_image_generator.flow_from_directory(
    batch_size=batch_size,     # ミニバッチのサイズ
    directory=validation_dir,  # 抽出先のディレクトリ
    target_size=(IMG_HEIGHT, IMG_WIDTH), # 画像をリサイズ
    class_mode='binary')       # 正解ラベルを0と1にする
```

🐍**出力**

```
Found 2000 images belonging to 2 classes.
Found 1000 images belonging to 2 classes.
```

　ImageDataGeneratorが優れているのは、画像データが格納されているディレクト
リを指定すれば、画像のリサイズから正解ラベルの生成までを自動的に行ってくれるこ
とです。画像の縦と横のサイズを指定すれば、読み込んだ画像のすべてを、指定された
サイズにリサイズします。今回の「cats and dogs」の画像サイズはバラバラですが、
画像をすべて同じサイズに揃えてからモデルに入力することができます。

　多クラス分類の場合、各画像をそれぞれのクラスごとのフォルダーに格納しておけ
ば、One-Hotエンコーディングされた正解ラベルとして2階テンソルを自動的に生成
し、4階テンソルに格納した画像データとともに返してくれます。今回のデータは
cats、dogsフォルダーに格納されているので、二値分類として2値（0または1）の正
解ラベルを格納した1階テンソルが生成されます。

　作成したImageDataGeneratorは、バッチデータ生成器として機能するので、学習
を行う際に

```
model.fit_generator(
    train_generator,  # 訓練データのImageDataGeneratorオブジェクトを指定
    epochs=epochs,    # 学習回数
    # 検証データのImageDataGeneratorオブジェクト
    validation_data=validation_generator,
)
```

のように設定すると、訓練データのImageDataGeneratorオブジェクトは、データ
セットからミニバッチとして生成した4階テンソルの画像データと正解ラベルを返し
てきます。1エポックの学習につきすべてのデータがミニバッチとして抽出され、学習
ステップが行われます。

　検証データについても同様に、ImageDataGeneratorオブジェクトからテストデー
タの画像を格納した4階テンソルと正解ラベルがミニバッチ単位で返され、学習ステッ
プごとに検証が行われます。

　実際にどのように正解ラベルが生成されたのかを確認してみます。ラベルの割り当
ては、DirectoryIteratorクラスのclass_indicesプロパティで調べることができます。

🐍 セル4

```
# 正解ラベルを確認する
print(train_data_gen.class_indices)
print(val_data_gen.class_indices)
```

🐍 出力

```
{'cats': 0, 'dogs': 1}
{'cats': 0, 'dogs': 1}
```

　訓練データと検証データでラベルの割り当てが異なることはないのですが、一応、それぞれの割り当て状況を出力してみました。ネコが0、イヌが1なので、モデルの出力は「イヌである確率」(出力が1に近いほどイヌで0に近いほどネコ)になります。判定する場合は、0.5を閾値として0.5未満ならネコ、0.5以上ならイヌです。

●画像を可視化してみる

　訓練用のImageDataGeneratorを使ってミニバッチを1セット作成し、20画像を抽出して表示してみます。

🐍 セル5

```
import matplotlib.pyplot as plt

# 訓練用のImageDataGeneratorを使ってミニバッチを抽出
train_batch, _ = next(train_data_gen)

# 5行4列のグリッドに画像をプロット
fig, axes = plt.subplots(5, 4, figsize=(12,12))
axes = axes.flatten()
for img, ax in zip(train_batch, axes):
    ax.imshow(img)
    ax.axis('off')
plt.tight_layout()
plt.show()
```

📄図9.31　出力

🐍 VGG16モデルを利用した「転移学習」で、イヌとネコを
高精度で識別する

Kerasライブラリには、大規模なデータセットで学習したモデルが用意されています。
ここでは「VGG16」という学習済みモデルを利用して、イヌとネコの識別を行ってみます。

●VGG16モデル

「すでに学習済みのモデルを使って任意のデータを学習すること」を**転移学習**と呼び
ます。Kerasライブラリには、転移学習用の学習済みモデルがいくつか用意されている
ので、その中から「VGG16」を使ってみることにします。VGG16は、米国Oxford大学
のVisual Geometry Groupという研究室に所属する2人の研究者がVGGというグ
ループ名で開発した、学習済みモデルです。16層（プーリング層やFlatten層はカウン
トしない）の畳み込みニューラルネットワークで、ImageNetという大規模な画像デー
タセットの学習を行い、1000カテゴリの多クラス分類を行いました。Kerasライブラ
リでは、この学習済みVGG16をkeras.applications.vgg16.VGG16クラスとして提
供しています。

VGG16モデルの入力層は、デフォルトで（224, 224, 3）の3階テンソルの画像を
バッチデータの数だけ入力するようになっていますが、画像の縦・横のサイズは48以
上であれば任意のサイズの画像を入力できます。

　最終出力は1000クラスの分類なので、ニューロンの数が1000です。このままだ
とイヌとネコの二値分類には使用できないので、出力側のFC層（全結合層：full
connected layer）は自前のものを用意して、最終出力を1個のニューロンだけにして
二値分類に対応させることにします。このように、出力側のFC層を独自のものに置き
換えて学習し直すと、画像認識においてはうまくいくことが経験的に知られています。
なぜうまくいくのか、その理由について理論的なことはわかっていませんが、CNNの
下位の層で画像を認識するために必要な各画像の特徴が抽出されているのは間違いあ
りません。VGG16モデルのオブジェクトは、VGG16（）メソッドで生成できます。

●keras.applications.vgg16.VGG16()

　ImageNetで事前学習した重みを利用可能なVGG16モデルのModelオブジェクト
を生成します。

🐍 keras.applications.vgg16.VGG16()

書式	keras.applications.vgg16.VGG16(include_top=True, weights='imagenet', input_tensor=None, input_shape=None, classes=1000)	
パラメーター	include_top	ネットワークの出力側にある3つの全結合層を含むかどうかを指定します。デフォルトはTrue（含む）。
	weights	デフォルトの'imagenet'では、ImageNetで学習した重みが使用されます。Noneを指定すると、重みがランダムな値で初期化されます。
	input_tensor	モデルの入力画像として利用するためのKerasテンソル(layers.Input()で生成した入力層のオブジェクト)を指定します。
	input_shape	入力画像の形状を(height, width, channel)のタプルで指定します。include_topがFalseの場合に指定できます。デフォルトは(224, 224, 3)です。width と height は48以上にする必要があります。
	classes	画像のクラス分類のためのクラス数。include_topがTrue、なおかつweightsが指定されていない場合のみ指定可能。

　VGG16モデルは次のようにして作成します。

● VGG16モデルの生成例

```
model = VGG16(include_top=False,            # 全結合層（FC層）は読み込まない
              weights='imagenet',           # ImageNet で学習した重みを利用
              input_shape=(img_h, img_w, channels) # 入力データの形状
)
```

VGG16()はModelオブジェクトを返すので、コンパイルの必要はありません。

●ファインチューニング

　畳み込みニューラルネットワークでは、浅い層ほどエッジなどの汎用的な特徴が抽出されるのに対し、深い層ほど訓練データに特化した特徴が抽出される傾向があります。そこで、VGG16の第4ブロックまでの層の重みを当初の状態で固定（凍結）し、第5ブロックの3層の畳み込み層の重みを学習によって更新するようにします。このことを**ファインチューニング**（fine-tuning）と呼びます。

　次の図は、今回作成するVGG16とFC層を結合したモデルの構造です。

9
ディープラーニング

● 図9.32　VGG16モデル

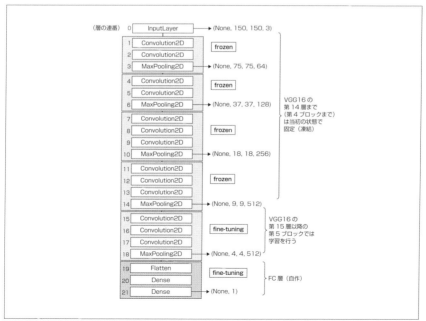

この図のように、VGG16モデルの第4ブロックまでは重みを固定（凍結）し、第5ブロックの重みを訓練データで学習することにします。精度を向上させるために、データ拡張の処理を加えるとともに、バックプロパゲーションにおける最適化アルゴリズムとして、学習率を小さ目に設定したRMSpropを使用することにします。

●VGG16をファインチューニングしてイヌとネコの画像を学習させる

Notebookを作成し、前項「データセットのダウンロード」においてセル1に入力したコードと同じものを入力して実行します。なお、以前にデータセットのダウンロードを行った場合、ダウンロードが再度行われることはありません。

🐍 セル1 (cats_and_dogs_vgg16.ipynb)

```
'''
1. データの用意
'''
「データセットのダウンロード」（本文505ページ）のセル1のコードを入力
```

次に、訓練データ用と検証データ用のImageDataGeneratorを作成するコードを入力します。同じく前項においてセル3（本文510ページ）に入力したコードと同じものです。

🐍 セル2

```
'''
2. 訓練データとテストデータの ImageDataGenerator を作成
'''
from tensorflow.keras.preprocessing.image import ImageDataGenerator

# ミニバッチのサイズ、リサイズ後の縦・横のサイズを登録
batch_size = 32
IMG_HEIGHT = 150
IMG_WIDTH = 150


# ImageDataGeneratorの生成
# 画像のピクセル値を0～255の範囲から0.0～1.0の範囲への正規化を指定
# 学習データ
```

```
train_image_generator = ImageDataGenerator(rescale=1./255)
# 検証データ
validation_image_generator = ImageDataGenerator(rescale=1./255)


# ImageDataGeneratorにミニバッチのサイズ、データのディレクトリ、
# リサイズ情報、正解ラベルの形式を設定してバッチデータ生成器にする
#
# 訓練データ
train_data_gen = train_image_generator.flow_from_directory(
    batch_size=batch_size,  # ミニバッチのサイズ
    directory=train_dir,    # 抽出先のディレクトリ
    shuffle=True,           # 抽出する際にシャッフルする
    target_size=(IMG_HEIGHT, IMG_WIDTH), # 画像をリサイズ
    class_mode='binary')    # 正解ラベルを0と1にする


# 検証データ
val_data_gen = validation_image_generator.flow_from_directory(
    batch_size=batch_size,      # ミニバッチのサイズ
    directory=validation_dir,   # 抽出先のディレクトリ
    target_size=(IMG_HEIGHT, IMG_WIDTH), # 画像をリサイズ
    class_mode='binary')        # 正解ラベルを0と1にする
```

VGG16は学習済みの重み付きの状態でモデル (Sequentialオブジェクト) に読み込んで、第15層以降の3つの畳み込み層の重みを更新可能にします。VGG16の最後のプーリング層の直後に次の3層を追加します。

- GlobalMaxPooling2Dによるプーリング層を配置して、出力を (バッチサイズ, 512) の形状にする
- 全結合層を配置して学習を行う。出力は (バッチサイズ, 512) の形状のまま
- (ここで50%のドロップアウトを行う)
- 全結合の出力層を配置して学習を行う。出力は二値分類に対応した (バッチサイズ, 1) の形状

では、ファインチューニングしたVGG16モデルを作成するコードを、セル3に入力しましょう。

セル3

```
'''
3. ファインチューニングしたVGG16モデルの作成
'''
from tensorflow.keras.models import Sequential
from tensorflow.keras.layers import Dense, Dropout,
GlobalMaxPooling2D
from tensorflow.keras import optimizers
from tensorflow.keras.applications import VGG16
import math

# 画像のサイズを取得
image_size = len(train_data_gen[0][0][0])
# 入力データの形状を(縦, 横, 3チャンネル)の形状のタプルにする
input_shape = (image_size, image_size, 3)

# VGG16モデルを学習済みの重みと一緒に読み込む
pre_trained_model = VGG16(
    include_top=False,        # 全結合層(FC)は読み込まない
    weights='imagenet',       # ImageNetで学習した重みを利用する
    input_shape=input_shape   # 入力データの形状を設定
)
# 第1〜14層の重みを凍結
for layer in pre_trained_model.layers[:15]:
    layer.trainable = False
# 第15層以降の重みを更新可能にする
for layer in pre_trained_model.layers[15:]:
    layer.trainable = True

# Sequentualオブジェクトを生成
model = Sequential()

# SequentualオブジェクトにVGG16モデルを格納
model.add(pre_trained_model)
```

```
# VCC16の最終プーリング層が出力する
# (batch_size, rows, cols, channels)の4階テンソルに
# プーリング演算適用後、(batch_size, channels)の2階テンソルにフラット化
# 実際は(バッチサイズ, 4, 4, 512)が(バッチサイズ, 512)の形状になる
model.add(
    GlobalMaxPooling2D())


# 全結合層
# 出力は(バッチサイズ, 512)の形状のまま
model.add(Dense(
    512,                    # ユニット数512
    activation='relu')      # 活性化関数はReLU
)
# 50%のドロップアウト
model.add(Dropout(0.5))


# 出力層
# 出力は(バッチサイズ, 1)の形状
model.add(Dense(
    1,                      # ユニット数1
    activation='sigmoid')   # 活性化関数はシグモイド関数
)


# モデルのコンパイル
model.compile(
    # 二値分類用の交差エントロピー誤差を損失関数にする
    loss='binary_crossentropy',
    # バックプロパゲーションのアルゴリズムをRMSpropにして
    # 学習率を0.00001にする
    optimizer=optimizers.RMSprop(learning_rate=1e-5),
    # 評価は正解率'accuracy'で行う
    metrics=['accuracy'])


# コンパイル後のサマリを表示
model.summary()
```

9
ディープラーニング

🐍 出力

```
Model: "sequential"
_____
Layer (type)                 Output Shape              Param #
=================================================================
vgg16 (Functional)           (None, 4, 4, 512)         14714688
global_max_pooling2d (Globa  (None, 512)               0
dense (Dense)                (None, 512)               262656
dropout (Dropout)            (None, 512)               0
dense_1 (Dense)              (None, 1)                 513
=================================================================
Total params: 14,977,857
Trainable params: 7,342,593
Non-trainable params: 7,635,264
_____
```

　学習回数を20エポックにして、モデルに学習させます。

🐍 セル3

```python
# ファインチューニングモデルで学習する
epochs = 20   # エポック数
history = model.fit(
    # 訓練データのImageDataGeneratorをセット
    train_data_gen,
    # 検証データのImageDataGeneratorをセット
    validation_data=val_data_gen,
    # エポック数
    epochs=epochs,
    # 学習の進捗状況を出力する
    verbose=1,
    # 学習率のスケジューラーをコールバック
    callbacks=[reduce_lr]
)
```

🐍 出力

```
Epoch 1/20
63/63 [=============] - 104s 2s/step - loss: 0.6153 - accuracy: 0.6660
                        - val_loss: 0.4008 - val_accuracy: 0.8540
Epoch 2/20
63/63 [=============] - 105s 2s/step - loss: 0.3801 - accuracy: 0.8210
                        - val_loss: 0.2884 - val_accuracy: 0.8790
……途中省略……
Epoch 18/20
63/63 [=============] - 105s 2s/step - loss: 0.0095 - accuracy: 0.9995
                        - val_loss: 0.1926 - val_accuracy: 0.9360 -
Epoch 19/20
63/63 [=============] - 105s 2s/step - loss: 0.0098 - accuracy: 0.9990
                        - val_loss: 0.1993 - val_accuracy: 0.9380 -
Epoch 20/20
63/63 [=============] - 105s 2s/step - loss: 0.0067 - accuracy: 0.9995
                        - val_loss: 0.2085 - val_accuracy: 0.9390
```

　訓練データは、精度0.9995で学習できています。検証データも0.9390と高い精度を示しています。訓練データおよび検証データの損失・精度の推移をグラフにしてみましょう。

🐍 セル4

```python
import matplotlib.pyplot as plt

# 精度の推移をプロット
plt.plot(history.history['accuracy'],"-",label="accuracy")
plt.plot(history.history['val_accuracy'],"-",label="val_acc")
plt.title('accuracy')
plt.xlabel('epoch')
plt.ylabel('accuracy')
plt.legend(loc="lower right")
plt.show()

# 損失の推移をプロット
plt.plot(history.history['loss'],"-",label="loss")
```

```
plt.plot(history.history['val_loss'],"-",label="val_loss")
plt.title('loss')
plt.xlabel('epoch')
plt.ylabel('loss')
plt.legend(loc='upper right')
plt.show()
```

🐍図9.33　出力

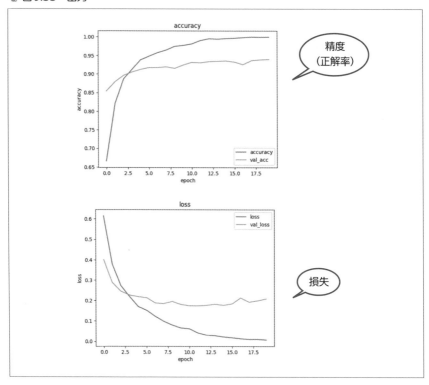

　ファインチューニングを行ったので、モデルが訓練データに強くフィットしているよ
うです。グラフのスケールの関係もありますが、訓練データと検証データのラインが離
れて見えます。

　本節ではファインチューニングによる転移学習を紹介しましたが、ご興味があれば
ファインチューニングなし（VGG16の全層の重みを凍結）で転移学習を試してみるの
もよいでしょう。

5 OpenCVによる物体検出

OpenCV (Open Source Computer Vision Library) は、画像処理を行うためのオープンソースのライブラリです。コンピューターで画像や動画を処理するための様々な機能が実装されています。一般的な2D画像の処理から、ポリゴン処理やテンプレートマッチング、顔認識まで、多様なアプリケーションを開発できる関数群が用意されているので、数行のコードを記述するだけで画像処理プログラムが開発できたりします。

OpenCVで何ができる？

実際にOpenCVで何ができるのかを次に示します。

- フィルター処理
- オブジェクト追跡 (Object Tracking)
- カメラキャリブレーション (Calibration)
- 物体認識 (Object recognition)
- パノラマ合成 (Stitching)
- コンピュテーショナルフォトグラフィ (Computational Photography)
- GUI (ウィンドウ表示、画像ファイルや動画ファイルの入出力、カメラキャプチャ)
- 行列演算
- 領域分割 (Segmentation)
- 特徴点抽出
- 機械学習 (Machine learning)

画像処理にかかわることなら何でもできるようです。本書では、これらのうち物体認識に属する「物体検出」の例として、人の顔の検出を行ってみることにします。

OpenCVのインストール

ターミナルを開き、次のようにpipコマンドでインストールします。

```
pip install opencv-python
pip install opencv-contrib-python
```

OpenCVのカスケード分類器

機械学習によって物体の「特徴量」を学習し、学習データをまとめたものを「カスケード分類器」と呼び、画像の明暗差により特徴を捉えたものを特に「Haar-Like特徴」と呼びます。OpenCVには、Haar-Like特徴を学習したカスケード分類器がXML形式のファイルとして収録されています。Windowsの場合、Python (3.10)のデフォルトの環境にOpenCVをインストールした場合、

> C:\Users\ユーザー名\AppData\Local\Programs\
>   Python\Python310\Lib\site-packages\cv2\data

に17種類のカスケード型分類器が収録されています。

人の顔の検出

カスケード型分類器が保存されている「data」フォルダーの中に、「haarcascade_frontalface_default.xml」というファイルがあります。これは、人の顔を検出するためのカスケード分類器です。このファイルをコピーしてNotebookと同じディレクトリに保存しておきましょう。

題材として、画像圧縮アルゴリズムのサンプルに広く使われている画像データ「Lenna」を使用します。「http://www.lenna.org/」にTIFF形式の「lena_std.tif」のダウンロード用のリンクがあるので、それをクリックしてNotebookと同じディレクトリに保存しておきます。

📕 図9.34　lena_std.tif

顔の部分の検出や瞳の部分の検出を行います。

🐍 画像の中から顔の部分を検出する

では、OpenCVをインポートして、「Lenna」の画像から顔の部分を検出してみましょう。なお、OpenCVのインポート文は

```
import cv2
```

となるので注意してください。物体検出を次のように行います。

❶カスケード分類器クラス（CascadeClassifier）のオブジェクトに対して、

```
cv2.CascadeClassifier.detectMultiScale()
```

を実行して検出を行います。

❷cv2.rectangle()関数で、detectMultiScale()から返される四角の領域に対して枠線を表示します。

顔の検出については❶の処理で完了ですが、どのように検出されたのかを知るために、❷の処理で画像に枠線を描画するようにしました。

●cv2.CascadeClassifier.detectMultiScale()

入力画像中から、CascadeClassifierによるオブジェクト検出を行います。検出されたオブジェクトは、[x値, y値, 幅, 高さ]のリストとして返されます。複数のオブジェクトが検出された場合は、それぞれのリストをまとめた2階テンソル型のリストとして返されます。

●cv2.rectangle()

「矩形（長方形）の枠」または「塗りつぶされた矩形」を描画します。

🐍 cv2.rectangle()

書式	cv2.rectangle(img, pt1, pt2, color, 　　　thickness=1, lineType=8, shift=0)

パラメーター	img	画像。
	pt1	矩形の1つの頂点。
	pt2	pt1の反対側にある矩形の頂点。
	color	矩形の色、あるいは輝度値 (グレースケールの場合)。
	thickness	矩形の枠線の太さ。デフォルトは1。
	lineType	枠線の種類。8または4のブレゼンハムアルゴリズムを指定します (上下左右の4ピクセルを候補とする場合は4連結)。デフォルトは8 (8連結ブレゼンハムアルゴリズム)。
	shift	点の座標において、小数点以下の桁を表すビット数。デフォルトは0。

🐍 セル1　画像から顔の部分を検出する (opencv.ipynb)

```python
import cv2

# Haar-likeカスケード分類器の読み込み
face_cascade = cv2.CascadeClassifier('haarcascades/frontalface_
default.xml')

# イメージファイルの読み込み
img = cv2.imread('lena_std.tif')
# 顔を検知
face = face_cascade.detectMultiScale(img)
print(face)  # 検出した顔の領域の座標を出力

# 検出した顔を矩形で囲む
for (x,y,w,h) in face:
    cv2.rectangle(
        img,
        pt1=(x,y),          # 矩形の1つの頂点
        pt2=(x+w,y+h),      # 反対側にある矩形の頂点
        color=(0,255,0),    # 矩形の色
        thickness=2)        # 枠線の太さ

# 処理後の画像を保存
cv2.imwrite('face_detection.jpg',img)
```

🐍出力

```
[[541  82  61  61]
 [476 128  69  69]
 [ 13 160  75  75]
 [280 145  76  76]
 [ 95 176  67  67]]
```

🐍 図9.35　保存された処理済みの画像

この画像は、Notebookと同じディレクトリに「face_detection.jpg」というファイル名で保存するようにしました。VSCodeを使用している場合は、[エクスプローラー]でNotebookと同じ場所に表示されている「face_detection.jpg」をクリックすると、ビューワーが開いて画像が表示されます。

🐍 瞳の検出

カスケード分類器が保存されている「data」フォルダーの中に、「haarcascade_eye.xml」というファイルがあります。これは、人の顔から瞳の部分を検出するためのカスケード分類器です。このファイルをコピーしてNotebookと同じディレクトリに保存しておきましょう。

●画像の中から瞳の部分を検出する

では、同じ画像を使って瞳の部分を検出してみます。うまくいけば、2か所の部分が検出されるはずです。

🐍 セル2　画像から瞳の部分を検出する

```python
import cv2

# Haar-likeカスケード分類器の読み込み
eye_cascade = cv2.CascadeClassifier('haarcascades/haarcascade_eye.
xml')

# イメージファイルの読み込み
img = cv2.imread('lena_std.tif')
# 顔の中から瞳を検出
eyes = eye_cascade.detectMultiScale(img)
print(eyes)

# 検出した瞳を矩形で囲む
for (x,y,w,h) in eyes:
    cv2.rectangle(img,
                  pt1=(x,y),          # 矩形の1つの頂点
                  pt2=(x+w,y+h),      # 反対側にある矩形の頂点
                  color=(0,255,0),    # 矩形の色
                  thickness=2)        # 枠線の太さ

# 処理後の画像を保存
cv2.imwrite('eyes_detection.jpg',img)
```

🐍 出力

```
[[ 28 172  25  25]
 [572  88  24  24]
 [509 139  24  24]
 [130 191  21  21]
 [486 146  23  23]
```

```
[106 191  22  22]
[314 159  22  22]
[296 168  22  22]]
```

🐍 図9.36　保存された処理済みの画像

検出された両方の瞳の部分が
矩形で囲まれています。

　この画像は、Notebookと同じディレクトリに「eyes_detection.jpg」というファイル名で保存するようにしました。VSCodeを使用している場合は、［エクスプローラー］でNotebookと同じ場所に表示されている「eyes_detection.jpg」をクリックすると、ビューワーが開いて画像が表示されます。

🐍 検出した部分を切り取って保存する

　ここでは、検出した部分を切り取って保存してみることにします。detectMultiScale()は、画像から検出した矩形の部分の座標をリストにして返します。これを利用して、オリジナルの画像から検出した部分を切り取ってファイルに保存してみます。

🐍 セル3　検出した部分をファイルに保存する

```python
import cv2

# Haar-like カスケード分類器の読み込み
cascade = cv2.CascadeClassifier(
    'haarcascades/frontalface_default.xml')
```

```
# イメージファイルの読み込み
img = cv2.imread('lena_std.tif')
# 顔を検知
face = cascade.detectMultiScale(img)
print(face)

# 検出した部分を切り出す
for (x,y,w,h) in face:
    trim = img[y:y+h, # y軸の範囲
               x:x+w] # x軸の範囲

# 処理後の画像を保存
cv2.imwrite('face_01.jpg', trim)
```

🐍 図9.37 保存された処理済みの画像

　この画像は、Notebookと同じディレクトリに「face_01.jpg」というファイル名で保存するようにしました。VSCodeを使用している場合は、[エクスプローラー] でNotebookと同じ場所に表示されている「face_01.jpg」をクリックすると、ビューワーが開いて画像が表示されます。

補足

 VSCodeのNotebookから仮想環境を作成する

　ここでは、VSCodeで作成したNotebookからPythonの仮想環境を作成する方法を紹介します。

① VSCodeで任意のフォルダーを開いて、Notebookを作成します。
② Notebookのコマンドバーに表示されている[カーネルの選択]をクリックします。

🐍図A.1　[カーネルの選択]をクリック

③ [Python環境]を選択します。

🐍図A.2　[Python環境]を選択

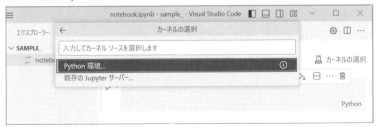

④ [+ Python環境の作成] を選択します。

🖨 図A.3 [+ Python環境の作成] を選択

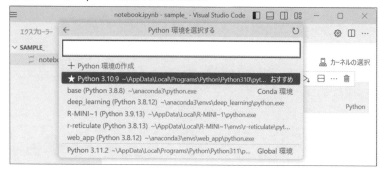

⑤ [Venv　現在のワークスペースに'.venv'仮想環境を作成します] を選択します。

🖨 図A.4 仮想環境の作成

⑥ インストール済みのPythonをリストから選択します。リストにPythonが表示されていない場合は、[+ インタープリターパスを入力] をクリックして、Pythonインタープリター (python.exe) のフルパスを入力してください。

🖨 図A.5 Python (インタープリター) の選択

⑦開いているフォルダーの直下に、仮想環境のフォルダー「.venv」が作成されます。
フォルダー内部には、Pythonの関連ファイル一式がコピーされています。

🖨 図A.6　作成された仮想環境のフォルダー

仮想環境上で [ターミナル] を開く

　[ターミナル] メニューの [新しいターミナル] を選択すると、作成した仮想環境を
参照した状態で [ターミナル] が開きます。この場合、

```
(.venv) PS C:\sample>
```

のように、プロンプトの冒頭に作業環境名(.venv)が表示されます。

🖨 図A.7　仮想環境を参照した状態の [ターミナル]

　この状態で「pip install ライブラリ名」を実行すると、指定したライブラリが仮想環境にインストールされます。

●[ターミナル] で仮想環境が参照されていない場合

　[ターミナル] を開いたときに仮想環境が参照されていない場合は、

```
c:/sample/.venv/Scripts/Activate.ps1
```

のように、「フォルダーのパス」＋「/.venv/Scripts/Activate.ps1」を実行して、仮想環境をアクティブ（有効）にしてください。

●Notebookを開いたときに仮想環境が選択されていない場合

　次回、Notebookを開いた際に仮想環境のPythonが選択されていない場合は、[カーネルの選択] をクリックして [Python環境] を選択し、作成済みの仮想環境をリストから選択してください。

索引

索引

●著者プロフィール

チーム・カルポ

研究活動を行う傍ら、プログラミングに関するドキュメント制作
にも関わるライター集団。フロントエンド/サーバー系アプリ
ケーション開発、ディープラーニングなど先端AI技術のプログ
ラミングおよび実装を中心に、精力的な執筆活動を展開してい
る。

表紙／本扉イラスト：cash1994, SedulurGrafis /
Shutterstock

パ イ ソ ン とうけいぶんせき き かいがくしゅう
Python統計分析＆機械学習
マスタリングハンドブック

発行日	2023年 5月 1日　　　第1版第1刷
著 者	チーム・カルポ

発行者	斉藤　和邦
発行所	株式会社　秀和システム
	〒135-0016
	東京都江東区東陽2-4-2　新宮ビル2F
	Tel 03-6264-3105 (販売) Fax 03-6264-3094
印刷所	三松堂印刷株式会社　　　　Printed in Japan

ISBN978-4-7980-6805-3 C3055